U0196586

住房城乡建设部土建类学科专业"十三五"规划教材

高校城乡规划专业规划推荐教材

区域规划概论（中国近现代）

武廷海 著

中国建筑工业出版社

审图号：GS（2020）6964 号

图书在版编目（CIP）数据

区域规划概论：中国近现代/武廷海著.—北京：中国建筑工业出版社，2019.12（2024.7重印）

住房城乡建设部土建类学科专业"十三五"规划教材

高校城乡规划专业规划推荐教材

ISBN 978-7-112-24519-2

Ⅰ.①区… Ⅱ.①武… Ⅲ.①区域规划—中国—近现代—高等学校—教材 Ⅳ.① TU982.2

中国版本图书馆 CIP 数据核字（2019）第 283562 号

本教材为住房城乡建设部土建类学科专业"十三五"规划教材，作者根据多年来从事"区域规划概论"课程教学的相关内容整理而成。教材主要包括：导论，近代区域规划思想与实践，探索社会主义道路进程中的区域规划实践，改革开放与区域规划探索，中国近现代区域规划演进的环境、形式与内容，中国区域空间规划体系展望，2006年以来中国区域规划进展。书中梳理了中国近现代区域规划的历史，介绍了中国区域规划的现状，并对未来的发展方向进行了展望，史料丰富，脉络清晰，可作为高校城乡规划及相关专业的教材。

为更好地支持本课程的教学，我们向使用本书的教师免费提供教学课件，有需要者请与出版社联系，邮箱：jgcabpbeijing@163.com。

责任编辑：杨　虹　尤凯曦
责任校对：赵听雨　芦欣甜

住房城乡建设部土建类学科专业"十三五"规划教材
高校城乡规划专业规划推荐教材
区域规划概论（中国近现代）
武廷海　著
*
中国建筑工业出版社出版、发行（北京海淀三里河路9号）
各地新华书店、建筑书店经销
北京雅盈中佳图文设计公司制版
建工社（河北）印刷有限公司印刷
*
开本：787 毫米 × 1092 毫米　1/16　印张：15¾　字数：317 千字
2019 年 12 月第一版　2024 年 7 月第二次印刷
定价：49.00 元（赠课件）
ISBN 978-7-112-24519-2
　　　（34952）

序1

武廷海同志的新著出版，有两个方面我至感欣喜。

一方面是本书的学术与理论价值。本书从鸦片战争后中国早期现代化改革背景谈起，突出张謇、孙中山与翁文灏这三个早期人物，再加上南京、上海、武汉等若干主要城市分析，把中国近代区域规划的思想演变勾画得很明确、清晰；对中华人民共和国成立后特别是改革开放后区域规划的新发展，以及对未来区域规划的展望，也做了较为周到的分析与研究。总体看来，既有史料钩沉，又有评论与探索，纵横交织，一气呵成，是一部难得的学术理论著作。

区域规划既关系到国家发展，又关系到城市发展，这至为重要。武廷海同志根据19世纪末至今一百多年来区域发展与建设的事实，探讨中国近现代区域规划，其中民国时期"黄金十年"的规划建设、抗战时期战争洗礼中大后方的区域发展与建设、共产党敌后抗日根据地的发展，以至中华人民共和国成立后东北的恢复、三线建设等内容，往往是一般人所忽略或不理解的，而他逐一梳理，将区域规划、发展与建设概括得如此生动明了，可以说既是中国近现代区域规划的学术理论史，又是一部区域发展史。我年事较长，书中所述事情几乎就是从边上轻轻走过，读之至为亲切，甚以为快。

另一方面是喜见新人的成长。武廷海同志生长在苏北盐城农村，在南京大学地理系取得硕士学位后来清华攻读博士，在博士生阶段曾协助我草拟国际建协《北京宪章》，毕业后留校参与教学和项目工作，1999年开设"区域规划"课程，2002年主持徐州战略规划，现已成为清华大学建筑与城市研究所的骨干力量之一。他好学善思，来清华若干年后，曾与我谈起，"对地理已有一些新的想法"，我多少能理解，当然未得其详。他初拟治中国城市史，发现张謇后即和我一样寄情于近代城市与规划研究，以至于这本书的完成。对这样一位有思想有见解，饶有潜力的青年学者，余寄予厚望。

武廷海同志索序于余，爱此为序。

吴良镛[1]

二〇〇六年十月

---

[1] 吴良镛：清华大学教授，中国科学院院士，中国工程院院士。

序 2

　　和廷海谈起区域规划是两年前的事。当时，他在波士顿做访问学者，说看到荦荦大观的欧美区域规划著述，打算写一个与之平行的中国区域规划。没想到，今天真的写出来了。

　　众所周知，由于历史的原因，在全球现代化进程中，中国社会发展逐步落到了西方的后面，学术界对区域规划的研究，往往也是对欧美发达国家论述较多，对中国不仅涉及较少，而且每每失之偏颇，因此对中国的发展成就特别是对改革开放以来的区域发展，也就难以给予恰当的解释。可喜的是，《中国近现代区域规划》一书以现代化的视角，详细展现"世界的中国"区域规划发展的来龙去脉，不仅为我们认识中国近现代区域规划提供了一个宏阔的背景，而且让我们更清楚地认识到中国在世界区域规划史上的独特价值，丰富、发展了世界区域规划理论。

　　当前，正值中国城市规划学会成立 50 周年大庆，学界呼吁总结历史经验，继往开来。《中国近现代区域规划》梳理了 1949 年以来现代中国区域规划的发展，展现了中华人民共和国规划事业发展的一个侧面；并且，该书将 1949 年后区域规划发展置于鸦片战争以来 170 多年的历史脉络中，使我们可以清楚地看到中华人民共和国区域规划发展的时代特征，同时也进一步加深了对近现代区域规划的认识。作者指出，中国近现代区域规划发展与国家命运息息相关，区域规划是空间治理的手段，在落实科学发展观、全面建设小康社会的今天，这一观念无疑具有积极的时代价值；基于历史的、比较的分析，作者还提出积极、务实地构建区域空间规划体系的设想，这对当今乃至未来中国区域规划发展也具有一定的启发意义，可供有关部门决策参考。

　　综观全书，作者较为完整地展现了堪与欧美比较的近现代中国区域规划，希望在不久的将来，能看到作者关于欧盟、美国区域规划的论述及其对中国的启示，甚至扩充到更有比较和启发意义的南美、非洲等发展中国家与地区，逐步地对世界区域规划发展有一个较为全面的展现，为中国区域规划发展提供更多更合适的借鉴。

　　是为序。

二〇〇六年九月

❶　仇保兴：原中华人民共和国住建部副部长，经济学博士，城市规划博士。

前言

1999年起我执教于清华大学建筑学院，主讲"区域规划概论"。该课程通过对产业革命以来西北欧、美国、中国区域规划发展的比较，揭示区域规划如何成为国家进行空间治理的重要手段，以及国家或地方应对环境变化的战略选择，进而探索国际区域规划前沿与中国区域规划走向。2006年我将其中有关中国区域规划的内容进行整理，以《中国近现代区域规划》为名，在清华大学出版社出版，入选普通高等教育"十一五"国家级规划教材，以及清华大学广义建筑学系列教材。此书问世十余年，加之印数有限，早已很难买到。

本书以《区域规划概论（中国近现代）》为名，基本材料仍然源于《中国近现代区域规划》。自2006年《中国近现代区域规划》出版以来，中国区域规划经过近三个"五年规划"的发展，在相当程度上印证了书中的基本结论，特别是从空间治理的角度认识区域规划及空间规划的走向，如今已经成为决策共识与社会共识，为此本书新增"2006年以来中国区域规划进展"作为第7章。第5章总结—第6章展望—第7章实证，为我们科学认识中国区域规划的演进，总结其规律，并用于指导区域规划研究与实践，提供了具体的例证。在硕士研究生李诗卉协助下，第1、2章补充了一些新发现的资料，参考文献亦有所增添，感谢李诗卉同学为本书付出的辛勤劳动。

2006年《中国近现代区域规划》出版时，承蒙吴良镛院士与仇保兴副部长分别作序，勉励有加，今新版移植如旧；胡序威先生又拨冗审阅新版书稿，并发表对区域规划发展方向的看法，谨致谢忱！本书2016年入选住房城乡建设部土建类学科专业"十三五"规划教材；出版过程中得到中国建筑工业出版社的大力支持，特此申谢！

Preface

Regional planning is an important means of spatial governance and it maps out strategic choices to be made by national or local governments in response to environmental changes. During the period from the Opium War in 1840 to the founding of the socialist China in 1949, China was forced to shift the way of traditional dynastic changes to modernization under the impacts of western capitalist countries. As a result, regional planning in modern China has developed with remarkable unique characteristics in contrast to what was experienced in the ancient times and other countries.

Under the paradigm of "modernization", I have tried to reexamine regional planning in modern China, along with its environment, forms, contents and evolution. I divide the history of regional planning in modern China into four stages, including ① The birth of regional planning (1840—1926); ② Regional planning in state-building period (1911—1949); ③ Regional planning during Mao's era (1949—1978); and ④ New development of regional planning during the period of reform and opening (since 1979). I have shown that modern regional planning of China emerged from the practice of local moderation at the turn of the 19th and 20th century. During the first half of the 20th century, regional planning developed at national level along with the effort of state-building. Later in the 1950s, the rapid socialist planned economy growth made it possible for regional planning to become an independent subject of planning. Since the early 1980s, regional planning has become a part of international planning culture, while China has experienced dramatic transitions towards a market economy and has become an integrated part of the global economy. Clearly, regional planning has experienced two different economy systems since the foundation of the People's Republic of China in 1949. I believe that China's experiences and lessons in regional planning are rich and valuable, and such experiences and lessons can make invaluable contribution to the development of regional planning in general.

In this book, I also have demonstrated that there is a strong orientation towards comprehensive spatial planning in modern China. At the end of the book, I offer some recommendations regarding how to further improve China's regional spatial planning. It is hoped that such a new style of regional planning will become an important tool for national macroeconomic regulation, help to build and improve regional competitiveness in the global economy, and provide strong support to build human–friendly settlements. Specific reforms include ① changing the compartmental practice of planning by different functional departments, ② developing horizontal cooperation among different governmental agencies, ③ clarifying the main governmental body for drafting and implementing regional planning, and ④ strengthening vertical cooperation.

目录

导论

第1章
导论

　　区域规划是国家进行空间治理的重要手段，是国家和地方应对环境变化的战略选择。自1840年鸦片战争到1949年建立社会主义国家，中国在西方资本主义国家的冲击下，被迫改变了"王朝更替"的发展轨迹，走上了"现代化"的道路。相应地，中国近现代区域规划发展开始从传统向现代的过渡，与古代中国相比具有明显的时代特征，与现代西方国家相比具有明显的地域特征。

1.1　中国近现代区域规划的特殊意义

1.1.1　区域规划是国家进行空间治理的重要手段

　　保证国家的长治久安是一个国家的头等大事，治国的基本任务就是统筹和利用国家资源，实现国家生存发展的政治目的。为此，统治者必须处理好空间问题，像中国这样的大国，空间治理更是治国的关键。在中国历史上，空间治理主要包括两个层面的工作：

　　一是区域层面上的筹划与行动。历史上的封建王朝为了巩固和扩大统治以及发展经济和文化，常常要在一定地域范围内进行土地开发和整治，其中最为著称的是水利工程，从传说中的"大禹治水"到付诸实践的区域治理工程，如陕西关中平原的郑国渠、四川成都平原的都江堰、宁夏内蒙古的河套平原灌排渠系、江浙太湖地区的运河水系和海塘等，它们带来了地区的经济繁荣与文化昌盛，也带来了国家的富强，正所谓"兴水利，而后有农功；有农功，而后裕国"。

　　二是国家层面上统一与分裂、分与合等问题的处理。中国自然地理整体的统

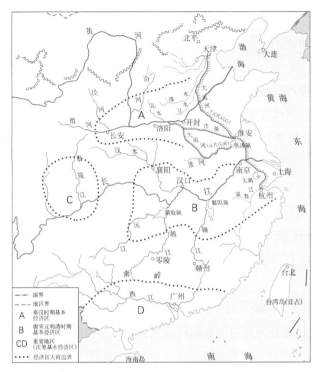

图 1-1　中国历史上的基本经济区
（20 世纪 30 年代）

冀朝鼎将中国历史上的经济区分成
"基本经济区"与"附属经济区"两种。
其中，基本经济区是这样一个地区，
"其农业生产条件与运输设施，对于
提供贡纳谷物来说，比其他地区要优
越得多，以致不管是哪一类集团，只
要控制了这一地区，就有可能征服与
统一全中国……"。基本经济区对附
属经济区进行政治控制时起着经济基
地的作用。

资料来源：冀朝鼎 . 中国历史上的基
本经济区与水利事业的发展 [M]. 朱诗
螯，译 . 北京：中国社会科学出版社，
1981.

注：本图由中国地图出版社绘制并授
权使用。

一性与局部的独立性相结合，有力地促成了"天下大势，分久必合，合久必分"**❶**，
而历来统治者总是希望能"一轨九州，同风天下"**❷**，就一般规律来说，控制一些
关键性地区往往成为空间治理中最重要的工作。例如，冀朝鼎所指出的"基本
经济区"（Key Economic Area）就是中国历史上统一与分裂的经济基础和地方区
划的地理基础，封建统治者总是把基本经济区作为政治斗争中的一种经济武器**❸**
（图 1-1）。

　　本书所说的区域规划就是国家进行空间治理的重要手段，其基本任务是通过分
配和使用空间资源来实现政策目标。正如弗里德曼所指出的：区域规划研究的主题
是"面向广泛的国家建设目标的空间配置关系"；区域规划的基本目标是"有助于
国家政治、社会与经济空间方面在地域上实现快速整合"，主要手段就是采取"优
先活化潜在的核心区域的战略"**❹**。

　　区域规划作为国家进行空间治理的重要手段，在英语中，通常也含有两个空间层
面的含义，一是"国家或地方政府管理区域增长与区域形态的意图，这些区域或多或

---

❶ [明]罗贯中 . 三国演义 [M]. 长沙：岳麓书社，1986.

❷ [唐]房玄龄，等撰 . 载记第十三·苻坚上 [M]// 晋书 . 北京：中华书局，1974.

❸ CHI C T. Key economic areas in Chinese history, as revealed in the development of public works for water-control [M].
London：George Allen & Unwin，ltd.，1936.

❹ FRIEDMANN J. Regional planning and nation-building：an agenda for international research [J]. Economic Development and
Cultural Change，1967，16（1）：119–129.

少地高度城市化，社会与经济水平较高"，二是"国家政府平衡财富在国家扩散的努力，通常与落后地区的基础设施建设相联系"❶。

1.1.2　区域规划是国家或地方应对环境变化的战略选择

凡事预则立，不预则废，必须研究形势与条件可能的变化，做好应变的准备，这是基本的事理，也是最基本的规划原理。面对变化的环境，规划要预为谋划，并努力引导这种变化向人们所愿意接受和希望的方向发展❷。四十多年前，瞿尔指出了规划与环境之间的双向关系："一方面，规划活动受到许多环境因素的影响和制约；另一方面，许多情况下，在受环境控制时，规划努力加大或减小环境的影响程度。"❸所谓环境因素，可能来自国家或区域的内部，也可能来自国家或区域的外部。今天，规划环境动荡更加剧烈，能否灵活有效地利用国家空间资源，动态地适应环境的变化，是评定区域规划成效的标准之一。

与一般的"技术性"规划相比，区域规划更加强调决策的"战略性"。区域规划的要义是"预防"而非"治疗"，它是为应对可能的环境变化而"未雨绸缪"，而不是等到环境变化时才"水来土掩"，正所谓"明者远见于未萌，而知者避危于无形"❹。尽管规划的最终目的是采取行动以改变区域演进的趋势，但是在区域规划领域中，行动很难求速效；尽管区域规划对于眼前的情况可能影响并不大，但是对未来的趋势却可能发挥较大的影响作用；区域规划是在危机尚未形成时即予以化解，因此也就自然不需要那样紧急迫切的危机处理。

区域规划着眼于未来，从远程思考。未来本是一种具有高度不确定性的境界，任何情况都有发生的可能，其形态与时机常出乎意料，因此，不能把眼光只集中在某一点上企图做精确预测，必须考虑多种不同的变局；不仅要应对旧问题寻找新答案，而且还要预见新问题。

总而言之，区域规划是国家或地方应对环境变化的战略选择，重点选择那些在一定时期内对地区未来真正带来变化的方面。

1.1.3　中国近现代区域规划具有历史独特性

中华文明源远流长，两千多年的封建社会绵延不断，尽管有时发生自然灾荒和社会动荡，但它总能自我调适，经历震荡之后又重新恢复社会稳定与平衡。封建制

---

❶ SIMMONDS R，HACK G. Global city regions：their emerging forms [M]. London and New York：Spon Press，2000：8.
❷ BENNIS W，BENNE K，CHIN R. eds. The planning of change [M]. 4th ed. New York：Holt，Rinehart and Winston，Inc.，1985.
❸ DROR Y. The planning process：a facet design [M]//FALUDI A. ed. A reader in planning theory. Oxford：Pergamon Press，1976：323–343.
❹ [汉] 司马相如. 上书谏 [M]//[宋] 司马光. 资治通鉴：卷第十七·汉纪九. 北京：中华书局，1956.

度的自我调整，主要通过周期性的"改朝换代"来进行，即某一王朝走向衰落、崩溃而导致的封建制度政治危机，通过改朝换代的契机得以缓和、释放。总体看来，在古代中国，尽管国家发展的外部环境有所变化，例如外族入侵难以抵挡，最终落得改朝换代的命运，但是并不能改变周期性的改朝换代的规律。在这种规律性的改朝换代中，中国古代农业文明累积达到了相当的高度，并在相当长的时间内走在世界文明的前列。相应地，区域规划发展也具有一定的内在规律：在一个王朝周期内，区域规划的主要任务是保持国家空间发展的稳定，例如，在国家层面上开展"治边"工作以保障边疆安定，建设基本经济区、发展漕运以保障国都运行，在区域层面上进行水利、交通设施建设以保障区域发展，等等。

然而，鸦片战争以来，在西方工业文明的冲击下，中国出现了"数千年未有之变局"❶，被迫改变一贯"改朝换代"的轨迹。冯友兰讲"中西之交，古今之异"，中国和西方相接触，中国代表的是"古"，是传统的农业文明，而西方代表的是"今"，是近代工业文明，中西之碰撞迫使中国发展从传统向现代转型。从国家形势看，这种转型实际上经历着两个过程或趋势：

一是"衰败化"。中国社会有着悠久而辉煌的历史，但是自鸦片战争以来则开始显露出"世衰道微"。当西方资本主义入侵之际，清帝国统治正处于自身已经无力摆脱的内部体制性危机之中，国家政治权威衰落，作为立国的经济基础的农业和农村衰败。直到 1949 年中华人民共和国成立，这种内部衰败化的严重局面才真正结束。

二是"半边缘化（即半殖民地化）"。西方的入侵从根本上改变了中国历史的方向，使得清朝的衰败未能走向另一次王朝更替，而是被迫纳入扩张中的资本主义世界体系，在政治地位上，中国从东亚朝贡体系的中心逐步沦为新兴的西方资本主义世界体系的半边缘地位。20 世纪 30 年代初，日本帝国主义强占中国东北进而发动全面侵华战争，中国面临着沦为日本殖民地的最深刻的危机。

在"衰败化"和"半边缘化"双重冲击下，中国人民被迫起来反抗，区域规划作为国家进行空间治理的重要手段，以及国家或地方应对环境变化的战略选择，注定要以其特定的形式，体现其时代的价值。本书即对 19 世纪 40 年代以来中西之交、古今之交的大背景下，中国区域规划演进和发展进行初步的论述。

1.1.4 在"现代化"范式下审视中国近现代区域规划

必须指出的是，长期以来，中国近现代史研究一直围绕着"革命史"这个中心和主题而展开。客观上，在 19 世纪 40 年代到 20 世纪初，出现过五次侵略战争（即

---

❶ [清] 李鸿章. 筹议海防折 [M]//[清] 李文忠公全集：奏稿卷.清光绪三十四年金陵刻本.

1840—1842 年的鸦片战争、1856—1860 年的第二次鸦片战争、1883—1885 年的中法战争、1894—1895 年的中日甲午战争，以及 1900—1901 年的八国联军侵华战争，还没有计算 1904—1905 年在中国领土上进行的日俄战争），1850—1877 年以太平天国起义（1851—1864 年）为中心的全国性与区域性的社会大动乱更是跨时 28 年之久，影响极为深远；在 20 世纪上半叶，从 1911 年的辛亥革命、1913—1916 年的讨袁护国战争、1921—1922 年的第二次护法革命、1925—1927 年的北伐战争、1927—1936 年的土地革命战争、1937—1945 年的抗日战争，一直到 1946—1949 年的解放战争，战火不绝若线。革命的中心问题是政权而不是发展与建设，在"革命史"的范式下，自然不会关心"区域规划"了，所谓的中国近现代区域规划，主要被限制在 1949 年中华人民共和国成立之后的 50 多年的时间里。在区域规划教科书中，多持此论，大同小异。例如，重庆建筑工程学院、同济大学合编的高等学校试用教材《区域规划概论》认为："我国的区域规划工作是伴随着大规模基本建设而开展的"，"一五"计划期间，在联合选厂的基础上，"逐步发展为多学科、多部门、多任务种联合攻关，协作配合，统一规划，协调矛盾，综合平衡，多方案分析论证的区域规划"[1]；彭震伟主编的城市规划专业系列教材《区域研究与区域规划》也沿袭此说[2]；崔功豪、魏清泉、陈宗兴编著的面向 21 世纪课程教材《区域规划与分析》认为"我国的区域规划工作始于 20 世纪 50 年代中期，但直到 20 世纪 80 年代才伴随改革开放的不断深入得到蓬勃发展"[3]；杜宁睿编著的高等院校城市规划与建筑学系列教材《区域研究与规划》认为："我国的区域规划工作开始于中华人民共和国成立之后，主要受苏联区域规划的影响，是在联合选厂的基础上发展起来的"[4]。

然而，随着中国现实的大变革，中国近现代史学乃至整个社会科学开始出现了新的进展，在"革命史"的传统范式之外出现了"现代化"这个新范式[5]。现代化，作为世界历史进程的中心内容，是指从前现代的传统农业社会向现代工业社会的大转变（或大过渡）。显然，现代化是包括"革命史"在内的新的综合分析框架，以现代生产力、经济发展、政治民主、社会进步、国际性整合等为综合标志。鸦片战争以来中国发生的极为错综复杂的变革，也都是围绕从传统向现代过渡这个中心主题进行的。据吴忠民对 19 世纪 60 年代至 1949 年中国"早期现代化时期"发展状况的分析：①除外国对中国大规模军事入侵的短暂时期外，现代化进程一直没有中断，总的来说呈持续递进状态；②现代化的进度非常缓慢，经济实力越来越落在发达国

❶ 重庆建筑工程学院，同济大学. 区域规划概论 [M]. 北京：中国建筑工业出版社，1983：3-4.

❷ 彭震伟. 区域研究与区域规划 [M]. 上海：同济大学出版社，1998：50.

❸ 崔功豪，魏清泉，陈宗兴. 区域规划与分析 [M]. 北京：高等教育出版社，1999：167.

❹ 杜宁睿. 区域研究与规划 [M]. 武汉：武汉大学出版社，2004：13.

❺ 罗荣渠. 现代化新论——世界与中国的现代化进程（增订版）[M]. 北京：北京大学出版社，2004.

家后面；③现代化的内容很不规则，带有浓厚的畸形化色彩❶。可以说，在"现代化"这个新范式下，中国的区域规划早在 19 世纪末 20 世纪初就已出现，早在 19 世纪后期以来，中国就在适应现代世界生活的过程中发生一系列重大的变革，除了建立民主共和体制、废除科举制和实行新学制、改革旧礼俗与建立新风尚等之外，还包括建设现代市政、兴办现代工业、引进西方科学技术、发展铁路、公路、航空等现代交通运输与通信事业等，这些方面都是与现代区域规划息息相关的。

1949 年解放战争结束后，中国开始有计划地开展工业化与社会改革，现代化则逐渐上升成为一种主导趋势❷，现代区域规划也进一步得到凸显。

1.2　中国近现代区域规划的发展脉络

在"现代化"范式下，我们可以发现，近现代中国发展改变了传统的改朝换代的轨迹，经历着从传统向现代的过渡。在此过程中，中国区域规划在发挥传统的空间治理的基本功能的同时，更多的是战略性地应对外部环境的变化，其发展脉络大致可以分为以下 4 个时期。

1.2.1　"实业救国"浪潮下区域规划的产生（1840—1926 年）

1840 年以后中国历史进入近代，导致近现代区域规划产生的重大改革与思想也开始萌芽。从 19 世纪下半叶到 20 世纪初，大约半个世纪，是中国现代化的初始阶段，在旧王朝体制下自上而下地探索资本主义发展取向的改革时期。这一时期，由于受太平天国运动等的沉重打击与西方资本主义的冲击，清朝皇权结构开始松弛。在内忧外患的双重压力下，清廷改革派与新兴地方实权派结合，兴办了一批官办军工企业，建设新式海军，后期扩大成为官办、官督商办、民办的资本主义型企业。可是，从 19 世纪 60 年代到 19 世纪 90 年代初的早期工业化势头，不幸被 1894—1895 年第一次中日战争（甲午中日战争）所打断，中国的失败标志着自上而下的改革方式遭受重大挫折。甲午中日战争后，民族危机加深，国人进一步觉醒，在"实业救国"的浪潮下，以工业化为主体的经济现代化有了长足的发展。

从区域规划观点看，当时中国作为一个具有悠久历史的封建专制国家，现代化的启动无疑是非常艰难的，它不可能在全国范围内同时启动，而只可能由少数具有

❶　吴忠民. 渐进模式与有效发展 [M]. 北京：东方出版社，1999.

❷　中国在 1964 年提出 20 世纪末实现现代化的奋斗目标，1975 年重申这个目标，反映了当时中国对现代化的认识。从 1979 年开始，中国实行改革开放，同时对经济发展战略作了重大调整，放弃 20 世纪末实现现代化的要求，实行分三步走的现代化发展战略，即第一步，实现国内生产总值比 1980 年翻一番，解决人民的温饱问题；第二步，到 2000 年国内生产总值再翻一番，人民生活达到小康社会的水平；第三步，21 世纪中叶基本实现现代化。

现代意识的地方社会精英在局部地区最先发动，也就是说实现区域现代化。"中华民国"成立以来，举国掀起"共振实业"的潮流，"一战"期间，帝国主义又暂时放松了对中国的经济侵略，加之资产阶级自身的努力，中国资本主义工商业逐渐步入持续10年较快发展时期（1912—1921年）。1895—1926年张謇的"村落主义"及苏北沿海地区现代化实践就是这个时期的产物和杰出代表，极富探索救国、强国道路的色彩，也是中国近现代区域规划出现的标志。

1.2.2　国家重建过程中的区域规划实践（1911—1949年）

从1911年辛亥革命到1949年解放战争结束，中国内忧外患同时加深。辛亥革命推翻了中国两千多年来的封建帝制，建立了适应世界潮流的共和制，这是一次大的国家结构模式转换，然而，中国软弱的资产阶级并未取得政权，迎来的却是权威失落、地方割据与社会失序的局面，内战频仍，民生凋敝。在将近四十年的时间内，国家实效统治出现断裂，现代化被挤压在一条窄缝中断断续续地进行。

在这一时期，中国的首要问题是国家重建。从区域规划观点看，建国过程实际上是如何使分裂割据的地方与区域联结成为一个完整的国家，这也是区域规划的时代任务。这个任务首先体现在1918—1921年孙中山《建国方略》的"实业计划"上。第一次世界大战刚刚结束，各主要参战国正由战时经济转向和平经济，大量商品需要寻找广阔的市场，孙中山敏锐地抓住这一有利时机，希望交战各国将大战中所投入的机器、人力移至中国，发展中国实业，于是著述《国际共同发展中国实业计划书——补助世界战后整顿实业之方法》，后来改称"实业计划"，成为《建国方略》的"物质建设"部分。可以说，"实业计划"是近代以来中国人提出的最激动人心、最具前瞻性的现代化计划，也是中国近现代区域规划史上最早、最完整的"全国国土开发总体规划"设想。

从1914年以来，世界性的经济危机导致法西斯主义的兴起，德国、日本、意大利等国家走上了法西斯主义（又称"国家社会主义"）的道路；第一次世界大战导致俄国脱离资本主义世界体系，选择了社会主义现代化的新道路。这两条道路直接影响了"一战"后，特别是1927年国共两党反对帝国主义和封建军阀的统一战线破裂后，中国内部现代化道路的斗争。国民党在南京政权建立后，逐渐转向德国式道路，以城市为据点，发展统制经济，1927—1937年间出现经济增长浪潮，资本主义的城市化、交通现代化、农业专业化都有明显的推进；共产党仿效苏俄模式，转向以农村为根据地，进行"中华苏维埃共和国"的实验。这两条现代化道路反映在区域规划发展上就是，前者开始南京"首都计划"，研究与设计实业计划，以及九一八事变后为筹备抗战而进行经济基地与交通网建设等；后者则建立"苏维埃区域"，进行建国与治国的预演；此外，面对农村的破坏与衰败，一些知识精英也在各地开展乡村建设运动，进行地方自治的现代化尝试。

但是，从 1931 年开始，日本侵略从东北到华北、内蒙古，步步扩大，中国新一轮的经济增长浪潮再次被日本帝国主义的武装侵略所打断，国民党新政权尚未巩固就受到致命的威胁。并且，第二次日本侵略战争是自鸦片战争以来中国面临的最深刻的民族危机，历经百余年列强的侵略，中国已面临生死存亡，必须赢得这场战争本能挽救民族的危亡。在如此严峻的形势下，国民政府提出了"抗战与建国同时并举"的基本方针，希望毕其功于一役，相应地开始兴建西南、西北交通运输网，建立战时后方工业基地，为抗日战争提供了经济基础；共产党则在战争中求发展，英勇地在沦陷区建立敌后抗日根据地。可以说，无论建立后方工业基地、兴建西南西北交通运输网，还是建立敌后抗日根据地，它们都堪称中国近现代史上最壮烈的区域规划实践，集中体现了区域规划作为空间治理的重要手段、应对外部环境变化的战略选择的基本功能。但是，这种发展不是出自中国现代化进程的内在结果，而是在外力胁迫下的无奈之举和临时选择，条件异常苛刻，代价十分巨大。抗日战争的全面胜利为中国的国家独立、中华民族的解放奠定了基础，从此国家与区域的发展开始由衰败转向振兴。

设想战后重建是"二战"胜利前夕国际规划界的重要话题，在中国也有不少与重建有关的区域规划工作，主要包括：中央设计局以实业计划为基础，规划战后国防经济建设；在工程界，国父实业计划研究会开展对实业计划实施的研究；水利界借鉴美国 TVA，开展综合的扬子江水利工程计划（YVA）；资源委员会设想战后经济建设；武汉、上海等地方政府开展大城市区域规划等。然而，1945 年抗战胜利后，中国又陷入"联合政府"与"一党训政"之争❶，1946—1949 年的解放战争是中国两条现代化道路的大决战，也是"二战"后资本主义与社会主义两个阵营"冷战"在中国的鲜明反映。在此过程中，除了军事战略外，中国区域规划的发展乏善可陈，上述战后重建计划一直没有实施的外部环境，大规模的区域规划与国家建设要等到战争尘埃落定的 1949 年。

1.2.3 探索社会主义道路进程中的区域规划实践（1949—1978 年）

1949 年中华人民共和国成立结束了近百年来中国衰败化与半边缘化的态势，第一次实现了国家的高度政治统一与社会稳定，也带来了发展模式的一次全面转换，中国现代化运动与区域规划发展进入了一个新的历史时期。从 1949 年到 1978 年是中国社会主义道路探索时期，在新的国家思潮影响下，中国不仅力图实现独立自主的国家发展，而且力图探索一条非资本主义的道路。在这 29 年的时间中，中国对新的发展道路的探索明显分为两个阶段。

---

❶ 邓野 . 联合政府与一党训政：1944—1946 年间国共政争 [M]. 北京：社会科学文献出版社，2003.

第一阶段（1949—1960年）：中国迅速恢复国民经济并仿效苏联模式，开展有计划的经济建设，通过内部积累，推行优先发展重工业的高速工业化战略，这是中国历史上迅速进步的时期。相应地，区域规划作为国民经济计划的延续与补充，其发展也出现一个高潮：从1953年开始，集中主要力量进行以苏联援助的"156"项重点工程为中心的"联合选厂"与重点城市规划工作；1956—1957年，为了迎接第二个和第三个五年计划期间大规模的城镇与生产力合理布局，要求"迅速开展区域规划"，并开展第一批区域规划工作试点；1958年，中国开始探索适合国情的社会主义建设道路，"大跃进"的客观形势要求广泛开展区域规划工作，第二批区域规划试点应运而生，规划从过去较小范围内以工业与城镇居民点为主要内容，扩大到以省内经济区（或地区）为区域范围的整个经济建设的总体规划。

第二阶段（1961—1978年）：随着国民经济出现暂时困难，各地的区域规划工作也随之取消。20世纪60年代中期以后，为加强备战，改变当时生产力布局不合理状况，迅速进行以国防工业为中心的"三线建设"，加之"文化大革命"的严重干扰与破坏，在发展全局上背离现代化方向，区域规划工作也完全陷入停顿状态，最后又艰难地复苏。

1.2.4 改革开放时期的区域规划探索（1979年以来）

以1978年12月中共中央十一届三中全会为标志，中国实行改革开放政策，对社会主义现代化道路主动而全面的探索又重新起步。在经济发展上，国家从计划经济逐步转向市场经济，转向一种中国式的混合发展道路，基本找到了适应世界潮流、兼采各国所长的发展方式，实现了从单纯政治方式推动经济发展到加强经济手段推动经济发展的根本转变，区域规划也以多种形态展开，大体上分为三个阶段。

第一阶段（1979—1991年）：改革开放起步时期，区域规划发展主要是在计划体制内探索区域空间治理的有效形式，并努力寻求体制突破，包括学习欧洲经验，努力开展国土开发与整治规划；随着"市带县"等体制的实施和城镇化的发展，城镇体系规划与市域规划得到开展；经济持续高增长对土地产生巨大需求，从农民建房到国家重点建设、乡镇企业发展以及外商投资建厂房等，占用大量耕地，保护耕地资源引起重视。

第二阶段（1992—2002年）：各项改革由过去侧重突破旧体制转向侧重建立新体制，由政策调整转向制度创新，建立社会主义市场经济体制起步，区域规划也开始逐步演变为宏观调控的重要手段。20世纪80年代中期在全国范围内搞得热火朝天的国土规划，由于未能适应市场经济发展，在20世纪90年代中期以后，逐步趋向消沉和衰变，进入低谷阶段；而原功能较单纯的城镇体系规划转向以城镇体系发展为主体，与相关要素进行空间综合协调的区域城镇体系规划，在较大程度上顶替了衰变前的国土区域规划。与此同时，以城市发展为核心的空间战略规划 / 概念规划、以基本农田保护为核心的土地利用规划开始兴起。

　　第三阶段（2003 年以来）：开始启动完善社会主义市场经济体制的全面改革进程，城镇化进入加速发展阶段，中国社会进入结构转型时期，科学发展观对改革开放道路进行批判性反思，客观上需要加强对区域发展的协调和指导。在科学发展观的指导下，区域规划呈现多种探索形式并存的格局，包括"十一五"规划把区域规划放在突出重要的位置、开展城市规划的区域研究与加强区域城镇体系规划、重视国土规划与国土资源管理工作等。不同类型的区域规划既相互补充，又存在矛盾冲突。2018 年改革开放 40 周年，国家组建自然资源部，强化国土空间规划对各专项规划的指导约束作用，推行"多规合一"。

1.3　国际视野中的中国近现代区域规划

　　综观中国近现代区域规划的发展，可以发现它与西方区域规划有着相当的不同，但是这并不能否定从国际视野来认识中国近现代区域规划发展的学术价值。实际上，正如前面已经指出的，从鸦片战争至今的 170 多年是中国从传统农业社会向现代工业社会大转变的时期，传统的乡土社会开始解体，城乡关系发生急剧变化，显现出复杂的过渡社会特征，这也是现代世界历史的中心内容❶。近代以来，中国发展逐步纳入世界体系，中国发展也成为世界史的一部分，在此意义上说，中国区域规划也与西方区域规划有着一定的可比性。通过国际比较，我们可以更清楚地认识和理解中国近现代区域规划起源、演进及其未来趋势，并进一步加深对中国区域规划发展特色的理解。

1.3.1　现代世界区域规划的发展

　　从国际上看，区域规划起源于对资本主义工业化问题的关注；在发展过程中，受到两次世界大战和世界性经济危机的影响；近来随着现代化、全球化进程推进，又出现新的特征。据此，我们可以将现代世界区域规划发展分为以下四个阶段：

　　（1）工业革命催生了欧美国家早期的区域规划思想

　　区域规划作为一门学科，人们通常将其历史追溯到 19 世纪末 20 世纪初对"城市病"的诊治。实际上，我们今天所理解的现代区域规划思想便源于 18 世纪末 19 世纪初无限制的工业化带来的不利影响。最早在欧洲，后来到北美，一些"先知者"

---

❶　罗荣渠 . 走向现代化的中国道路——有关近百年中国大变革的一些理论问题 [M]// 现代化新论——世界与中国的现代化进程（增订版）. 北京：北京大学出版社，2004.

（seers）开始认识到这并非单纯的城市自身的问题，实际上与工业革命以及快速城市化相联系，需要通过整体的规划予以解决。在他们的影响下，以一些重要的运动、会议、规划为标志，区域规划思想逐步酝酿并缓慢发展。可以说，在欧美国家，工业革命催生了早期的区域规划思想。

（2）20世纪前半叶西方区域规划思想初步形成体系

自1898年霍华德提出"田园城市"思想到1945年"二战"结束的五十多年时间内，世界上发生了两次世界大战，其间20世纪30年代又经历了世界性经济大萧条，这些因素对于世界经济发展和区域规划发展都是极为不利的。但是，它们在事实上却为区域规划的发展提供了历史机遇：战争破坏了世界，战后重建工作迫切需要区域规划来指导；萧条带来了区域经济衰退，旨在振兴区域经济的区域发展规划也为衰退地区所急需。经过半个世纪的实践努力，区域规划思想在1945年已经初步形成体系。社会主义国家的计划经济能够从总体上对全国和各个区域发展做出宏观的规划（从1928年开始，苏联经过"一五"计划、"二五"计划，迅速从一个农业国上升为世界第二大工业强国），资本主义国家因加强干预而增加对各个区域发展进行规划的比例（美国总统罗斯福向公众承诺，实行"新政"，把已经被"大萧条"折磨得精疲力竭的美国解救出来）。在此期间，世界上出现了多种类型的区域规划，包括以大都市为核心的大城市区域规划、以工业区为核心的工业区区域规划、以完整的流域单元综合开发为目标的综合区域规划等。英国1945年颁布的"工业布局法"和1947年颁布的"城乡规划法"，标志着西方区域规划已从过去局部、孤立和小范围的做法，过渡到全面、系统、整体和法制化的时代，并逐渐成为一种社会制度，成为政府工作的必要组成部分。

（3）20世纪60年代区域规划成为一门独立的学科

第二次世界大战后，发达资本主义国家战后重建的思想迅速让位于满腔热情的现代化，共同的问题是交通机动化，到处都是对增长与技术的无限乐观。社会学家和经济学家对规划的影响日益增加，区域规划议程从城市形态与物质规划的问题转向对区域经济地理的关心。20世纪60年代初，"现代区域发展范式"（the modernist regional development paradigm）开始影响并引导许多区域规划理论与实践的发展，区域学说国际化，以发展主义姿态影响国家建设。由于对定量科学和新古典经济学的崇拜，实用主义在区域规划研究中占上风，并由此创造了一门新的学科：区域科学。总体看来，20世纪60年代区域规划已经成为一门独立的科学，但是在"冷战"的大背景下，它似乎也是一门"冷冰冰的科学"。20世纪60年代末到20世纪70年代，马克思主义评论家向不关心活生生的社会政治的区域科学发起挑战，区域政治经济学发挥影响。在20世纪60—70年代，环保组织为保护区域整体环境，呼吁区域协调与合作，出现了区域环境议程和初步行动。

（4）20世纪80年代后新区域主义研究兴旺

20世纪80年代后，信息化和全球化浪潮改变了人们的生活工作方式和空间形态，区域成为正在浮现的全球与地方接合的媒介，新区域主义研究兴旺。新区域主义关注经济发展，更关注城市设计、物质规划、场所创造与公平问题，最根本的是重新评价经济发展作为区域发展的主要目标，努力平衡经济发展与环境的、社会的目标。在区域空间行动背后，有着深刻的社会文化与政治经济诉求，区域规划含义得到展扩。惠勒（2002）将现代区域规划发展分为：生态区域主义、区域科学、新马克思主义区域经济地理学、公众选择区域主义以及新区域主义5个阶段，并根据近年来许多区域行动的共同特征勾画出新的区域规划概念的轮廓，例如：①聚焦于特定地域与空间规划；②努力阐述因增长带来的问题和后现代大都市地区的破碎；③采取更整体的规划途径，常常整合交通、土地利用等规划专家，以及环境、经济、公平等目标；④强调物质规划、城市设计、场所感以及社会的与经济的规划；⑤经常采用规范的或激进主义的姿态❶（表1-1）。

尽管不同国家在不同时期的区域规划发展有着相当不同的背景，但是国际视野为我们认识中国区域规划提供了一个更为广阔的参照系。

区域规划的历史时代　　　　　　　　　表1-1

时代	关键人物	特征
生态区域主义（20世纪早期）	Geddes，Howard，Mumford，MacKaye	关心19世纪工业城市过度拥挤问题。努力平衡城市与乡村。较为整体的、规范的、场所导向的方法
区域科学（20世纪40年代晚期以来）	Isard，Alonso，Fredmann	强调区域经济发展，定量分析，社会科学方法
新马克思主义区域经济地理学（20世纪60年代晚期以来）	Harvey，Castells，Massey，Sassen	发展了区域内权力和社会运动分析
公众选择区域主义（20世纪60年代以来；20世纪80年代尤为盛行）	Tiebout，Ostrom，Gordon，Richardson	用新古典经济学的自由市场观念分析区域
新区域主义	Calthorpe，Rusk，Downs，Yaro，Hiss，Orfield，Katz，Pastor	在关注经济发展的同时，关心环境与公平。重视特别的区域和后现代大都市景观的问题。常常以场所、行动为导向，具有规范性

资料来源：WHEELER S M. The new regionalism：key characteristics of an emerging movement [J]. Journal of the American Planning Association，2002，69（3）：267-278.

---

❶ WHEELER S M. The new regionalism：key characteristics of an emerging movement [J]. Journal of the American Planning Association，2002，69（3）：267-278.

1.3.2　中国近现代区域规划的国际比较

在现代世界区域规划的参照下，中国近现代区域规划发展具有如下明显特征：

（1）19世纪和20世纪之交，中国近现代区域规划在地区现代化实践中产生

工业革命以来，现代化成为世界发展的大趋势，这也是现代区域规划发育的温床，中国近现代区域规划同样产生于现代化实践。有所不同的是，中国近现代区域规划不是源于大规模的国家工业化，而是源于地区性现代化实践。在落后而失序的农业国，1895—1926年张謇在南通及江苏沿海地区发展现代工业，"自存立，自生活，自保卫，以成自治之事" ❶，地区现代化实践自然地孕育出具有现代色彩的区域规划思想——"村落主义"。中国这种以实践为基础的区域发展理论，与西方区域规划多是思想与理论的建树，有着很大的不同。

（2）20世纪上半叶，在艰难的建国过程中，区域规划实践不断在国家层面展开

1911年辛亥革命摧毁了帝国秩序的断壁残垣，此后中国区域规划的发展注定要与国家建设密切相关。从孙中山的"实业计划"到国民政府南京"首都计划"、国家路网规划、共产党建立"苏维埃区域"、抗战烽火中建立后方经济基地与敌后抗日根据地，乃至战后以"实业计划"为基础的种种规划设想与建设计划等，这些形式特殊的区域规划活动都或多或少地具有建国色彩。可惜，在残酷的战争和强烈外部环境的冲击下，区域规划进步的希望屡屡受挫，只能在被动的局面中艰难地寻求主动，更没有像西方国家那样迅速地发展成为一种社会制度，被纳入日常的政治生活之中。

（3）20世纪50年代到60年代初，大规模社会主义现代化建设为区域规划科学的发展提供了条件

中华人民共和国成立后，20世纪50年代社会主义现代化建设大规模展开，以工业为主体的地区综合建设为区域规划学科的形成提供了实践基础。随着"一五"计划时期要求从区域研究的角度开展联合选厂与城市规划，"二五"计划前期要求综合安排新工业与城镇居民点建设，后来又要求以省内经济区为单位研究地区经济发展方向和经济建设战略部署等问题，区域规划逐步有了明确的任务和目的，区域研究范围已经大大超出了单纯的产业计划、经济地理或城市规划，内容不断广泛、深入，并通过实践将理论与方法逐渐地系统完善起来，区域规划形成一门独立学科的条件基本具备了。在"以任务带学科"的《1956—1967年科学技术发展远景规划》中，"区域规划、城市建设和建筑创作问题的综合研究"作为一个独立的研究任务被列入 ❷。1960年冬，在长春市召开的经济地理学术讨论会集中讨论了区域规划的理论与方法

❶ 张謇.自治会报告书序[M]//张謇研究中心，南通市图书馆.张謇全集：第4卷·事业.南京：江苏古籍出版社，1994：465.

❷ 陈福康.建筑科学要做技术革命的前锋[M].1956—1967年科学技术发展远景规划纲要（修正草案）通俗讲话.北京：科学普及出版社，1958：100–101.

问题。在学习苏联经验以及中国规划实践的基础上，1961年编成了中华人民共和国第一部高校通用规划教材《城乡规划》❶。从总体上看，当时中国区域规划紧紧围绕着国家工业化的重心，这与战后国际上区域规划重视经济增长的大势是一致的。可惜后来经历十年"文革"浩劫，中国现代化走上了错误的轨道，区域规划发展历经曲折并陷入停顿。

（4）20世纪80年代以来，不同形式的区域规划实践在不同部门与空间层次上积极开展

20世纪80年代以来，中国主动改革开放，探索有中国特色的社会主义现代化道路。随着社会主义市场经济体制建立与完善，不同形式、不同空间层面的区域规划与研究工作此起彼伏。其中，国家主要职能部门基本上形成了有部门特色的规划形式，如建设部门的城市地区规划、区域城镇体系规划，国土部门的土地利用规划，以及发展与计划部门的区域发展规划等，这些部门性的区域规划既有分工，也有交叉和重复；同时，从中央到地方，不同层次的区域规划与研究工作也在积极开展，努力寻求区域协调发展机制，这与国际上的"新区域主义"有着共同的时代特征。

1.3.3 中国近现代区域规划在世界区域规划史上的地位

1840年以来，中国逐步从落后的农业社会向开放的现代工业社会转变，随着中国与世界关系的变化，经济体制从计划向市场的转型，区域规划的内容和形式都发生了很大变化，从中我们可以发现中国近现代区域规划理论与实践演进的基本规律，及其在世界规划史上的独特地位。

（1）中国近现代区域规划发展明显地受到外部世界的影响与制约，是世界区域规划发展史的一部分

鸦片战争以来170多年的历史表明，每当世界体系发生重大变动的时候，中国内部也发生深刻的变化。第一次世界大战前后，中国发生了辛亥革命和五四运动；第二次世界大战结束后不久，中华人民共和国宣告成立；20世纪最后10年，苏联解体，冷战结束，又出现中国改革开放不断深入发展。这种历史的"巧合"意味着，变动的世界与变动的中国之间存在着直接的或间接的互动关系。

如果说古代中国长期处于相对封闭的发展环境之中，区域规划面对的是"中国的世界"，其主要任务是内部空间的治理，区域规划思想具有明显的完备性与自给自足的中国文化色彩，那么，近现代中国则经历着从被迫开放到被迫封闭到主动开放的过程，区域规划面对的是"世界的中国"，必须适应外部环境的变化，区域规划思想与实践明显地受到外部世界的影响与制约（表1-2）。

---

❶ "城乡规划"教材选编小组选编.城乡规划[M].北京：中国工业出版社，1961.

表 1-2

中国近现代区域规划的国际比较

时期	世界		中国	
	社会背景	区域规划	社会背景	区域规划
18世纪末、19世纪初以来	• 19世纪初以来欧洲优势时期 • 工业化的大规模破坏快速推进给区域发展带来负面影响	• "先知者"出现，酝酿区域规划思想	• 清乾隆以来，中国封建社会衰败 • 鸦片战争以来，中国社会半殖民地化	• 重大社会变革与现代思想出现，孕育区域现代化思想 • 中西之争
19世纪和20世纪之交	• 欧洲霸权开始衰弱 • 1914—1918年，第一次世界大战 • 俄国革命	现代区域规划出现 • 1898年，霍华德出版《明日：一条通往真正改革的和平道路》 • 1909年，伯纳姆出版《芝加哥规划》 • 1915年，盖迪斯出版《进化中的城市》	• 1895年甲午中日战争战败，洋务运动破产，开展地方自治运动 • 1901年《辛丑条约》，中国半封建社会地位确立 • 1911年辛亥革命，清王朝解体	区域规划在区域现代化实践中产生 • 1895—1926年张謇的"村落主义"与苏北沿海地区现代化实践
1919—1939年	两次世界大战之间"休战" • 1918年，苏俄"十月革命"成功 • 1929—1934年，世界经济大萧条 • 1933—1939年，罗斯福"新政" • 殖民地世界发生民族革命	区域规划在实践中创新 • 1921—1929年，纽约及其周边地区规划 • 1922年，洛杉矶区域规划委员会成立 • 1926年，纽约住房与区域规划委员会报告 • 1928年开始，苏联实施"五年计划" • 1933年，美国TVA成立 • 1933年，CIAM通过《雅典宪章》 • 1935年，阿姆斯特丹开扩张规划	• 1919年，"五四"新文化运动 • 1927年，南京国民政府成立 • 1931年，日本发动侵华战争 • 1937年，七七事变，日军全面侵华 • 1937年，西安事变，中国开始全面抗日	• 区域规划在国家层面展开 • 孙中山"实业计划" • 南京"首都计划" • 全国路网规划 • 乡村建设运动 • 苏维埃运动根据地建设
1939—20世纪50年代	第二次世界大战，美苏崛起"冷战" • 1939—1945年，第二次世界大战 • 1945年，《联合国宪章》生效 • 殖民地革命，民族国家基本格局形成 • 医学进步等因素导致人口快速增长 • 战后重建与城市化高潮	区域规划渐成体系，在"二战"后重建中发挥重要作用 • 苏联中央集权的经济规划 • 1933—1943年，美国成立国家资源计划委员会（NRPB） • 1937年，英国巴罗报告 • 1944年，英国大伦敦规划	抗日战争与中华人民共和国成立 • 1945年，中国人民抗日战争胜利 • 1949年，中华人民共和国成立，实行社会主义计划经济体制 • 1950年，开始"抗美援朝" • 1953年，开始实施"一五"计划 • 1958年，开始"大跃进"、人民公社化运动 • 外交"一边倒"	区域规划实践为学科发展奠定基础 • 后方抗日基地建设 • 拓展西南、西北交通线路 • 建立敌后抗日根据地建设 • "二战"后复兴建设设想 • 武汉、上海大城市区域规划 • "一五"计划时期区域规划试点 • "二五"计划时期区域规划试点 • 大地园林化与人民公社规划

续表

时期	世界		中国	
	社会背景	区域规划	社会背景	区域规划
20世纪60—70年代	美苏两极主宰世界发展 • 冷战，越战 • 20世纪60年代，殖民地革命 • 联合国Habitat地球日设立 • 1972年，斯德哥尔摩环境会议 • 20世纪70年代，世界力量多极化，世界格局两极分化结束 • 20世纪70年代，美国联邦作用区域发展，入低潮，地方政府决定区域发展	发展主义影响区域规划理论与实践 • 区域总体规划，物质与土地利用规划 • 区域发展理论 • 反磁极和增长极，居民点的等级规模分布 • C.A.Doxiadis 提出 Ekistics（人聚环境学） • 1966年大巴黎规划 • 1968年RPA完成第二次大纽约规划	经济调整与社会混乱 • 1961—1965年，经济调整 • 1966—1976年，"文化大革命" • 1971年中美和解，联合国恢复中国合法代表权 • 1972年中日关系正常化 • 1973年联美抗苏"一条线"战略	• 区域规划发展走下坡路与局部复苏 • 三线建设 • 唐山震后规划
20世纪80年代	英/美保守主义，全球新自由主义思想盛行，现代化高潮 • 1987年，世界环境与发展大会，可持续发展 • 1979年，M.Thatcher当英国首相 • 1981年，R.Reagan当选美国总统	市场友好规划出现	实行改革开放政策 • 1978年，中共十一届三中全会 • 1979年，陈云发表"计划与市场"问题，提纲 • 改革开放 • 乡镇企业	学习西方区域规划经验，逐步融入世界 • 国土开发整治规划 • 国民经济发展规划（七大区规划） • 城镇体系规划
20世纪90年代以来	全球化，竞争与可持续发展 • 1987年，世界环境与发展大会，可持续发展 • 苏联解体，冷战结束 • 经济全球化 • 1996年，联合国"人居二"会议 • 美国"9·11事件"与恐怖主义	"新区域主义"思潮浮现 • 欧盟空间发展展望（ESDP） • 1996年RPA完成第三次大纽约规划 • 精明增长 • 千年发展目标 • 安居，联合国人居计划阐述公共安全问题	建立与完善社会主义市场经济 • 1992年，邓小平视察南方，中共十四大确立建立社会主义市场经济体制的目标 • 1993年，人居环境概念提出 • 2001年，中国加入WTO • 2003年，完善社会主义市场经济体制 • 科学发展观 • 生态文明建设	社会主义市场经济条件下区域规划的探索 • 经济社会发展规划中区域规划试点 • 国土规划试点 • 区域城镇体系规划，区域城市群规划，城市发展战略研究 • 在科学发展观指导下区域规划探索 • 城市群规划 • 国土空间规划

（2）中华人民共和国经历计划经济与社会主义市场经济两种经济体制下的区域规划实践，成为世界区域规划史上独特的篇章

中华人民共和国成立后，实行社会主义制度。在此后五十多年的时间内，先后在计划经济与社会主义市场经济两种经济体制下进行伟大的社会实践，客观上对区域规划发展产生了深层次的影响。在社会主义计划经济条件下，计划是国家（政府）对整个经济、社会活动的指导、干预和调控，是宏观调控的手段，区域规划是计划的具体化与延续；在社会主义市场经济条件下，计划是宏观调控的总和，国家对经济发展实行宏观调控，区域规划是计划的重要形式。中国在两种不同体制下的区域规划的实践，无论成功经验还是失败教训，都是世界区域规划史上独特的篇章。

（3）未来中国区域规划发展面临巨大的创新空间，特别是建立适合中国国情的区域空间规划体系

随着中国经济社会发展从停滞封闭向全面开放推进，从计划经济向市场经济推进，区域规划所面对的任务和需要解决的问题也不同，规划内容与形式也有所差异，包括江河流域规划、自然区划、以工业为主体的地区建设综合规划、区域经济建设的战略布置、国土综合开发整治规划、城镇体系布局规划、大城市地区规划/城镇群规划、区域经济发展规划、国土空间规划，等等。可以说，中国近现代区域规划发展，是在特定的经济社会条件下，为了满足现代化需要，在空间发展领域进行的制度创新（表1-3）。

中华人民共和国成立以来区域规划形式的演变　　　　　表1-3

年代 区域规划形式	20世纪 50年代	20世纪 60年代	20世纪 70年代	20世纪 80年代	20世纪 90年代	2000年 以来
江河流域规划/自然区划	■	■	■	■	■	
地区建设综合规划	■	■				
区域经济建设布局		■				
国土规划				■	■	
城镇体系/城镇群规划				■	■	
大城市地区规划					■	
国民经济与社会发展区域规划						■
国土空间规划						■

未来中国区域规划发展仍然面临巨大的创新空间，特别是建立适合中国国情的区域空间规划体系。中国近现代区域发展证明了空间规划的重要性，并表现出强烈的综合取向，中国空间从疏到密的开发趋势客观上要求区域规划自觉地突出综合性，强化空间性，开展综合的区域空间规划。

中国近现代区域规划进步离不开对外来经验的借鉴，今天更需要的是自觉总结自身实践的经验与教训，并努力提升到理论高度。未来中国区域规划发展要在推进政治文明的过程中不断改革区域规划体制，特别是与不同部门（国家发展与改革部门、建设部门、国土管理部门等）之间的横向合作与不同层次（国家、省、县）之间的纵向合作相结合，在国家与省（直辖市、自治区）层面的"三规合作"与县（市）层面的"三规合一"相结合，政府间合作与非政府间协作相结合，建立适合中国国情的区域空间规划体系。

1.4 研究思路与组织结构

1.4.1 已有研究评述

由于种种原因，目前国际上有关城市与区域规划研究的经典著作主要针对欧美国家，中国近现代区域规划基本上是空白。例如，霍尔著《城市与区域规划》，初版于 1975 年，在 1985 年、1992 年、2002 年又多次修订[1]，然而书中对于中国城市与区域规划发展一直没有涉及；其他重要的区域规划著作，如《城市文化》[2]、《地域与功能：区域规划的演进》[3]、《区域意念：英国、欧洲与美国的区域规划与治理》[4]、《明日之城》[5]、《当代区域规划》[6]等，基本上也是论述欧美区域规划发展，并没有涉及中国。中国近现代区域规划不是西方传统区域规划研究的方向，似乎也不是他们当前的研究方向，我们不可能直接从当前国际学术研究中截取中国近现代区域规划的内容。

从国内看，目前对中国近现代区域规划也没有系统的研究，只是在规划与历史领域有一些零星的、分散的研究。在规划领域，对中国近现代区域规划的研究主要集中在 1949 年以后中国区域规划的发展。其中，最具代表性的是胡序威的四篇系列文章"中国城市和区域规划发展新趋势"[7]、"我国区域规划的发展态势与面临问题"[8]、"中国区域规划的演变与展望"[9]以及"健全地域空间规划

[1] HALL P. Urban and regional planning [M]. London and New York：Routledge，2002.

[2] MUMFORD L. The culture of cities [M]. Harcourt：Brace & Company，1938.

[3] FRIEDMANN J，WEAVER C. Territory and function：the evolution of regional planning [M]. Berkeley and Los Angeles：University of California Press，1979.

[4] WANNOP U. The Regional Imperative：Regional Planning and Governance in Britain，Europe，and the United States [M]. London：Jessica Kingsley Publishers，1995.

[5] HALL P. Cities of tomorrow [M]. Oxford：Blackwell，1996.

[6] MARSHALL T，GLASSON J AND HEADICAR P. Comtempary issues in regional planning [M]. Hampshire：Ashgate Publishing Limited，2002.

[7] 胡序威 . 中国城市和区域规划发展新趋势 [J]. 经济地理，1988，8（3）：161–165.

[8] 胡序威 . 我国区域规划的发展态势与面临问题 [J]. 城市规划，2002，26（2）：23–26.

[9] 胡序威 . 中国区域规划的演变与展望 [J]. 地理学报，2006，61（6）：585–592.

体系"❶，总结了中国区域规划发展和演变，提出建立地域国土空间规划体系的建议。此外，张器先、赵士修等❷回忆了中华人民共和国成立后规划的发展，毛汉英与方创琳❸回顾了 20 世纪 80 年代以来中国国土规划发展的过程，杨洁回顾了 20 世纪 80 年代以来特别是 1992 年后区域规划工作的发展❹，周干峙❺、邹德慈❻总结了中华人民共和国成立以来规划发展的阶段性（三个"春天"）和特征（从被动式走向主动式），陆大道等总结和评价了 50 多年来特别是近 20 年来我国国土开发与区域发展战略及其实施效果❼，崔功豪与王兴平论述了当代（20 世纪 90 年代以来）中国区域规划的发展❽，王晓东分析了我国目前区域规划工作开展中存在的矛盾、问题及体制障碍❾，陈锋用现代化理论来考察中国城市规划的发展❿，曹清华与杜海娥回顾了 20 世纪 80 年代以来我国国土规划的发展⓫，等等。

在历史领域，与中国近现代区域规划有关的研究时间跨度较广，但通常关注相关人物与事件研究，对区域的空间层面虽然有所涉及，但缺乏自觉的重视。经典的研究包括：章开沅对张謇的研究⓬、姜义华对孙中山"实业计划"的研究⓭、林家有对孙中山与中国近代化道路的研究⓮、董志凯与吴江对"156"项苏联援建项目的研究⓯、陈东林对三线建设的研究⓰、薛毅对资源委员会的研究⓱等。可喜的是，近年来历史领域的"现代化"范式⓲为中国近现代区域规划研究提供了可以借鉴的时空框架，章开沅、罗福惠把中国早期现代化（1949 年以前）置于世界发展的宏观进程中加以考察⓳。

---

❶ 胡序威 . 健全地域空间规划体系 [J]. 城市与区域规划研究，2018（01）：93-96.

❷ 中国城市规划学会 . 五十年回眸——新中国的城市规划 [M]. 北京：商务印书馆，1999.

❸ 毛汉英，方创琳 . 我国新一轮国土规划编制的基本构想 [J]. 地理研究，2002，21（3）：267-275.

❹ 杨洁 . 对区域规划工作的回顾与展望 [J]. 科技导报，1998（8）：58-61.

❺ 周干峙 . 迎接城市规划的第三个春天 [J]. 城市规划，2002，26（1）：9-10.

❻ 邹德慈 . 走向主动式的城市规划——对我国城市规划问题的几点思考 [J]. 城市规划，2005，29（2）：20-22.

❼ 陆大道 . 中国区域发展的理论与实践 [M]. 北京：科学出版社，2003.

❽ 崔功豪，王兴平 . 当代区域规划导论 [M]. 南京：东南大学出版社，2006.

❾ 王晓东 . 对区域规划工作的几点思考——由美国新泽西州域规划工作引发的几点感悟 [J]. 城市规划，2004，28（4）：65-69.

❿ 陈锋 . 现代化理论视野中的城市规划——写在中国城市规划设计研究院成立 50 周年的时候 [J]. 城市规划，2004，28（12）：13-20+25.

⓫ 曹清华，杜海娥 . 我国国土规划的回顾与前瞻 [J]. 国土资源，2005（11）：20-21.

⓬ 章开沅 . 开拓者的足迹——张謇传稿 [M]. 北京：中华书局，1986.

⓭ 姜义华 . 孙中山"实业计划"战略构想析评 [M]// 丁日初主编 . 近代中国（第 1 辑）. 上海：上海社会科学出版社，1991：248-264.

⓮ 林家有 . 孙中山与中国近代化道路的研究 [M]. 广州：广东教育出版社，1999.

⓯ 董志凯，吴江 . 新中国工业的奠基石："156"项建设研究 [M]. 广州：广东经济出版社，2004.

⓰ 陈东林 . 三线建设——备战时期的西部开发 [M]. 北京：中共中央党校出版社，2003.

⓱ 薛毅 . 国民政府资源委员会研究 [M]. 北京：社会科学文献出版社，2005.

⓲ 罗荣渠 . 现代化新论——世界与中国的现代化进程（增订版）[M]. 北京：北京大学出版社，2004.

⓳ 章开沅，罗福惠 . 比较中的审视：中国早期现代化研究 [M]. 杭州：浙江人民出版社，1993.

近年来，随着对区域规划认识的不断深化，区域规划的内涵与研究不断拓展，区域规划研究的内容亦呈不断深入之势。例如，吴良镛提出区域规划中的"城市地区"理论❶，以及"区域规划与人居环境"的命题❷，杨伟民❸、吴良镛与武廷海❹、唐凯❺、仇保兴❻等对规划体制改革进行探索，樊杰探讨国土（区域）规划性质与内容调整等问题❼，方创琳探讨区域发展规划的基本发展趋向❽，毛汉英总结新时期区域发展规划的进展❾，刘卫东与陆大道探讨新时期区域空间结构规划的方法论❿等。

但是，总体看来，中国近现代区域规划研究现状与中国近现代区域实践以及区域规划大发展的形势很不相称。对中国近现代区域规划的经验与教训进行系统总结，并为当今中国区域规划发展与社会经济建设提供启示，成为当前中国区域规划研究中一项十分急迫且具有重要意义的工作。

1.4.2　本书的研究方法

区域规划是一门与社会实践关系十分密切的社会科学，通常不能像自然科学领域那样通过试验的方式使同一现象重现并控制，而只能对已有的现象（经验）来加以观察。具体地说，一是纵向借鉴，从历史中学；二是横向借鉴，从他国学；三是自己摸索，从实践中学。这三个方面相辅相成，相得益彰。然而，长期以来，我们对中国近现代区域规划研究似乎实行"拿来主义""摸石头过河"多了一些，却很少关注自己已有的经验与教训。

本书主要采用历史的研究方法。众所周知，中国历史的显著特点是它具有惊人的连续性，然而在认识近现代发展上常常有脱节、断档。实际上，改革开放以来20多年中国社会变革是鸦片战争以来中国社会变革的继续，鸦片战争以来170多年中国社会的变革更是2000年来中国社会演进的继续。本书将中国近代区域规划置于更加广阔的时空之中，从现代化的角度来理解和把握中国近现代的特殊性，力求对近

---

❶　吴良镛. 城市地区理论与中国沿海城市密集地区发展 [J]. 城市规划，2003，27（2）：12-16+60.

❷　2005年3月25日吴良镛在国家发改委区域规划研讨班（宁波）上的演讲。见：吴良镛. 区域规划与人居环境创造 [J]. 城市发展研究，2005，12（4）：1-6.

❸　杨伟民. 规划体制改革的理论探索 [M]. 北京：中国物价出版社，2003.

❹　吴良镛，武廷海. 从战略规划到行动计划——中国城市规划体制初论 [J]. 城市规划，2003，27（12）：13-17.

❺　唐凯. 新形势催生规划工作新思路——致吴良镛教授的一封信 [J]. 城市规划，2004，28（2）：23-24.

❻　仇保兴. 中国城市化进程中城市规划变革 [M]. 上海：同济大学出版社，2005.

❼　樊杰. 对新时期国土（区域）规划及其理论基础建设的思考 [J]. 地理科学进展，1998，17（4）：1-7.

❽　方创琳. 我国新世纪区域发展规划的基本发展趋向 [J]. 地理科学，2000，20（1）：1-6；方创琳. 区域发展规划论 [M]. 北京：科学出版社，2000.

❾　毛汉英. 新时期区域规划的理论、方法与实践 [J]. 地域研究与开发，2005，24（6）：1-6.

❿　刘卫东，陆大道. 新时期我国区域空间规划的方法论探讨——以"西部开发重点区域规划前期研究"为例 [J]. 地理学报，2005，60（6）：894-902.

现代中国区域规划发展获取连贯的认识。通古今之变，始能识事理之常，进而为未来发展提供有益启示，避免认识上低水平重复，实践中则重复错误。

通过历史研究，本书展示了堪与国际比较的中国近现代区域规划。实际上，本书有明暗两条线索，明的是在中国现代化背景下，比较不同历史时期的区域规划思想与实践，揭示中国近现代区域规划发展的脉络与时代特征（纵向比较）；暗的则是在国际背景下，比较中国近现代区域规划与国际区域规划发展的关系（横向比较）。本书强调中国现代化是世界现代化进程的组成部分，把一个半世纪以来的中国历史置于资本主义全球性扩张、殖民主义体系瓦解和全球市场经济一体化等不断变化的世界大环境中考察，探讨和定位中国式的现代化道路，从中把握区域规划的多种形态及其形成背景，因此也形成了可供国际比较的中国近现代区域规划，填补了国际学术界对中国近现代区域规划研究的空白。同时指出，在"现代化"的范式下探讨中国近现代区域规划的发展，实际上也为认识中国现代化提供了一个空间的视角，对目前中国现代化研究中基本上侧重于现代化思潮的发展脉络来说，也是一个有益的补充。

1.4.3 本书的组织结构

本书写作的过程也是艰难的探索过程，及至本书完成，终有豁然开朗之感，并可以概括为：治国—空间治理—区域规划，即将区域规划视为现代化过程中国家进行空间治理的重要手段，完成1949年后以及国家长治久安的目标；区域规划的基本任务是通过分配和使用空间资源，实现国家的政策目标。在古代中国，区域规划是空间治理的一部分，空间治理是治国的关键环节；在近现代中国，面临"数千年未有之变局"，区域规划更是国家或地方应对环境变化的战略选择，是强国的手段；在当前及未来一段时期内，区域规划是提高区域竞争力、参与世界经济循环的战略措施，是国家对经济建设进行宏观调控的重要手段，是全面建设小康社会建设良好的人居环境的技术保障。据此，全书共分7章，第1章是导论，第2-4章是主体，第5章是总结，第6章是展望，第7章补充了2006年以来的区域规划新进展。

第1章导论，主要阐述中国近现代区域规划的特殊意义，并从"纵"（发展脉络）、"横"（国际视野）两个维度，勾勒中国近现代区域规划的基本特征，努力使读者对中国近现代区域规划全局有一个鸟瞰与整体把握。

第2-4章是本书的主要篇幅，考察中国区域规划发展的进程，读者可观其详。其中第2章是近代区域规划思想与实践，第3章是探索社会主义现代化建设道路进程中的区域规划实践，第4章是改革开放与区域规划探索。

第5章总结第2-4章，从整体上考察中国近现代区域规划发展环境的变迁，以及规划形式与内容的变化，总结中国近现代区域规划发展的基本规律，努力为当前及未来区域规划发展提供参考与启示。

本书第 6 章，旨在展望未来一段时期内中国区域规划发展的可能前景，主要包括探索区域规划功能的嬗变，进而探讨如何建立适应未来发展需要的区域空间规划体系。这是历史回顾基础上的前瞻，也是中西比较基础上的借鉴，是本书最不成熟的部分，但个人认为却是非常重要的，正确与否还有待实践的检验。

本书第 7 章，补充了 2006 年以来"十一五"规划（2006—2010 年）、"十二五"规划（2011—2015 年）、"十三五"规划（2016—2020 年）期间我国区域发展与区域规划的新进展，用事实证明走向综合的空间规划的区域规划实践及其理论建设。

1.5 重要术语辨析与界定

1.5.1 区域

"区域"是个弹性很大的概念。一方面，区域概念包含的内容很多，不同学科对区域有不同的理解。例如，在自然地理学上，区域是地球表面的一部分，并占有一定的空间，具有一定的范围和界线，具有一定的体系结构形式；在人文地理学上，区域是一个实体，具有共同的特征和内部分异，常常表现为由具有组织功能的核心及其腹地共同组成一个空间系统，又称为"结节区域"或"功能区域"；在区域经济学上，区域是一个经济空间的概念，是指经济活动相对独立、内部联系紧密而较为完整、具备特定功能的地域空间，是经济活动的载体等。实际上，区域是自然的、社会的、历史的、经济的、文化的等因素形成的有机综合体，是主观对客观认识的反映。不同学科对区域的理解各有特色，揭示了区域内容的一个侧面。

另一方面，区域的规模差异很大，相对全球而言，区域可能是一个国家中享有一定政府权力至少有一定行政权的地区，或者一个国家，甚至可能涉及几个国家，例如《欧洲空间发展展望》就包含了这三个层次；相对国家而言，区域可能是指地方、省或者州、跨省或者跨州，通常我们说的中国古代的中原、江南、关中等，以及现在所说的大北京、长三角地区，美国的东北海岸地区、太平洋西北地区、田纳西流域等，都是这样的概念；在地方层次上，区域通常是指比城市更大的范围，往往包括城市及其周边乡村地区，例如英国"城乡规划"就包括区域规划以及其他若干城镇专项规划 ❶；在中国《城市规划法》中要求开展市域城市体系研究，所谓市域也是包括城市和乡村的区域概念。在一些大城市的规划编制中，有时运用"次

---

❶ （英）尼格尔·泰勒. 1945 年后西方城市规划理论的流变 [M]. 李白玉，陈贞，译. 北京：中国建筑工业出版社，2006：19.

区域”的概念（如《北京空间发展战略研究（2004—2020）》），这里的区域实际上是市域空间的一部分，严格说，是规划"分区"，而并非"区域规划"中的"区域"概念。

通常所说的区域规划中，区域一般是指处于城市与国家之间的空间层次，具体的范围根据规划需要来确定，常称之为"规划区"。区域往往是综合解决社会、经济、政治、环境、生态等问题的最佳空间层次或空间范围。对于解决复杂的经济、环境等问题来说，城市尺度太小；对一些利益集团所关心的经济与环境利益来说，国家尺度又太大，而区域尺度则拥有许多优势，是协调与综合解决这些问题的关键领域。尽管并非所有问题都是区域层面的，许多政治的、自然的以及经济的问题区域范围也不一致，但是，区域规划可以为这些问题的解决提供基础。事实上，在过去的一个世纪，正是针对不同的问题，区域规划采用非常不同的方式，也形成了不同特色的区域规划类型。在美国，20世纪20年代有美国区域规划协会（RPAA）对纽约地区规划的整体设想，20世纪30年代有新政时期的资源开发规划，"二战"后有区域科学家的区域分析等；在中国，正如本书所要揭示的，区域规划也根据时代需要，在救国强国、建国以至社会主义现代化建设过程中，采取了多种多样的形式，发挥了独特的作用。

本书所说的区域概念是个体与整体的统一。区域作为一个个体，区域规划要强调它在所属的整体中的独特性（或个性），做好它与外部空间的衔接；区域作为一个整体，区域规划要处理好它自身的整体性（或典型性），做好区域内部空间的组织。例如，胡序威将广义的区域规划分为区际规划与区内规划两种类型，区际规划亦即在各有关区域之间进行分区规划，着重解决区域之间的发展不平衡或区际分工协作问题；区内规划即对某一特定区域的发展和建设进行内部协调的统一规划，既包括该区域的国土建设规划，也包括该区域的经济与社会发展规划。狭义的区域规划主要是指一定的区域内的国土建设规划❶。

1.5.2 规划

在纯技术层面上，规划的含义是通俗易懂的。霍尔认为："规划（planning）作为一项普遍的活动，是指编制一个有条理的行动顺序，使一个或数个预定目标得以实现。它的主要技术包括书面文件；适当地附有统计预测、数学描述、定量评估和说明规划方案各部分之间关系的图解等。可能还包含准确描绘规划目标的建设蓝图。"❷从这个观点看，规划是技术性的，城市和区域规划只是一般规划的一个特例，

❶ 胡序威.区域规划的性质与类型[M]// 胡序威.区域与城市研究.北京：科学出版社，1998：83.

❷ （英）彼得·霍尔.城市与区域规划[M].邹德慈，金经元，译.北京：中国建筑工业出版社，1985：5.

其特别之处在于与"空间表达"结合在一起，是为了解决城市和区域问题而产生的一个合理的、预先计划的理性过程。

然而，这种将城市与区域规划视为一种理性过程的观点，尚无法说明规划本身和被规划的社会之间的复杂关系。对区域规划的理解不能仅仅局限在技术方面，还必须联系到规划得以实现的特定社会中物质的、社会的以及经济的发展特点和过程。按照库克的说法，规划是"国家通过法律手段来执行的城市化过程（civilizing process）的一部分……不仅使生产的外部物质形态合理化，而且还维持……已经形成的社会关系"❶。这样，城市和区域规划就成了一项物质的、政治的和经济的活动，而不是单纯的技术过程。

弗里德曼认为规划是"将社会推向一个共同目标的一系列共同参与的行动"❷，这是从知识与行动关系的角度对规划进行定义，将规划视为一项联系思想与行动的社会技术实践，以思想为起点，以行动为终点。从这个意义上说，区域规划本质上是为行动提供指导，即为区域在发展过程中采取战略行动而提供综合的指导。无思想即无规划，无规划也就自不能采取合理的有效的行动；反之，若不要想采取某种行动，则自然不需要规划甚至也无思考之必要。虽然区域并非天天都要采取规划行动，但却必须连续不断地作区域思考。区域行动是阶段性的，区域思想是永恒的。

1.5.3 区域规划

区域规划，顾名思义，就是区域层面的空间发展计划与行动，根据目前与未来的需要与资源状况，引导和协调区域的变化与发展。在现代词汇中，区域规划通常具有两种含义。从1900年到1940年，有见识的思想家们认识到，有效的城市规划必须从比城市更大的范围着手，即从城市及其周围农村腹地的范围着手，甚至从若干城市构成的城镇集聚区及其相互重叠的腹地来着手，这就是通常所说的"区域规划"思想。例如，1933年现代建筑国际会议（CIAM）通过的《雅典宪章》即指出："城市应该根据它所在区域的整个经济条件来研究，所以必须以一个经济单位的区域计划，来代替现在单独的孤立的城市计划。作为研究这些区域计划的基础，我们必须依照由城市之经济势力范围所划成的区域范围来决定城市计划的范围。"❸从20世纪30年代西方资本主义国家经济大萧条开始，另外一种习惯的区域规划含义引起注意，

---

❶ Cooke P. Theories of planning and spatial development [M]. London：Hutchinson，1983.

❷ FRIEDMANN J. Planning in the public domain：from knowledge to action [M]. Princeton，NJ：Princeton University Press，1987.

❸ 清华大学营建系1951年10月译，原名《都市计划大纲》，见：雅典宪章 [J]. 城市发展研究，2007，14（05）：123-126.

即开发某些区域的经济规划，这些区域由于种种原因而遭受严重的经济问题。这两种"区域规划"反映的显然是不同种类的问题，两者所涉及的"区域"范围也有很大差别。霍尔曾建议，用两种名称来解决这种混乱：对于大范围的经济开发型规划最好称为"国家 / 区域规划"（national/regional planning），因为它实际上是把各个区域的开发和国民经济的发展联系起来，小范围的物质环境型规划可以称为"区域 / 地方规划"（regional/local planning），因为它要把一个城市区域的整体和该区域内各局部地方的开发联系起来 ❶。

在英国，1915 年盖迪斯的著作中已经开始认识到需要区域 / 地方规划；到1929—1932 年经济大萧条以后，人们才完全意识到需要国家 / 区域规划；1937 年，英国政府任命了一个由巴罗爵士（Sir Anderson Maontague-Barlow）任主席的皇家委员会，来研究工业人口的地理分布问题，巴罗委员会把国家 / 区域问题和大城镇集聚区的物质环境增长联系起来，并认为它们是同一问题的两个方面。在中国，民国初年孙中山的"实业计划"（1918—1921 年）已经意识到需要国家 / 区域规划；南京"首都计划"（1929 年）、武汉区域规划（1945—1947 年）、大上海"都市计划"（1946—1949 年）等都是区域 / 地方规划性质的；中华人民共和国成立后（1956 年），"为了合理布置第二个和第三个五年计划内新建的工业企业、新建工业城市和工人镇"，提出"迅速开展区域规划"的要求，则把两种含义的区域规划联系起来，作为社会主义现代化建设的一部分。

区域规划作为区域层面的空间发展计划与行动，并非游离于社会政治经济活动之外的技术活动，而是政策（政治）手段的延续，任何区域规划的重要路线都是政治性的，当规划应用到整个国家的层面上时，其政治性也随之增大。

1.5.4 区域空间规划

前述已经指出，规划是与"空间表达"结合在一起的，从这个角度看，区域规划可以说是关于空间秩序与空间组织的艺术。萨伦巴认为，区域规划"是门建筑在科学原则基础上的，组织空间的艺术"，"是一种恢复空间秩序，保证形成使人满意的美的环境和通过技术的措施创造新的价值的'实用艺术'"❷。

严格说来，本书所称的区域规划主要是指侧重于空间方面的"区域空间规划"，这主要是基于下列原因：

第一，区域规划从空间上整合多方面的发展需求。通常，人们把区域规划视为经济社会发展计划在空间上的"落实"或"投影"，区域规划在相当程度上从属于经

---

❶ （英）彼得·霍尔. 城市与区域规划 [M]. 邹德慈，金经元，译. 北京：中国建筑工业出版社，1985：80.
❷ 城乡建设环境保护部城市规划局. 区域与城市规划：波兰科学院士萨伦巴教授等讲稿及文选 [M]. 城乡建设环境保护部城市规划局，1986：149.

济社会发展计划。实际上,区域规划不是被动地把经济社会发展需求"落实"到空间上,更重要的是通过"落实"或"投影",将社会、经济、环境等方面在空间地域上整合起来,正是这种空间整合,赋予区域规划特别重要的意义,即从结果来看,区域规划超过了社会、经济、环境等单方面的影响,带有全局性的甚至决定全局的战略意义。全局观念是区域规划考虑问题、研究问题、解决问题的立足点和出发点,区域规划的战略性思维就是要求总揽全局、驾驭全局、服务全局,争取全局的主动与胜利。识别战略方向、关注长期的有深远意义的选择、整合区域资源、实现区域协调及调控,以及增强工作的预见性、创造性和驾驭全局的能力,都是开展区域空间规划的重要内容与基本要求。

第二,区域规划要研究区域的空间资源。区域规划含义广泛,涉及经济、社会、政治、地理、环境、交通等诸多方面,区域规划思想具有明显的综合性(comprehensive)、协同性(synthetic)、整合性(integrative)和整体性(holistic)。所谓区域观念,"就是要整体地、动态地分析事物发展的规律,而不是孤立地、静止地看问题;就是要探究影响事物的发展过程,探究影响事物发展的因素及其作用规律,而不是就事论事。有些规划,尽管规划的地域范围足以称为'区域',但缺乏区域观念,就区域论区域,是徒有其名的区域规划"❶。但这并不是说对所有的问题都面面俱到,等量齐观,区域规划主要通过资源、人口和经济活动的空间配置,来建立空间秩序,协调不同空间单元的发展,解决区域性问题和空间差异,营造区域整体竞争力。当然,区域规划在不同区域有不同的表现形式,例如有些地区是发展方向问题,有些地区是资源利用问题,有些地区是消除贫困问题等,不一而足。

总之,区域规划是国家空间治理的重要手段,是国家或地方应对外部环境变化的战略选择,它整合了经济、社会和环境等方面,并落实到空间上来,为区域采取战略行动而提供综合的指导。正如梁鹤年在2005年中国城市规划年会上指出的,"规划工作者的权力和能力都在空间组织上。经济、社会、文化分析如果不回到空间,是没有规划意义的。不认识经济、社会、文化的规划是无知的规划,不能回到空间的规划是无能的规划。演绎经济、社会、文化的空间意义才是务实的规划"❷。

1.5.5 现代化、近代化与近现代

现代化是个众说纷纭的概念,本书认同罗荣渠的阐述:现代化有广义和狭义之分,从广义上说,现代化作为一个世界性的历史过程,主要是指人类社会从工业革命以来所经历的一场急剧变革,这一变革是以工业化为推动力,导致传统的农业社

---

❶ 张勤.比区域规划更重要的是区域观念[J].国外城市规划,2000(2):2.

❷ 梁鹤年.抄袭与学习[J].城市规划,2005,29(11):18-22.

会向现代工业社会的全球性大转变的过程，它使工业主义渗透到经济、政治、文化、思想各个领域，引起深刻的相应变化。从狭义上说，现代化主要是指经济欠发达的国家采取适合本国的道路和方式，通过经济技术改造和学习世界先进经验，带动广泛的社会改革，转变为先进工业国的发展过程。❶这种理解，为我们认识中国近现代区域规划提供了历史的和世界性的视野，同时也为认识中国近现代区域规划的特殊性提供了可能。

中国关于近代化与现代化两词的异同，众说纷纭，难解难分。本书结合鸦片战争以来中国历史与区域规划发展的具体情况认为，广义地讲，近代化与现代化两词的含义是一致的（均出自 modernization 一词），系指从传统的农业社会向现代工业社会转变的过程；狭义地讲，结合到不同的地区、不同的阶段，现代化和近代化略有区别。根据中国近代史与现代史的划分，近代中国是指鸦片战争到中华人民共和国成立这段时期（1840—1949 年），现代中国是指中华人民共和国成立以后的时期（1949 年以来）；相应地，近代化主要是追求近代中国独立、民主、富强为目标的社会变革过程，现代化是实现现代中国工业、农业、科学、国防，以及政治的民主化、社会的整合化、文化的大众化为核心的社会转型过程。

在本书中，用近代化的地方，一般是特指狭义的概念，即章开沅、罗福惠所说的"早期现代化"❷；用现代化的地方，一般是指广义的概念。

---

❶ 罗荣渠. 现代化新论——世界与中国的现代化进程（增订版）[M]. 北京：北京大学出版社，2004.

❷ 章开沅，罗福惠. 比较中的审视：中国早期现代化研究 [M]. 杭州：浙江人民出版社，1993.

第 2 章

近代区域规划
思想与实践

第2章
近代区域规划思想与实践

自秦汉以来两千多年的封建社会中，中国基本上是由农耕文明与游牧文明组成的内陆文明世界，古代中国人追求自给自足的经济、君臣官民上下相安的政治、平和内省自求平衡的文化。然而，自1840年第一次鸦片战争爆发以来，西方资本主义扩张对中国发展产生强烈的冲击。中国社会在中西冲突、碰撞与交融中，经历了"数千年未有之变局"❶。从清末民初中央整体性功能衰弱，到1949年一切又重新真正置于中央政府的集中控制之下，仁人志士不断探索救国、强国之路，现代区域规划作为国家空间治理的重要手段和应对外部环境变化的战略选择，也在特定的历史条件下开始付诸实践，现代区域规划思想开始萌芽。

2.1 清末民初的区域建设实践（1840—1915 年）

鸦片战争以来，饱受割地赔款之辱的国人逐渐认识到主权、治权与领土完整的重要性，也从多方接触到西方先进的管理制度，国家与区域建设思想始终贯穿于整个变革时期❷。纵观中国近代区域规划的发展历程，高举"自强求富"与"民族主义"大旗、心系国家危亡的政治官员群体是最早以区域视角来看待并提出自上而下的经济社会发展计划，并在地方上付诸实施的。总体而言，这些早期的区域建设实践仍大多局限于基础设施及主要城市的规划建设层面。

❶ [清] 李鸿章.筹议海防折 [M]// 李文忠公全集：奏稿卷.清光绪三十四年金陵刻本.
❷ 中国城市规划学会.中国城乡规划学学科史 [M].北京：中国科学技术出版社，2018.

早在 1878 年，时任李鸿章幕僚的薛福成在《创开中国铁路议》中首先提出以京师（今北京）为中心的由远及近的详细铁路网规划。1880 年，前直隶提督刘铭传上奏《请筹造铁路折》，直隶总督李鸿章上奏《妥筹路事宜折》，各自阐述对铁路发展建设的思考及对全国铁路系统的规划。二者方案差异不大，均以京师为中心，南路铁路一路经山东而至清江（今淮安），一路经河南而至汉口；北路铁路一路直至奉天（今沈阳），一路直至甘肃；上述四条干道再加上支线，便构成了全国性的纵横交错的铁路网络。它代表着晚清洋务运动派官员对于区域铁路交通规划的思考，也体现出政治中心本位的路网规划原则。

1881 年，长期主张中国自建铁路的李鸿章利用时任直隶总督之便，着手推动唐山至胥各庄间的唐胥铁路建设，以解决开平煤矿运输问题，揭开中国自主修建铁路的序幕。其后唐胥铁路继续逐段修建，途经北塘、大沽等海防要地，最终于 1888 年延伸至天津老龙头，后称津唐铁路[1]。李鸿章之后，又有湖广总督张之洞规划芦汉铁路（后延伸至京师，为京汉铁路）、粤汉铁路、川汉铁路，广西巡抚张鸣岐规划桂全铁路等，无不遵循着"统筹全局""由腹达边"的区域性规划思想，并综合考虑政治、经济、军事、工程等方面因素，先分干支，逐段修筑[2]。

1889 年，张之洞因力举修筑芦汉铁路而被调任湖广总督，在武汉大力推动"洋务运动"，实施"湖北新政"。基于武汉在全国的地理区位优势，张之洞主持的以武汉为中心的铁路网规划，北通京师，南抵广州，西达川蜀，与东至上海的长江水道一起构成了"十"字形跨区域水陆交通网络[3]，进一步增强了武汉"九省通衢"与内陆"唯一出海口"的区位优势，为张之洞任内的"湖北新政"助力良多，"东方芝加哥"声誉鹊起，蜚声海外，从此奠定了武汉城市规划与建设的基本格局[4]。

同一时期，"夙以时务致称，晚以铁路见贤"[5]的维新思想家汤寿潜出版《危言》一书，提出广西学、重商务、筑铁路、修水利、改兵制等多领域改革主张，引起强烈的反响。有感于交通便利程度与国家富强间的联系，汤寿潜在《危言》中构想全国铁路网建成之愿景，"就东西南北议定干线、支线共若干处，如常山蛇势，中、首、尾不容缺一"[6]，并于 1905 年出任浙江铁路公司总理，在沪杭铁路浙江段完工后又积极为杭甬铁路、浙赣铁路等而奔走。1910 年，汤寿潜又发表《东南铁道大计划》，

[1] 赖德霖，伍江，徐苏斌 . 中国近代建筑史（第一卷）：门户开放——中国城市和建筑的西化与现代化 [M]. 北京：中国建筑工业出版社，2016.

[2] 张松涛 . 晚清铁路路网规划思想研究 [D]. 桂林：广西师范大学，2003.

[3] 吴之凌 . 百年武汉规划图记 [M]. 北京：中国建筑工业出版社，2009.

[4] 涂文学 . "湖北新政"与近代武汉的崛起 [J]. 江汉大学学报（社会科学版），2010，27（1）：71-77.

[5] 张謇 . 汤蛰先生家传 [M]// 政协浙江省萧山市委员会文史工作委员会 . 汤寿潜史料专辑：萧山文史资料选辑（四）. 萧山，1933.

[6] 汤寿潜 . 危言：铁路第四十 [M]// 政协浙江省萧山市委员会文史工作委员会 . 汤寿潜史料专辑：萧山文史资料选辑（四）. 萧山，1933.

进一步明确了铁路建设的重要价值，而其所构想的路网布局也变得更为周详具体。在价值取向上，《东南铁道大计划》同下文中孙中山"实业计划"中的铁路构想颇为相近，虽然实施路径存在差异，但是均体现出建设铁路以富国强民的殷切期望❶。

与此同时，为迎合粤汉铁路、广九铁路等新交通运输体系所带来的发展契机，两广总督周馥在1906—1907年间拟定了区域性广州城市发展计划：该计划以铁路干道修建为突破口，向外拓展市区边界以突破珠江限制，并通过新式交通连接各商埠与港口，向内修建与拓宽马路，刺激城墙内老城区发展，最终实现广州城市结构与功能格局的调整。这一发展计划的实施虽被周馥离任与革命进程所打断，但在后来的广州大沙头计划、孙中山"实业计划"对南方大港的论述等设想中，均能看出周馥方案的影响❷。

2.2 张謇的"村落主义"与区域现代化实践（1895—1926年）

鸦片战争以后，中国东部地区首先凭借其沿海区位优势，在不平等条约的强制和西方工业文明的直接刺激下畸形地繁荣起来。资本主义国家以通商口岸为据点进行商品输出，并开办航运和工业企业。在西方资本刺激下兴起的官办企业和民族企业也大都集中在沿海城市。作为西方工业化与城市化产物的现代城市规划，可以通过租界、租借地的规划建设而移植到中国，但是对于面向更大的空间范围的区域规划，不可能在这些"据点"产生，而只能发生在其外围更广阔的地域上，1895—1926年张謇领导的南通及苏北沿海地区的现代化实践就是一个典型例子（图2-1）。

张謇（1863—1926年），通州（今江苏南通市）人，清光绪二十年（1894年）考中状元，同年中日甲午战争爆发，因痛感国力孱弱，毅然辞官回乡兴实业、办学校，实践其"实业救国""教育救国"的主张。后来，曾任民国临时政府实业总长、北洋政府农商总长等职。张謇是中国早期现代化的"开拓者"❸，是中国近代化的"先驱"❹，其"村落主义"思想及苏北沿海地区现代化实践堪称中国近现代区域规划出现的标志。

2.2.1 "村落主义"

经营乡里，重视发展地方事业是张謇一生的追求和实践。1895年甲午战争后，张謇回南通故里"自营己事"。"矢志为民，以一地自效。苏人士嗤为村落主义"❺张謇认为，

❶ 朱馥生.孙中山《实业计划》的铁道建设部分与汤寿潜《东南铁道大计划》的比较[J].民国档案，1995，（1）：71-74.
❷ 赖德霖，伍江，徐苏斌.中国近代建筑史（第一卷）：门户开放——中国城市和建筑的西化与现代化[M].北京：中国建筑工业出版社，2016.
❸ 章开沅.开拓者的足迹——张謇传稿[M].北京：中华书局，1986.
❹ 周新国.中国近代化先驱：状元实业家张謇[M].北京：社会科学文献出版社，2003.
❺ 张謇.致袁世凯函[M]//张謇全集：第1卷·政治.南京：江苏古籍出版社，1994：212.

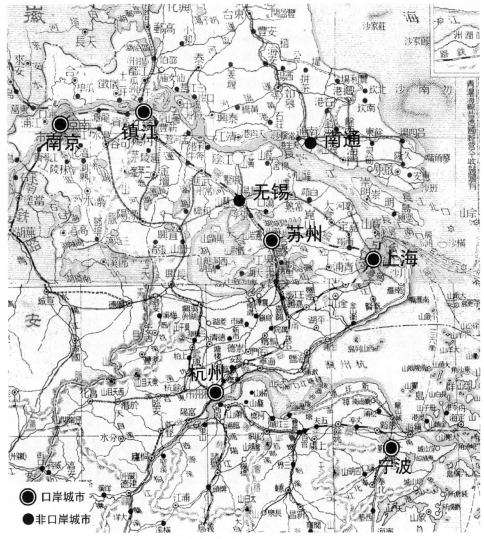

图 2-1 清末民初南通周边的开放口岸格局

《南京条约》及之后《天津条约》《北京条约》开放的广州、福州、厦门、宁波、上海、营口、烟台、台南、
淡水、汕头、琼州、汉口、九江、南京、镇江、天津等 16 个通商口岸，全都位于我国东部沿海沿江和台
湾地区。到 1911 年，西方列强在中国开辟的通商口岸达到 82 处，形成了以沿海和长江为骨架的 "T" 形
通商口岸格局。南通位于沿海与沿江的交汇处，与上海、苏州、无锡隔江相望。

资料来源：作者自制

"南通一下县，其于中国直当一村落" ❶，经营好南通，毕竟可以左右一方，化理想为现
实，这又是可以慰藉的，因此他乐于接受"村落主义"的称呼。实际上，"村落主义"
就是张謇所理解的地方自治，是地方自治的具体化与系统化，在张謇晚年的公文私札
中，"经营村落""村落主义"时常与"地方自治"交相并称。从"村落主义"中我们
可以把握张謇区域思想的基本内涵，即综合发展地方事业，逐渐地向周边地区辐射。

---

❶ 张謇.张君耀轩从政三十年纪念录·序 [M]// 张謇全集：第 5 卷（上）.南京：江苏古籍出版社，1994：271.

（1）"自存立，自生活，自保卫"，综合地发展地方的实业、教育与慈善事业

张謇所追求的"村落主义"，是将地方视为国家的一个局部，形象地说，是"面"中的"点"，通过地方自治，在动荡的时局与恶劣的社会环境中自谋发展道路。张謇认为，"今人民痛苦极矣。求援于政府，政府顽固如此；求援于社会，社会腐败如彼。然则直接解救人民之痛苦，舍自治岂有他哉！"❶ 因此，"自存立，自生活，自保卫，以成自治之事"❷。

张謇通过兴办实业、教育和慈善，循序渐进，逐步地把"村落主义"落到实处。根据他的回忆："謇自乙未以后，经始实业；辛丑以后，经始教育；丁未以后，乃措意于慈善。"❸ 也就是说，从1895年开始的6年时间内，张謇推行"村落主义"的重心是兴办实业，实业是自治之本，奠定自治的经济基础；教育为实业之母，1901年以后，开始兴办教育，以开民智；慈善是养民之道，从1907年起，又增加兴办慈善事业，建立基本保障体系。张謇以工业化为龙头，首先奠定区域现代化的经济基础，然后以教育提升区域民众的整体素质，进而以交通、水利和慈善公益等事业来改善区域的生态和人文环境，体现出南通现代化进程循序渐进和全方位的特征。

（2）"成聚，成邑，成都"，由近及远地推动"村落主义"从南通向周边地区辐射，乃至影响全国

"村落主义"在空间上的推行是个由"点"而"面"的过程，张謇期望经过通海地区"地方自治"的示范，推动其他地区纷起效仿，从而使他所追求的"新新世界雏形"得以推广。

1901年，张謇组织成立通海垦牧公司，地跨通州和海门，总面积232km²，垦区利用自然地形，围成形状规则又各自独立的八个区。经过整整十年建设，"各堤之内，栖人有屋，待客有堂，储物有仓，种蔬有圃，佃有庐舍，商有廛市，行有涂梁，若成一小世界矣；而十年以前，地或并草不生，人亦鸡栖蜷息，种种艰苦之状，未之见也"❹。通海垦牧公司有堤坝、河流、道路、市镇等，昔日的荒郊僻野已经被改造为"人居环境"了，堪称"一新新世界雏形"❺。通海垦牧公司的成功创办，为大生纱厂提供了可依靠的产棉基地，将南通近代化事业从工业扩展到农业，同时也标志着产业空间的范围从南通城到扩展到更为广阔的通海地区（图2-2）。

❶ 张謇. 苏社开幕宣言 [M]// 张謇研究中心，南通市图书馆. 张謇全集：第4卷·事业. 南京：江苏古籍出版社，1994：439.
❷ 张謇. 自治会报告书序 [M]// 张謇研究中心，南通市图书馆. 张謇全集：第4卷·事业. 南京：江苏古籍出版社，1994：465.
❸ 张謇. 拟领荒荡地为自治基本产请分期缴价呈 [M]// 张謇研究中心，南通市图书馆. 张謇全集：第4卷·事业. 南京：江苏古籍出版社，1994：406.
❹ 张謇. 垦牧乡志 [M]// 张謇研究中心，南通市图书馆. 张謇全集：第3卷·实业. 南京：江苏古籍出版社，1994：395.
❺ 张謇. 在垦牧公司第一次股东会演说公司成立之历史 [M]// 张謇研究中心，南通市图书馆. 张謇全集：第3卷·实业. 南京：江苏古籍出版社，1994：387.

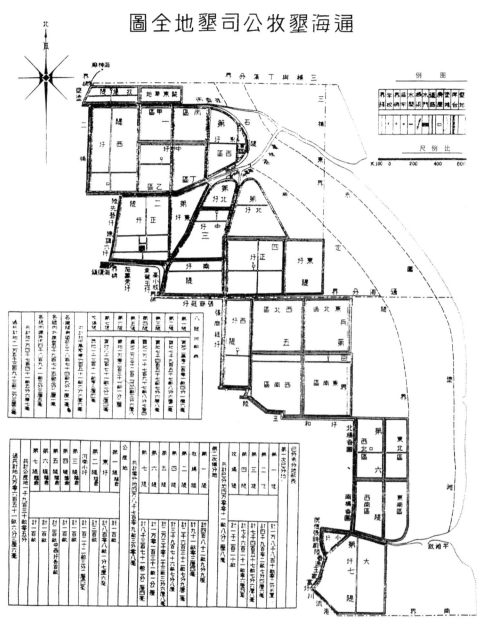

图 2-2　通海垦牧公司垦地全图

资料来源：张绪武 . 张謇 [M]. 北京：中华工商联合出版社，2004.

在通海垦牧公司的示范和带领下，1914—1922 年的 8 年间，在江苏北部范公堤以东，南起南通的吕四，北抵阜宁的陈家港，绵延约 300km 的滨海平原上，40 多家盐垦和垦殖公司自西向东，由南而北，接踵而起，显著地带动了苏北包括南通、如皋、东台、盐城、阜宁、涟水等县在内的沿海地区的发展（图 2-3）。大片滩涂经开垦变成了粮棉基地，大片荒地被开发为大批灶民和通、崇、海、启的移民开辟了新的生活途径，盐垦区由人烟罕至之地变成了比附近大部分农村富庶的开发区域。

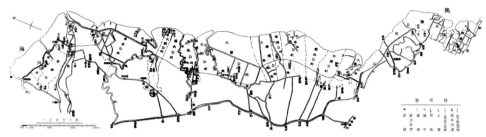

图 2-3　通泰各盐垦公司总图

据胡焕庸撰《两淮水利盐垦实录》记载，到 20 世纪 30 年代早期，"自此涟水之陈家港起，南至南通之吕四；西以范堤为界，东迄于海，全部面积约一万一千方公里，合一千六百五十四万五千亩。其中已垦八百一十一万八千七百五十亩，占全面积百分之四十九；未垦八百四十二万六千二百五十亩，占全面积百分之五十一"❶。大规模的垦牧推动了苏北的近代农业、工商业的发展，促进了农村的近代化，从而在更大范围内改造了社会，正如张謇所言："垦牧为地方实业之一端，亦即为地方自治之一部。"❷

资料来源：张绪武. 张謇 [M]. 北京：中华工商联合出版社，2004.

　　这些盐垦与垦殖公司大多与张謇有着千丝万缕的联系。各公司创办人多为南通出身，上海、扬州、镇江、泰州等地则次之，因此当时又有所谓的南通系与非南通系公司之说。南通系包含张謇直接参与创办的盐垦公司（如通海、大有晋、大豫、大丰等）及相关派生公司（如新通、合顺仓、耦耕堂等）❸。非南通系的盐垦公司（如泰源、新农、华丰、新垦会等）事实上也不免受到张謇"村落主义"思想之影响，加之通海垦牧公司等拥有丰富的由盐转垦经验，因此公司间的规划工作与技术交流日益频繁，张敬礼等张氏子孙也出现在多数盐垦公司的董事会的名单之中。1925 年，南通系公司率先设立区域性同业公会组织，以便在政局变动、治安欠佳及重大自然灾害发生时，以实业总管理处的名义出面活动，维护各公司利益。在此基础上，1935 年前后，淮南盐垦各公司联合会宣告成立，继续负责公司间联系与对外事宜，打破南通系与非南通系公司间的界限，亦将同业公会组织的管理区域进一步扩大，直至解放前夕主动解散。❹

　　受到通海垦牧公司等的带动，南通一跃成为苏北盐垦区之基地，是苏北棉花、棉纱、棉织品的集散中心与盐场的转运站。日本人驹井德三的调查表明，南通"宛然有为江北一带之首都之现象"❺；严学熙指出："在近现代江苏经济史上特别要提到的是，在苏南以无锡为中心的经济区和苏北东南部以南通为中心的经济区。……

❶　胡焕庸，李旭旦. 两淮水利盐垦实录 [M]. 中央大学地理系，1935：185.

❷　张謇. 通海垦牧公司第七届说略并帐略 [M]// 张謇研究中心，南通市图书馆. 张謇全集：第 3 卷·实业. 南京：江苏古籍出版社，1994：325.

❸　实业部国际贸易局. 中国实业志：江苏省 [M]. 1933. 转引自：赵赟，满志敏，方书生. 苏北沿海土地利用变化研究——以清末民初废灶兴垦为中心 [J]. 中国历史地理论丛，2003，18（4）：102-111.

❹　政协江苏省大丰市委员会. 盐韵大丰 [M]. 南京：凤凰出版社，2015.

❺　（日）驹井德三. 张謇关系事业调查报告书 [M]// 江苏省政协文史资料研究委员会. 江苏文史资料选辑：第十辑. 江苏人民出版社，1982：155.

海门、启东、如皋（包括今如东）、东台等县，乃至盐城、阜宁等地的重要经济活动，都围绕着南通而展开"❶。

张謇努力推广"村落主义"，曾有意以通海地区为出发点，在苏北一带建立一个独立于江宁以外的新的政治、经济中心，谋求在更大范围推行地方自治，这就是所谓"徐州建省计划"❷。清光绪三十年（1904年）十月张謇在《徐州应建行省议》中指出："今天下大势，英之兵舰梭织于长江，德之铁路午贯于山东。谋蔽长江，则势力必扩而北；谋障山东，则势力必扩而南。南北之际，徐为中权"，"将欲因时制宜，变散地为要害，莫如建徐州为行省"，也就是说，为了消弭内忧外患，必须建立徐州行省。后来尽管"徐州建省"计划落空了，但张謇并未放松向通海以外地区发展的努力，在一定程度上，也促进了落后的江淮流域经济与文化的发展。

1904年，张謇在《记论舜为实业政治家》一文中援引《史记》中的论述"一年而所居成聚，二年成邑，三年成都"❸，可以说，这既是张謇所理解的"村落主义"在时间上的发展过程，也是"村落主义"在空间上的推进与提升过程。由垦牧乡而苏北沿海，由苏北沿海而徐州建省，就是张謇所追求的成聚、成邑、成都的构想。

总之，张謇的近代化实践，虽立足于南通一隅，但其视野所及相当广阔，观点较为全面。张謇的区域思想可以概括为："自存立，自生活，自保卫"，从实业到教育到慈善，形成体系；"成聚，成邑，成都"，由点而面，渐成规模。很显然，张謇的区域思想涉及多系统、多层面，是一个综合的认识。

2.2.2 区域现代化的一个样板

清季的中国处于困境之中，非从事现代化的建设，不足以转弱为强，但是保守和外力的压迫使得中国不能及时地运思于实业建设问题。而张謇能在种种困难之下，独树一帜，以个人的力量，从事实业、教育、慈善等诸方面的建设，经过二十多年艰苦的实践探索，使南通变成了现代化的都市，使江苏沿海地区成为工业化区域，取得了引人注目的成就，毕竟迈出了比较成功的第一步。

这种局部地区较为全面的近代化探索，事实上已经构成了"区域现代化"的一个样板。与清末以前约开和自开的开埠城市发展历程不同，近代南通走的是一条以工业化推动区域现代化的独特道路，苏北的垦牧运动与从南通等地延伸而来的工业运动一起，实际上构成了当时中国仅有的体系完整的区域工业化与现代化范例，堪

❶ 严学熙. 略论研究江苏近现代经济史的意义 [J]. 南京大学学报（哲学社会科学），1983，（2）：1-5.

❷ 章开沅. 开拓者的足迹——张謇传稿 [M]. 北京：中华书局，1986：205.

❸ 张謇. 记论舜为实业政治家 [M]// 张謇研究中心，南通市图书馆. 张謇全集：第5卷·艺文（上）. 南京：江苏古籍出版社，1994：151.

称"文明之域"❶。1915 年,张謇指出:"南通自治为全国先,历十余载……南通自治,似亦足备全国模范之雏形"❷。1929 年,胡适曾这样评价张謇:"他独立开辟了无数新路,做了三十年的开路先锋,养活了几百万人,造福于一方,而影响及于全国。"❸

当然,由于在当时国内政治腐败、战乱频仍,张謇地方自治、"村落主义"的改良计划没有也不可能在全国普遍实现。但是,张謇的探索为后来中国现代化建设提供了十分可贵的经验,即在中国现代化过程中,因地制宜地促进地方更加全面而综合地发展,虽然只是一个局部问题,但是具有可以牵动全局的意义。正因为如此,在国家空间发展中,区域规划也就具有十分独特的价值。

2.2.3 "测绘—规划—建设"的工作程序

难能可贵的是,在艰苦的实践过程中,张謇已经探索出"测绘—规划—建设"的区域规划工作程序。

1901 年,在《通海垦牧公司集股章程启》中,张謇明确提出区域发展的目标、内容和程序等,具有明显的预为筹划、从计划到行动的规划特征。1903 年,张謇游历日本,曾将通海垦牧公司用来确定市镇、道路、田地等位置与形态的"规画",与日本北海道开垦图进行比较❹。毋庸置疑,通海地区规划与开发是对区域空间发展的自觉探索,其经验在后来江苏沿海地区大规模的地域开发中得到了较为广泛的运用。从日本回国后,张謇便把历来主张的"村落主义"与具有近代观念的地方自治结合起来,加强了区域规划与经营建设的积极性,例如他看到"日本维新,先规道路之制,有国道焉,有县道焉,有市乡之道焉"❺,意识到区域交通的重要性,遂决心"回国后更进而经营交通";又如他在《南通测绘之成绩》中所言,"地方自治则山林川泽邱 [丘] 陵坟衍原隰宜辨也,都鄙封洫宜辨也,墟落市镇道路庐舍宜辨也,旧时方舆之图不足据,军用之图又不能容,然则欲求自治,必自有舆图始,欲有舆图必自测绘始"❻,清楚地点明测绘将是开展地方规划与建设的必要环节与先决条件。

1906 年,张謇特意在通州师范学院中设立测绘科,聘请日本教员以培养本土测绘人员。在张謇的组织下,该校学生花费数百天时间对南通地区进行实地测量,最

---

❶ 清光绪三十四年（1908 年）,张謇在诗《季寿缶铭》的序中感叹:"缶乎缶乎,若待余三十年而借汝者,州其几于文明之域乎!"张謇尽瘁地方,认为再 30 年可以把地方建设成"文明之域",等到地方完美了,他的愿望就算达到了。见:张謇全集:第 5 卷·艺文（下）[M].南京:江苏古籍出版社,1994:630.

❷ 张謇.拟领荒荡地为自治基本产请分期缴价呈 [M]// 张謇研究中心,南通市图书馆.张謇全集:第 4 卷·事业.南京:江苏古籍出版社,1994:408.

❸ 胡适.南通张孝直先生传记序 [M]// 张孝若.南通张孝直先生传记.上海:中华书局,1930.

❹ 张謇研究中心,南通市图书馆.张謇全集:第 6 卷·日记 [M].南京:江苏古籍出版社,1994:484.

❺ 张謇.为测量局议案致参政两会函 [M]// 张謇研究中心,南通市图书馆.张謇全集:第 4 卷·事业.南京:江苏古籍出版社,1994:398.

❻ 张謇.南通测绘之成绩 [A].江苏省档案馆藏.

终绘制出 1 ： 5000 的全境详图。此举不仅摸清了地方水土资源，也为"近代第一城"南通的区域规划与建设工作提供了客观依据与必要基础，标志着张謇区域思想特别是区域规划思想走向成熟。可以说，张謇不仅意识到了要考虑地区的整体发展，而且已经开始从思想走向科学的实践。

1921 年张謇督办吴淞商埠局，在就职宣言中明确指出："建设之先须规划，规划之先须测绘"，"建设之规划求其当，规划之测绘求其详，循序以进，当另具计划书商告国人，广求教益"❶。这里他总结出"测绘—规划—建设"的工作程序，与苏格兰人盖迪斯（Patrick Geddes，1854—1932 年）提出的"调查—分析—规划"的"标准程序"，相映成趣。

第一，他们都十分重视对区域特征和趋向的把握。盖迪斯强调把自然地区作为规划的基本框架，通过区域调查（survey）为区域分析与规划奠定基础；张謇强调区域的整体发展，通过测绘（当然也包括对区域的亲自考察），区域要素宜"辨"，且"了如指掌"。

第二，他们都将区域作为研究问题与解决问题的基本单元。盖迪斯面对的是工业化地区，城市在更大范围内扩展，郊区城镇结合形成巨大的城镇集聚区（urban agglomerations），主要的问题是大城市人口和就业在区域范围内的疏散与重新集中，追求新技术时代城市与乡村双重目标的结合；张謇所面对的是落后的农村地区，在发展阶段上处于工业化前期（亦或初期），城市中心作用较弱，因此如何发展实业，推进区域开发是问题的关键。

第三，盖迪斯着眼于区域发展的规划过程，通过调查、分析而进行科学的规划，目的在于规划；张謇着眼于区域发展的全过程，通过测绘来认识区域，通过规划来重组区域，通过建设来改造区域，最终建设"一新新世界雏形"，因此他将规划作为区域开发的一个环节，规划是解决区域发展问题的手段。

2.2.4 张謇区域思想的来源及其价值

传统社会文化延续和西方文化势力侵入的交互作用，构成近代中国发展的基本力场，张謇的区域思想也是在这个特殊时代大环境中的独特创造。

（1）中国传统文化根柢

在张謇的区域思想与实践中，中国传统文化的影响几乎随处可见。将中国传统文化精神糅合到区域发展的经营建设中，这是张謇区域规划思想的源泉之一，也是张謇区域规划思想的特色之一。例如，张謇对空间发展的理解，无论早期"尽力乡事"与"自营己事"，还是后来的"村落主义"与"地方自治"，在很大程度上都可以说

---

❶ 张謇 . 吴淞商埠局督办就职宣言 [N]. 南通报，1921–02–22（4）.

是传统士大夫博济天下的理想；至于"成聚，成邑，成都"，由近及远地推动"村落主义"逐渐从南通向周边地区辐射，乃至影响全国，从中我们也可以找到传统文人士大夫崇尚"修身齐家治国平天下"的影子。

张謇放弃中国传统文人士大夫羡慕的状元架子，搞实业，办教育，这是很大的转变。"言商乃向儒"，张謇投身实业，仍将传统文化视为自己经营的坐标，总是努力从中为自己的思想与行动找到根据与解释。例如，1901年张謇开展通海垦牧，尽管是集西方公司之现代方式，他还是从中国传统文化中找"说法"：

> 江北并海，自海门至赣榆十许州县，积百有余年荒废不治之旷土，何翅数万顷。今即通海中之一隅，仿泰西公司集资堤之，俾垦与牧。公司者，庄子所谓积卑而为高，合小而为大，合并而为公之道也。西人凡公司之业，虽邻敌战争不能夺。甚愿天下凡有大业者，皆以公司为之❶。

甚至，张謇认为舜是"实业政治家"❷，为自己从事实业找依据。

（2）借鉴西方现代化成果

张謇认为，"今日我国处列强竞争之时代，无论何种政策，皆须有观察世界之眼光，旗鼓相当之手段，然后得与于竞争之会……"❸"我之故，以人之新证通之，而故有用；中之事，以外之法斡运之，而中有师。"❹他曾感叹："嗟夫，欧美学说之东渐也，当清政之极敝，稍有觉于世之必变，而为之地以自试者，南通是。"❺

1903年访日是张謇借鉴西方现代化成果并深受其影响的重要事件，甚至可以说是张謇思想演进的"分水岭"。通过这次70天的实地考察，张謇吸收了一些新观念，特别是"地方自治"的思想❻。当然，除了日本外，张謇对美国的实践，包括垦殖、水利等，也很关注；他还延请荷兰工程师，直接从事区域开发工作。总之，为了"建设一新新世界雏形"，他坚持这样一条原则："凡自治先进国应有的事，南通地方应该有，他就应该办；他不问困难不困难，只问应有不应有。"❼

---

❶ 张謇. 通海垦牧公司集股章程启 [M]// 张謇研究中心，南通市图书馆. 张謇全集：第3卷·实业. 南京：江苏古籍出版社，1994：212.

❷ 张謇. 记论舜为实业政治家 [M]// 张謇研究中心，南通市图书馆. 张謇全集：第5卷·艺文（上）. 南京：江苏古籍出版社，1994.

❸ 张謇. 中央教育会开会词 [M]// 张謇研究中心，南通市图书馆. 张謇全集：第1卷·政治. 南京：江苏古籍出版社，1994：169.

❹ 张謇. 运河工程局就职宣言 [M]// 张謇研究中心，南通市图书馆. 张謇全集：第2卷·经济. 南京：江苏古籍出版社，1994：454.

❺ 张謇. 自治会报告书序 [M]// 张謇研究中心，南通市图书馆. 张謇全集：第4卷·事业. 南京：江苏古籍出版社，1994：465.

❻ "地方自治"一词系译自日本。清光绪三十四年正月初九日（1908年2月10日）两江总督端方等奏江宁筹办地方自治局情形折称："臣等伏念地方自治之事，其名词译自日本，其经画始于欧美。"转引自：中国第二历史档案馆. 中华民国史档案资料汇编 [M]. 第一辑. 南京：江苏人民出版社，1979：102.

❼ 张孝若. 南通张孝直先生传记 [M]. 上海：中华书局，1930：375.

必须指出的是，张謇在借鉴西方现代化成果时，十分强调适合自身的实际情况，正如 1921 年他总结南通自治经验时指出的："对于世界先进各国，或师其意，或撷其长，量力所能，审时所当，不自小而馁，不自大而夸。"❶

（3）创造性的实践探索

在近代中国史上出现过许多救亡图存、富国强民的思想，许多观念和认识亦并非始自张謇，例如抱有以工立国、工商为先观点的人，早他 20 年有薛福成，与他同时的有康有为。张謇的可贵之处则在于，他不仅有这样的认识，而且有实践这种认识的进取精神，积极利用地方资源，广泛动员地方力量，将思想化为行动。章开沅等认为，"甲午战争后，思想和实践并重的工业近代化的扛旗人当首推……张謇"❷。

在区域发展上，张謇同样不务虚言，主张经世致用，他的区域规划思想便源于亲身实践后的逐渐总结和提炼。吴良镛在比较张謇与盖迪斯的规划成就时指出："盖氏倡导区域规划，但其成就多是思想与理论的建树，而张謇不仅将城市建设与地区的发展综合思考，同时是建设实践家，有不可磨灭的历史业绩"❸。

无论中国传统文化之菁华，还是西方现代化之成果，张謇都努力因地制宜、力所能及地融汇到地方发展实践中。所谓"有所法，法古法今，法中国，法外国，亦不必古，不必今，不必中国，不必外国。察地方之所宜，度吾兄弟思虑之所及，财力之所能，以达吾行义之所安"❹，最终取得了令人瞩目的成就。这是一个实践探索的过程，也是一个理论创新的过程。

总之，张謇所处的时代是一个历史变局，张謇是个过渡人物，是过渡时代的英雄人物，经历着古今中外的复合转变。张謇的区域思想是在极其复杂的社会环境下，凭借传统文化根柢，借鉴西方（日本）现代化成就，并通过自身艰苦实践探索，"点滴酝酿、卓绝创造与心得体会的积累"❺。

2.3　孙中山《建国方略》之"实业计划"（1918—1921 年）

辛亥革命推翻了封建帝制，但是分别为帝国主义国家所支持和操纵的各军阀之间仍然混战不止，为毒之烈较前尤甚。孙中山（1866—1925 年）敏锐地意识到，革

---

❶ 张謇.为南通地方自治二十五年报告会呈政府文 [M]// 张謇研究中心,南通市图书馆.张謇全集:第 4 卷·事业.南京:江苏古籍出版社，1994：459.

❷ 章开沅,田彤.张謇与近代社会 [M].武昌：华中师范大学出版社，2001：15-16.

❸ 吴良镛.张謇与南通 "中国近代第一城" [J].城市规划，2003，27（7）：8.

❹ 张謇.谢参观南通者之启示 [M]// 张謇研究中心,南通市图书馆.张謇全集:第 4 卷·事业.南京:江苏古籍出版社，1994：468.

❺ 吴良镛.张謇与南通 "中国近代第一城" [J].城市规划，2003，27（7）：10.

命完成后，民族、民权已达目的，"今后吾人之所急宜进行者，即民生主义"❶。1918年 5 月第一次护法运动失败后，孙中山离开广州回到上海，专心致志地著书立说，希望以此来"启发国民"，"唤醒社会"。

从国际形势看，当时正处在第一次世界大战末期，欧美各国出现了大量"剩余资本"，孙中山敏锐地抓住这一有利时机，希望交战各国将大战中所投入的机器、人力移至中国，以发展中国实业。自 1918 年 11 月起，孙中山开始写作《国际共同发展中国实业计划书》（英文稿）❷，后来作为"物质建设"编为《建国方略》之二，又称"实业计划"。

孙中山称，"为实业计划之大方针，为国家经济之大政策"❸，并细分为六大计划：

第一计划：以北方大港为中心，建西北铁路系统。

第二计划：以东方大港为中心，整治扬子江水路及河岸。

第三计划：以南方大港为中心，建设西南铁路系统。

第四计划：铁路建设计划，造中央、东南、东北、扩张西北、高原等五大铁路系统，以及创立机关车、客货车制造厂。

第五计划：民生工业计划，包括粮食、衣服、居住、行动、印刷等工业。

第六计划：矿业计划，包括铁矿、煤矿、油矿、铜矿、特种矿之采取，以及矿业机器之制造、冶矿机厂之设立。

总体而言，"实业计划"既是中国经济走向现代化的全面规划，同时也是近代中国最早的"全国国土开发总体规划"设想。乍看之下，计划内容似与区域规划关联不大，然而港口、水运、铁路、工业、矿业等系统一旦发展起来，势必会带动区域建设进程，各级"商港都市""铁路中心及终点城市"等也会相继兴起❹。"实业计划"中的区域开发理念因经济建设计划（如开辟商港、兴建铁路、整治河道等）而生，反过来又成为其中不可分割的一环。这些丰富的区域规划思想成为引导民国时期城市与区域规划、建设的主线，对上海、南京、广州、武汉等城市建设的影响尤为深刻。

2.3.1 通过区域开发实现全国一体化

"实业计划"主要以区域来划分，或者说是按照区域来编制的，以区域开发实现全国一体化。孙中山从民国建立以来的实践清楚地认识到，造成中国军阀割据的一

❶ 孙中山.在上海南京路同盟会机关的演说 [M]// 孙中山全集（第二卷）.北京：中华书局，1985：338.

❷ 英文稿名称为 The international development of China：a project to assist the readjustment of post-bellum industries，1919 年初，孙中山将计划略要寄送他人或刊发。同年 8 月起，由朱执信、廖仲恺、林云陔及马君武等译成中文，在胡汉民等主办的《建设》杂志上连载。1920 年上海商务印书馆出版英文本，1921 年 10 月上海民智书局出版中文本。

❸ 孙中山.建国方略·实业计划 [M]// 孙中山全集（第六卷）.北京：中华书局，1985：249.

❹ 卢毓骏.国父实业计划都市建设研究报告 [M]// 卢毓骏教授文集.台北：中国文化大学建筑及都市设计学系系友会，1988：94-109.

图2-4　孙中山先生建国方略图

资料来源：http://www.sinomaps.com/luntan/non-cgi/usr/39/39_30.jpg
注：该图为"实业计划"示意图，原图当时未绘南海诸岛。本图由中国地图出版社绘制并授权使用。

个基本条件就是各地交通极不发达，经济联系极不密切，没有形成一个建筑在商品经济高度发展基础上的统一市场。因此，"实业计划"希望建立全国统一市场，构成全国共同繁荣的经济发展格局。在具体实施上，"实业计划"以三大港口为中心，把全国划分为东西带状的北、中、南三大区；以六大铁路系统发展为依托，修建遍布全国的公路网，把中国的沿海、内地和边疆联为一体；以地方产品为特色，分区划片，形成几大经济发展区域，互相分工，互相促进（图2-4）。

以华北地区为例，孙中山拟在直隶湾建一个世界级的大海港——北方大港，作为该区域发展之中枢，修筑遍布华北各地的西北铁路系统，治理黄河及支流，开浚运河，形成一个交通网络。在此基础上，开发直隶、山西的煤，发展华北盐业生产，设立炼钢制铁厂、机械制造厂，各部门相互促进，协调发展。在孙中山的设想中，北方大港的"市政计划自当较纽约市为大"，其腹地近可达河北、山西、山东、河南、辽宁、陕甘，远可至蒙古、新疆。❶考虑到这一地区东部人多地少，西北部（蒙古、

---

❶ 孙中山.建国方略·实业计划[M]// 孙中山全集（第六卷）.北京：中华书局，1985.

新疆）地广人稀、资源丰富，孙中山又提出将东部无地贫民移居边疆，由国家贷给土地、资本等开发西部，以促进华北地区全面发展。可见，这是一个根据华北地区的情况而制定的经济发展计划，是一个完整的、开放的系统，交通网络把这一区域与全国乃至世界连接在一起，成为全国经济发展体系的一个组成部分。

2.3.2 全面发展与重点发展相结合

孙中山所设想的"实业计划"是实施中国物质建设的重要蓝图，是多目标的综合规划。规划设定了国家经济发展的十大目标：①交通之开发；②商港之开辟；③铁路中心及终点并商港地设新式市街，各具公用设备；④水力之发展；⑤设冶铁、制钢并造士敏土之大工厂（注：指水泥厂），以供上列各项之需；⑥矿业之发展；⑦农业之发展；⑧蒙古、新疆之灌溉；⑨于中国北部及中部建造森林；⑩移民于东三省、蒙古、新疆、青海、西藏。由此可知，"实业计划"涉及交通、商港、城市、水利、工业、矿业、农业、灌溉、林业、移民等方面，综其要旨，是全国一体化协调发展。

"实业计划"强调全面发展与重点发展相结合。孙中山认为，中国若要富强非振兴实业不可，振兴实业应由交通入手，而发展交通又以铁路为先。"交通为实业之母，铁路又为交通之母"❶。因此，"实业计划"特别注重港口、铁路交通系统在发展实业、实现现代化过程中的作用，意在水陆兼施，冀收脉络贯通之效，为工业发展提供基础。

在修建铁路上，鉴于当时中国铁路因外人的要求而允许建造，自造者为抵制外人，或因军事之便利，不免枝枝节节而为之。"实业计划"设想建设以三大港口为中心的扇形辐射线路，与中央、东南、东北、扩张西北、高原、西南等六大铁路系统相联结，组成遍布全国的铁路交通网，总共要修建 91 条铁路。

在修筑海港上，孙中山设想在中国北部、中部、南部开辟三个世界性大港及数十个中小海港，组成海运系统，还计划整治以大港为中心的内河航道、湖泊、运河等大型水利工程（图 2-5）。

2.3.3 借鉴国际先进规划思想

在规划思想上，"实业计划"充分借鉴了当时国际上先进的规划理论。根据姜义华对上海孙中山故居提供的藏书目录研究❷，孙中山集中研读了盖迪斯（P. Geddes，1854—1932 年）的《城市的演进》❸和豪（F. C. Howe，1867—1940 年）的《现代城

❶ 孙中山.在上海与《民立报》记者的谈话[M]// 孙中山全集（第二卷）.北京：中华书局，1985：383.

❷ 姜义华.孙中山"实业计划"战略构想析评[M]// 丁日初.近代中国（第 1 辑）.上海：上海社会科学出版社，1991：248–264.

❸ GEDDES P. Cities in evolution：an introduction to the town planning movement [M]. London：Benn，1915.

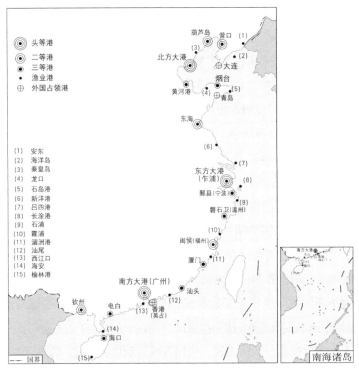

图 2-5　中国海港及渔业港计划（20 世纪初）

孙中山将沿海岸线中国与欧洲、美国相比，认为中国平均每海岸线百英里而得一港，港口较少，31 个海港仅敷将来必要之用而已。

资料来源：孙中山 . 建国方略：实业计划 [M]// 孙中山全集（第六卷）. 北京：中华书局，1985：335.

注：本图由中国地图出版社绘制并授权使用。

市及其问题》❶，这两部著作都出版于 1915 年，其中前者代表了当时世界上区域规划思想的最新进展。此外，孙中山还阅读了 1912 至 1916 年间出版的城市规划最新著作，包括凯斯特（F. Koester）的《现代城市规划和保养》，努莱因（J. Nolen）的《小城市的重新规划》，朱利安（J. Jullan）的《城市规划入门》，昂温（R. Unwin）的《城镇规划的实践》等，这些著作全都是为研究制定实业计划而购置的，从一个侧面表明，孙中山在撰写"实业计划"时确实广泛吸取了欧美国家先进的规划理论。

2.3.4　目标导向的工作程序："规划设想—调研 / 测绘—建设"

在《实业计划》英文版的序言中，孙中山指出：

这些国际共同开发计划的每一部分，只是一个外行人根据有限的材料自行处置，作出的粗略的勾画或一般性政策。因此，必须在科学的调查与详细的测量基础上，

---

❶ HOWE F. The modern city and its problems [M]. New York：Charles Scribner's Sons，1915. Howe 是美国纽约港移民专员、教授，著有《城市：民主的希望》（Howe F. The city：the hope of democracy. New York：Charles Scribner's Sons，1914）《英国城市：民主的开端》（Howe F. The British city：the beginning of democracy. New York：Charles Scribner's Sons，1907）等书。

进行应有的调整与变化❶。

无疑，在这里孙中山想说明的是科学调研与详细测绘对总体开发计划调整的重要意义，但是从区域方法来说，更重要的是，这种区域调研与测绘是在宏观的整体计划与设想指导之下进行的，或者说是一种"目标导向"的区域调查与测绘。孙中山认为规划建设的程序是"规划设想—调研/测绘—建设"，这与盖迪斯提倡的"调查—分析—规划"，以及前述张謇从事"调查—规划—建设"都明显不同，事实上，正如下文所要介绍的，1927—1937年之间，国民政府所从事的物质建设活动（特别是铁路建设），基本上循此程序进行，即在孙中山实业计划设想的指导下，进行科学的调研与测绘，进而开展具体的物质建设。

可惜的是，尽管在民国早期孙中山就制定了宏伟的"实业计划"，设想在国家层面发展实业，但是此后经济与社会发展状况迫使这些美好愿望沦为空想。从世界范围来说，以欧美为中心的世界霸权统治尚未终结，苏俄"十月革命"的成功又预示着世界二元化体制下新的国际秩序正开始形成，因此西方发达国家不会轻易地将其资金、机械、技术投到中国来发展实业，他们投资的目的在于侵略，非但不会考虑中国的发展，而且还会留下许多后遗症。从国内说，中国五四运动已经爆发，军阀不断混战，袁世凯贪权沽势，国家主权尚未恢复，还根本无条件从事大规模经济建设。国民政府成立后，国内仍然战争不断，1931年日本发动侵略华战争后，更不能奢望"实业计划"的实施了（等到抗战胜利前夕，"实业计划"实施研究再次成为热潮，详见后文）。

2.4 "黄金十年"的区域规划与建设（1927—1937年）

1927年，北伐的任务在忧患艰危、困顿颠沛之中初步完成，大规模军阀混战局面结束，大局渐告统一。1927年4月，国民政府定都南京，建国程序亦由"军政"而进至"训政"时期，中央曾拟全力发展国民经济，以奠国基，于是有各项经济计划之制定与实施，直到1937年抗日战争全面爆发，有人称之为经济建设的"黄金十年"。在此期间，国民政府开展的区域规划与建设主要包括：南京"首都计划"、实业计划的研究与设计以及九一八事变后为了筹备抗战进行的经济基地与交通网建设，等等。

然而，在初步统一、稳定的局势中，又发生了巨大危机：①国共合作破裂，共产党建立苏维埃政权根据地，蒋介石对苏区发动五次大规模围剿，红军被迫长征；② 1929—1933年，资本主义世界发生空前的经济危机，主要资本主义国家通过贸易

---

❶ "Each part of the different programs in the international scheme, is but a rough sketch or a general policy produced from a layman's thought with limited materials at his disposal.So alterations and changes will have to be made after scientific investigation and detailed survey." In: SUN Y S. The International Development of China [M]. New York: The Knickerbocker Press, 1922: vi.

等形式竞相向中国等国家倾销商品，转嫁危机，大量洋货充斥中国市场，加剧了中国农村的萧条，于是一些知识精英掀起"乡村建设运动"；③ 1931 年日本帝国主义在中国东北制造九一八事变，并迅速占领东北三省，中国的政治、经济、军事的环境迅速恶化，本来已经好转的中国经济又开始走下坡路，抗日救国成为区域规划必须面对的时代任务。

2.4.1 国民政府南京"首都计划"

1927 年 4 月，国民政府法定南京为"中华民国"首都，首都建设问题为各方所注目。经始之际，不能不先有远大而完善的建设计划。1928 年 1 月，首都建设委员会成立，着手国都规划建设，下设"国都设计技术专员办事处"（林逸民任处长）。经过一年的努力，1929 年 12 月 31 日，"首都计划"正式由国民政府公布。

"首都计划"是民国时期编制的最完整的一部城市规划，也是中国实行现代都市设计之开始，其中对区域规划思想也有所涉及，突出表现在两个方面：一是规划范围包括城市及邻近地区，二是公园与市郊公路系统中的"大南京"思想。

（1）规划范围包括城市及邻近地区

"首都计划"借鉴国际经验，规划范围包括城市及之间即未辟之地。"在案查城市设计外国早已盛行，近且城市与城市之间即未辟之地亦为设计所及。"❶ 有鉴于此，"首都计划"根据六项理由，界定国都规划范围：①利用天然界线；②易于防守；③预备将来发展；④地域整齐适度；⑤避免将来纠纷；⑥便利市民游览。规划的国都南起牛首山，北至常家营，西至和尚路，东至青龙山，界线全长 117.2km，总面积为 855km^2（图 2-6）。

（2）公园与市郊公路规划具有"大南京"思想

在公园及林荫大道规划上，"首都计划"规划公园面积城内 6.45km^2，城外 49.92km^2，合计 56.37km^2，占全境面积的 6.6%；规划还分别将南京城市、大南京的公园面积与伦敦行政区域、大伦敦进行比较。

"首都计划"还开展首都市郊公路规划。规划主要干路纵横贯穿，一方面利于境内之交通，另一方面利于境外之联络。路线之形式，大都由中心向外放射，而以横路环绕而联络之，状如蛛网（图 2-7）。

（3）引进欧美区域规划思想

尽管南京"首都计划"没有实现，但是这次大规模的系统的城市规划引进了欧美城市规划的新思想。国民政府"借材于外国"，聘请美国建筑师墨菲（Murphy

---

❶ 林逸民.呈首都建设委员会文 [M]// 国都设计技术专员办事处.首都计画.南京：国都设计技术专员办事处，1929.

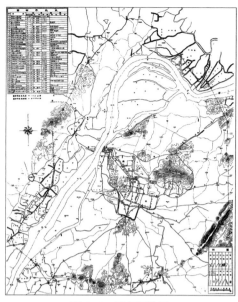

图 2-6　国都界线图
资料来源：国都设计技术专员办事处.首都计画
[M].南京：国都设计技术专员办事处，1929.

图 2-7　首都市郊公路暨分区图
资料来源：国都设计技术专员办事处.首都计画
[M].南京：国都设计技术专员办事处，1929.

Henry Killam）❶和工程师古力治（Ernest P. Goodrich）为顾问，"使主其事"，国人林逸民"勷其事"。"首都计划"表现出明显的西方影响。例如，将城市规划范围扩展到周边邻近地区，在区域范围内进行大都市区规划，而这正是 1921—1929 年纽约区域规划协会开展的《纽约及其周边地区区域规划》（The Regional Plan of New York and Its Environs）的重要特征（图 2-8）。

又如，在路网组织上，南京郊区道路呈环形放射格局与城市道路衔接，这与 1909 年伯纳姆主持的《芝加哥规划》（Plan of Chicago）❷中大都市地区交通设想十分相似（图 2-9）。

无论《芝加哥规划》，还是《纽约及其周边地区区域规划》，都代表着当时美国规划中占优势地位的观念——"大都市传统"❸，是美国进步时代规划思想最显著的表现。因此，可以进一步认为，南京"首都规划"是西方现代大都市规划思想影响中国近代区域规划的一个标志。

---

❶ 墨菲，1877 年生，1899 年毕业于美国耶鲁大学，获学士学位。1908 年开办建筑事务所，在美国时以设计殖民式建筑著称。1914 年至 1935 年间，他在中国的建筑活动使他成为同行中的佼佼者。1928 年，出任国民政府的建筑顾问，参与了"首都计划"的制定工作，并带来他的美国助手古力治（Ernest P. Goodrich）、穆勒（Colonel Irving C. Moller）、麦克考斯基（Therdone T. McCroskey）三人。

❷ BURNHAM D，BENNETT E. Plan of Chicago [M]. Chicago，IL：Commercial Club of Chicago，1909.

❸ FISHMAN R. The American planning tradition：culture and policy [M]. Washington，D.C.：Woodrow Wilson Center Press，2000.

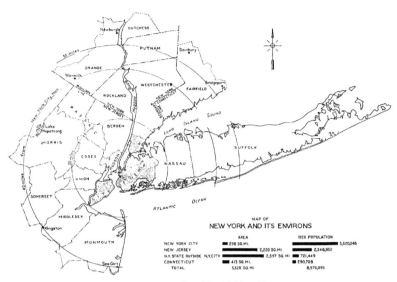

图 2-8 纽约及其周边地区范围

纽约区域规划协会确定纽约及其周围地区的范围，开始包括纽约、新泽西、康涅狄格 3 州 22 县，后来扩展到 31 个县，区域范围为 5528 平方英里。

资料来源：Regional Plan Association. The regional plan of New York and its environs volume 1: the graphic regional plan [M]. New York, 1929.

图 2-9 芝加哥规划中的道路系统

图中展示了城市的区位，以及周围小城镇及放射形道路。交通部分既是一个城市规划，也是一个区域规划思想萌芽。放射—环形的高速公路系统，最远扩张到城市中心 60 英里以外。

资料来源：BURNHAM D, BENNETT E. Plan of Chicago [M]. Chicago, IL: Commercial Club of Chicago, 1909.

2.4.2 “实业计划”的研究与设计

“实业计划”千头万绪，然其精义所在，乃视国家为一有机体，而作整体研讨与设计，使其各部分事业有互相保障之益，而无顾此失彼之弊。现就与区域规划直接相关的港口建设、铁路规划与建设、江河流域综合治理等，详加说明。

（1）港口建设

1929 年 1 月，国民政府成立建设委员会，工作注重设计，指导国民建设，其有模范实业为国民政府所特准者，亦得设计试办。考虑到孙中山的北方大港为实业计划之首，1929 年 5 月，建设委员会在天津设立华北水利委员会暨北方大港筹备处。同年 9 月，委员会完成现状勘测及初步计划，计划分港埠之开辟、扩充、完成三个时期，每期 5 年，则总需 15 年。其中，规划一期包括港埠之开辟、运河之开凿（挖运河两道，由大清河王庄附近至滦河会里附近约 27km，由大清河王庄附近至唐山及胥各庄附近约 67km）、铁路之联络（由大清河至唐山，修建铁路约长 80km）、挖泥填地、筑靠船码头、安置电机各厂及货栈房等[1]（图 2–10）。

1935 年，日本军阀策动华北独立，冀东（河北省蓟县运河以东 12 县）首先沦陷，北方大港的筑港工程遂无从进行了。

图 2–10　北方大港初步计划及附近地形图（局部）

资料来源：建设委员会华北水利委员会 . 北方大港 [J]. 华北水利月刊，1929，2（9）

（2）铁路规划与建设

孙中山在“实业计划”中曾计划，利用外资建筑铁路 10 万英里，形成中央、西北、西南、东南、东北、高原等 6 大铁路系统，条分缕析，规模宏大，谋虑深远。然而，计划之实现，不得不依据时局之进展，仔细考虑缓急难易，确定进行的程序。1929 年 1 月，铁道部孙科部长向国民党中央政治会议提交《庚关两款筑路计划提案》，其布局思路就是“以事实之需要，首先注重于纵横两大干线之完成，其次力求首都南京与南北各省会之联络，然后择人口最密、赢利稳固之线，以期投资之安全。而输出国

[1] 建设委员会华北水利委员会 . 北方大港 [J]. 华北水利月刊，1929，2（9）.

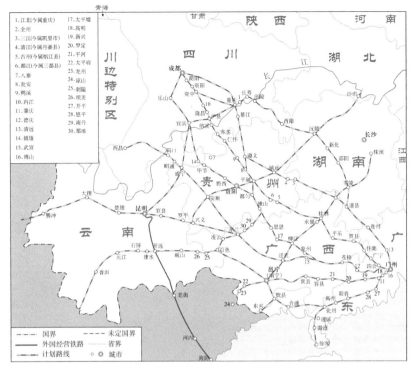

图 2-11　实业计划西南铁路网中的广州成都线（20 世纪初）

资料来源：孙中山 . 建国方略：实业计划 [M]// 孙中山全集（第六卷）. 北京：中华书局，1985.

注：本图由中国地图出版社绘制并授权使用。

煤，沟通东西，则为附带之任务。"❶ 后来中央政治会议决议确定，计划中的铁路线分
为四组：以完成粤汉、陇海、沧石为第一组，以建筑京湘、湘滇，或宝（庆）钦（州）、
同蒲为第二组，以包（头）宁（夏）、成渝、道（口）济（南）、韶（关）南（昌）或
福昌为第三组，而以京粤、粤滇增入渝柳泉歧泽清为第四组，重庆至柳州，北接成渝，
南接宝钦，所以导川省客货出海之捷径。口泉至歧口，泽州至清化，则与沧石同为
发展晋煤之作用❷。这完全是以南京为中心的铁路网，也是铁路建设的唯一依据。国
民政府计划 10 年内建铁路 2 万英里（约合 32186km）❸。

　　在实业计划中，西南铁道系统的（丙）、（丁）二线❹均为联络广东、广西、贵州、
四川四省之线。1929 年春，铁道部组织西南地质队，调查湘滇、滇粤两条线路附近
的地质矿产。队长丁文江提议，同时勘察四川出海的路线，并称之为"川广铁道"❺。

❶ 铁道部 . 铁道 [M]// 中央党部国民经济计划委员会 . 十年来之中国经济建设：上篇 . 南京：扶轮日报社，1937：1.

❷ 铁道部 . 铁道 [M]// 中央党部国民经济计划委员会 . 十年来之中国经济建设：上篇 . 南京：扶轮日报社，1937：1.

❸ 经济建设大纲 [M]// 铁道部铁道年鉴编纂委员会 . 铁道年鉴：第一卷 . 上海汉文正楷印书局，1933：420.

❹ 丙线为广州成都线，经由桂林、泸州，长约 1000mile（1mile=1609.344m）；丁线为广州成都线，经由梧州、叙府，
长约 1200mile。

❺ 丁文江，曾世英 . 川广铁道路线初勘报告 [R]. 实业部地质调查所，国立北平研究院地质学研究所，1931.

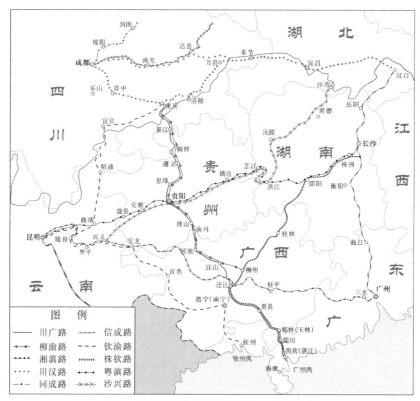

图 2-12　西南铁路计划总图（20 世纪初）

图中显示了丁文江等精密勘测的川广线。经过的地方，一部分同以前的钦渝、柳渝、株渝重复，但是根本的目的不一样，此线是西南的一条干线。

资料来源：丁文江，曾世英．川广铁路线初勘报告 [M]．实业部地质调查所，
国立北平研究院地质学研究所，1931.

注：本图由中国地图出版社绘制并授权使用。

该线自四川重庆起，穿过贵州，到广东的广州湾，共长 1403km，是沟通长江与西江之干线，是四川出海口最近而工程最省者（图 2-11、图 2-12）。

　　在铁道部的统一领导组织下，相关部门开展建筑新路，以便利内地交通；整理旧路，以增进运输效能。其中，建筑新路包括成渝铁路、湘桂铁路和湘黔铁路；整理旧路包括完成粤汉铁路在湘鄂粤三省内的统一，陇海路向西延伸至宝鸡，改造京杭路，扩展形成浙赣路、京赣铁路，进行铁路干线的联络建设，完成沪宁与津浦两大铁路干线在南京的渡轮连接，基本建成连云港码头成为陆路和水运的主要转换枢纽之一。

　　到 1937 年底，全国铁路通车里程约为 22307km，主要集中在东北和东南地区，广大西部地区只有绥远、察哈尔、山西和陕西等省通有铁路（图 2-13、图 2-14）。从当时情况看，完成西南干路、沟通西北与西南铁路、省与省间每省至少应各有一干路，成为此后建设方面应有之步骤❶。

---

❶　铁道部．铁道 [M]// 中央党部国民经济计划委员会．十年来之中国经济建设：上篇．南京：扶轮日报社，1937：107-108.

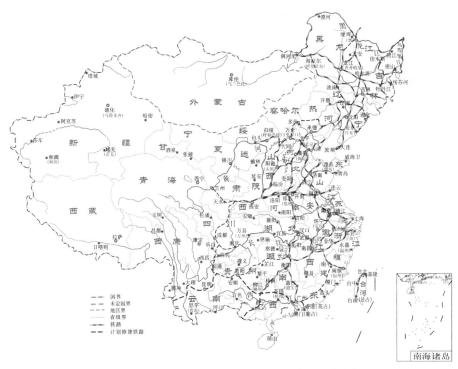

图 2-13　政治区域图中展现的 1937 年全国铁路分布

该图出版于 1939 年 8 月，由于抗战时期环境的限制，行政区域大致截止于七七事变前的 1937 年 6 月底。东北四省（辽宁、吉林、黑龙江、热河）于 1931 年 9 月至 1933 年 3 月被日本侵占，图中依据的仍然是日占前的行政区划，不过铁路却依当时实际绘出了当时伪满所新建的铁路。

资料来源：丁文江，翁文灏，曾世英 . 中国分省新图：第四版 [M]. 上海：申报馆，1939.

注：本图由中国地图出版社绘制并授权使用。

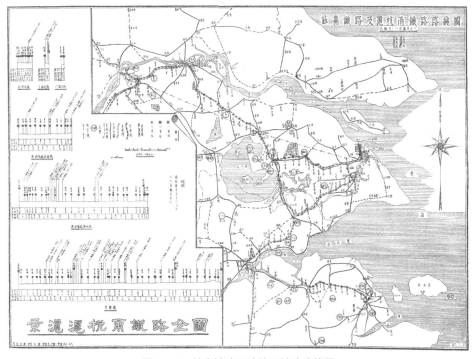

图 2-14　苏嘉铁路及沪杭甬铁路路线图

资料来源：中央党部国民经济计划委员会 . 十年来之中国经济建设 [M]. 南京：扶轮日报社，1937.

（3）江河流域综合治理

"实业计划"曾提到黄河筑堤、浚水路以免洪水，认为这是开发中国交通重要问题之一。由于长期缺乏整治，河水常常泛滥，严重影响生产生活和社会安定，因此国民政府决定以水为中心进行河流整治，开展农业灌溉工程和水资源开发等项目的研究和实施。20世纪30年代前后，国民政府在主要江河设置了具有现代意义的流域管理机构：扬子江水利委员会、黄河水利委员会、导淮委员会、华北水利委员会、珠江水利局、太湖流域水利委员会，并着手编制流域综合规划，统筹水灾防御、农田灌溉、航道改进及发展水力等，如淮河流域的导淮问题、扬子江整治工程、黄河中下游整治等。事实上，国民政府定都南京后的十年间，经济建设未能如期推进，各流域综合规划不是没完成，就是没得到实施，绝大多数江河流域并未得到治理、开发，水旱灾害频繁，水深火热并非形容。

不过，从区域规划思想看，国民政府定都南京后，一些关注流域规划的设想值得重视。例如，1935年崔景山著成《黄河富源之利用》[1]一书，他借鉴美国密西西比河流域"浚渫河口，畅其尾闾"，荷兰"借堤防以捍水""仰给于水力""与水争尺寸之地"的经验，详细调查河流的历史与现状、两岸物产集散点、配套运输之船舶及码头等，草定计划，包括疏浚河道、改造船舶、建设港站、规定航线等，虽然称不上是标准的区域规划，但是许多内容已经涉及整个流域问题，对流域的经济组织具有一定的积极意义，例如不单纯限于黄河局部河段，而是从流域发展的角度，把黄河看作一条重要的东西向连接轴带；不是单纯地防水患，而是着眼于综合开发，发展航运、灌溉农业和开发水电资源的设想。蔡元培认为，"其所以提醒吾人者，不徒消极的防患，而在积极的兴利，且不徒在农业上图灌溉之利，而犹在商业上图运输之利是也"[2]。

2.4.3　九一八事变后对抗战的筹备

1931年，盘踞在我国东北境内的日本关东军精心策划制造了震惊中外的九一八事变，拉开了日本侵华战争的序幕。在不到半年的时间内，约110万 km² （相当于日本本土面积3倍）的中国东北全部沦陷。九一八事变后，大规模的战争已经不可避免。战争表面上看是军事实力的较量，实际上后面是经济实力的较量，因此如何解救经济枯竭，奠定物质基础，成为当务之急。

（1）国防中心与经济中心相结合的观念

针对当时局势，1932年12月29日，国防设计委员会成立，计划以国防为中心之建设事业。1933—1935年，国防设计委员会围绕"收集全面的、细节的、专门的、新

---

❶ 崔士杰.黄河富源之利用 [M].青岛：胶济铁路管理局，1935.

❷ 蔡元培.黄河富源之利用·序 [M]// 崔士杰.黄河富源之利用.青岛：胶济铁路管理局，1935.

近的"国情资料展开工作。1935年4月,国防设计委员会与兵工署资源司合并,易名资源委员会,隶属于军事委员会,"以便于统筹运用,并赋予开发全国资源,经办国防工矿事业之任务,以建立腹地国防经济为工作重心"。1936年初,资源委员会的工作重点由收集国情资料的"调查"向"设计"转移。同年3月,依据此前收集的各种资料拟定《国防工业初步计划》,这是一项雄图大略的国防工业发展战略规划,中心内容是在江西、湖南一带建立一个国有的重工业区,并开发西南各省的矿产资源。不久,资源委员会又根据《国防工业初步计划》所描绘的大致轮廓,制定了《中国工业发展三年计划》,同年6月,由军事委员会呈国民政府核准。该计划包括十个部分,其核心内容仍然是在湘赣一带建设自成一体的国有工业区。众所周知,国民政府原本十分脆弱的工业一向集中在上海、青岛、天津、武汉等江海口岸,计划在远离现有工业中心、毫无工业基础的湘赣一带建设重工业区,在空间上可谓舍近求远,有悖常理,实际上这种独特的构思有着良苦的用心,那就是对国防安全的高度重视,使国防中心与经济中心相配合。

1934年1月23日,国民党四届四中全会通过"确立今后物质建设根本方针",其主要目的即在使国防中心与经济中心相配合,主要是①于富有自然蓄积并不受外国商业金融支配之内地,确定国民经济之中心;②于经济中心区附近不受外国兵力威胁之区域,确立国防军事中心地;③过去大工厂铁路及电线等项之建设,均应以国防军事计划及国民经济计划为纲领,由政府审定其地点及设备方法❶。

随着《中国工业发展三年计划》的实施,中国经济建设的特点也发生明显变化,即把经济建设与国防建设结合起来。然而,1937年七七事变后,形势迅速变化,原拟作为战略后方建设的地区很快成为沦陷区或战争前线,《中国工业发展三年计划》也半途而废了。

(2)全国经济委员会对公路系统的逐步推进

民国初年,中国公路建设,大都省自为政,或由少数商人集资筑路修筑,无统一的规制与健全的工程,区域性的公路规划与建设也殆无成效可言。1927年国民政府建都南京后,中央拟着力发展国民经济,交通及铁道两部先后规划国道干支各线系统工程标准及运输计划大纲等,全国公路规划始肇其端。

1927年国民政府成立后设立交通部,主管全国之运输交通,该部在1928年草拟的交通事业革新方案中,将全国道路分为国道、省道、县道三类。其中国道路线网的规划为:以兰州为中心,分干线支线两类。干线又分经线、纬线,经线行经中心直达边陲;纬线环绕中心贯结都邑;支线则补干线之不足。经线凡四,纬线凡三,总长共41550km。全国国道拟于10年内完成,分三期兴筑,第一、第二两期各3年,

---

❶ 张其昀. 党史概要:第二册[M]. 台北:"中央文物供应社",1979:746-747.

第三期 4 年 **❶**。此项计划因国民政府于是年分设铁道部，国道事改归铁道部主管，故未及实施。

1928 年 10 月 20 日，国民政府增设铁道部，接管了原归交通部主管的公路事业。1929 年 10 月 22 日，铁道部以部令公布国道线路之规划。铁道部国道设计委员会审酌全国交通之需要，规定全国国道干线十二条，以南京为中心形成国道路线网，包括京桂线、京滇康线、京藏线、闽新线、京蒙线、京黑线、张远线、甘藏新线、绥新线、黑蒙新线、迪疏线、陕桂线。所定各线，权其轻重缓急，计划分四期筑成，在 10 年内完成本部线，20 年内完成边防线 **❷**。1931 年 6 月，国民政府颁布《国道条例》，公路建设似乎可以循序推进。然而由于政局多故，筹款无着，规划及建筑事宜未能切实施行，依旧由各省自行办理；而各省中有相当计划者也不多。因此，数年中公路建筑里程虽有增加，而省与省之联络确实缺乏，公路之效用亦无由显著。总体看来，在 1928—1931 年间，筑路约 37000km，连以前所筑累计约 66000km。

1931 年九一八事变后，国民政府开始注重国防建设，在交通运输方面也开始重新进行规划和部署，采取了一些备战的措施。1931 年 11 月 11 日全国经济委员会筹备处成立，公路建设为该会重要事业之一。筹备处以求实效为原则，探索大处着眼小处着手逐步推进的办法，重点转向修筑跨省公路。在空间上，从东南着手，由近及远，逐渐推进到西南、西北地区，形成全国性的公路系统。从 1932 年 5 月起，先谋苏、浙、皖三省公路之联络公路，修筑贯通京（指南京，下同）杭、沪杭、京芜、苏嘉、杭徽、宣长六条公路的连接公路；1932 年 12 月，为发展中部各省交通，在汉口召开苏、浙、皖、赣、鄂、湘、豫七省公路会议，议定七省联络公路干支各线；1933 年 2 月，全国经济委员会会议规定各省应筑联络公路干线 11 条，长约 12000km；支线 63 条，长约 10000km。所有干支各线，拟按军事需要之先后，分为五期兴筑，预定三年内全部完成。1933 年，全国经济委员会正式成立，决定自 1934 年起，除继续督造七省联络公路外，连续陕、甘、闽、青等省及赣、粤、闽边各重要公路一并督修，有关军事、政治、经济、国防各要紧线路，均得于最短时期内兴筑完成。自督造以后，至 1936 年 6 月底，各省完成通车之联络公路总长 29402km，其中干线 18064km，支线 11338km；已可通车路线总长 21602km，其中有路面者 12026km（占通车里程的 55.7%），土路 9576km（占通车里程的 44.3%） **❸**。

---

❶ 全国经济委员会 . 水利公路蚕棉 [M]// 中央党部国民经济计划委员会 . 十年来之中国经济建设：上篇 . 南京：扶轮日报社，1937：10.

❷ 全国经济委员会 . 水利公路蚕棉 [M]// 中央党部国民经济计划委员会 . 十年来之中国经济建设：上篇 . 南京：扶轮日报社，1937：10.

❸ 全国经济委员会 . 水利公路蚕棉 [M]// 中央党部国民经济计划委员会 . 十年来之中国经济建设：上篇 . 南京：扶轮日报社，1937：11-15.

抗战前国民政府的交通建设，为战时运输提供了必要的条件，对于抗战初期在短期内集结兵力和运输物资发挥了重要作用。抗战开始后，沿江、沿海沦陷，几百家工厂内迁，大批的机器设备、物资和工程技术人员能在较短的时间内迁往大后方，都得益于交通运输状况的改善。1935 年竣工的西兰公路和 1936 年通车的川陕公路在太平洋战争爆发后成为中国通向国外的唯一通道，苏联的大批援华物质也经此道运往前线，对保证前线的急需，支持全民族抗战发挥了重要的作用。

（3）建立抗战所必需的战略后方基地

在无法完成抗战准备的情况下，中国一旦和日本进行全面战争，就只能采取空间换取时间的大战略。这种战略实施的前提是中国要具有足够的战略纵深。而就当时中国政治、经济、文化各方面来讲，国家的精华、生命的根基都在长江流域，长江流域可以统一安定，中国就可以统一安定。长江流域以四川为首，荆襄为胸，吴越为尾。四川居长江上游，本部各省之中，拥有最广的土地、最多的人口，最大的富源，最好的形势。日本侵略无已，欺侮日甚，要救亡复兴，当以稳定四川、巩固长江流域为第一要着。1935 年之后，国民政府终于可以勉强运作，政令可以在中国大部分地区通行，特别是在西南地区的川、滇两省，开始受中央的影响，于是积极整理四川，循序渐进。1938 年，国都西迁，遂形成以四川为抗战的中坚区域，以西北诸省为左翼，西南诸省为右翼，终于奠定了抗日复兴之基础 ❶。

2.4.4 苏维埃运动根据地建设

1927 年，第一次国共合作破裂，9 月 19 日中共中央召开政治局会议，决定"在革命斗争新的高潮中应成立苏维埃" ❷，正式将苏维埃模式付诸社会变革实践。11 月 15 日，中共中央突破只在大城市不在县城和乡村建立苏维埃的限制，决定建立乡村苏维埃，通过大力发展游击战争，集中力量在一县或数县造成独立割据的局面；在割据区域"根本肃清乡村一切反动势力，改变所有乡村的旧关系" ❸，苏维埃运动成为改变所有乡村旧有关系的农村社会大变革运动。中共中央还构想由乡村苏维埃逐步发展到建立全国的苏维埃政府 ❹。至此，在农村区域建立苏维埃，以苏维埃制度作为中国共产党领导的新的政权形式和社会形式的战略最终确立。随之，以改造农村社会为基点推进中国革命的苏维埃运动，在南方数省轰轰烈烈地展开了。

---

❶ 历来陇与蜀合则蜀安，陇与蜀离则蜀危，滇蜀亦然。

❷ 中共中央.关于"左派国民党"及苏维埃口号问题决议案 [M]// 中央档案馆.中共中央文件选集：第三册(1927).北京：中共中央党校出版社，1982：370.

❸ 中共中央致两湖省委信 [M]// 中央档案馆.中共中央文件选集：第三册（1927）.北京：中共中央党校出版社，1982：522.

❹ 中国共产党土地问题党纲草案 [M]// 中央档案馆.中共中央文件选集：第三册（1927）.北京：中共中央党校出版社，1982：488.

  自1927年"八七"会议后三年内，共产党创建了江西中央革命根据地和湘鄂西、海陆丰、鄂豫皖、琼崖、闽浙赣、湘鄂赣、湘赣、左右江、川陕、陕甘、湘鄂川黔等根据地（苏维埃区域，简称"苏区"）。苏区社会的兴起及其影响对国民党的统治构成了重大威胁，1930年10月，国民党政府开始统一组织，集中武装力量、社会力量、经济力量来进攻各苏区。至1931年9月，苏区相继粉碎了三次大的进攻，呈强盛之势，鼎立南方。1931年11月7日，中华苏维埃共和国在江西瑞金县叶坪村成立。在苏维埃运动中诞生的中华苏维埃共和国及其辖属的各个苏区，由于处在国民党政权的分隔和包围中，在地域上未能连成一片，但是堪称"中国共产党直接领导的建国与治国的第一次预演"❶。1932年前后，苏区达到极盛状况：中央苏区人口曾达到440万左右，区域面积约80000km²（图2-15）。

图2-15　中华苏维埃共和国区域图

资料来源：余伯流，凌步机.中央苏区史[M].南昌：江西人民出版社，2001.

注：本图由中国地图出版社绘制并授权使用。

---

❶　田居俭.中国苏维埃区域社会变动史·序[M]// 何友良.中国苏维埃区域社会变动史.北京：当代中国出版社，1996：1.

　　从区域规划的观点看，从城市到农村，建设苏维埃运动根据地，这是共产党的力量和政策重点的第一次空间战略转移。城市是中国资产阶级的大本营，是国民党的统治中心，第一次国共合作破裂后共产党要在城市活动大发展异常困难，而农村提供了广阔天地。革命转入低潮的情况下，共产党适时地把党的工作重点由城市转入农村，在农村建立根据地，保存、恢复和发展革命力量，并经过长期的反复斗争，使革命力量从劣势转变为优势，从而夺取城市，取得革命在全国的胜利，这也是以农村包围城市，最后夺取全国政权的道路的实质所在。

　　20世纪30年代中期，国民党比较稳定地确立了以南京为中心的统治格局，以东南地区为主要活动范围的共产党政权和红军，在南方的生存受到极大的限制，面临越来越大的压力。1933年秋，蒋介石发动了对革命根据地的第五次"围剿"。1934年10月，红军第五次反"围剿"失利，红军主力被迫转移，开始长征；次年10月到达陕北，完成长征，中共领导的革命中心从国民党的统治重心东南地区转移到了遥遥相望的西北地区，在那里找到了新的立足点。从东南到西北，这是共产党的力量和政策重点的第二次空间战略转移，后来的事实证明，利用抗战的契机，共产党发展形成一个具有全局意义的制高点（图2-16）。

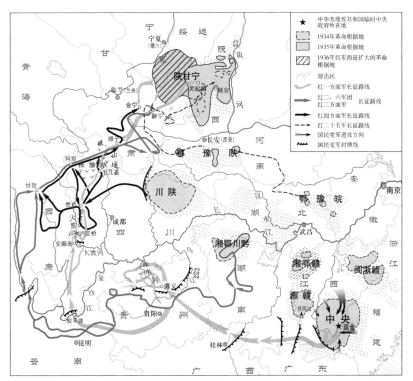

图2-16　中国工农红军长征路线图（1934年8月—1936年10月）

1934—1936年间，中国工农红军主力从长江南北各苏区向陕甘革命根据地（亦称陕甘苏区）进行战略转移，包括中央红军（红一方面军）长征、红二十五军长征、红四方面军长征和红二、红六军团（红二方面军）长征。

资料来源：武月星. 中国现代史地图集（1919—1949）[M]. 北京：中国地图出版社，1999.

注：本图由中国地图出版社绘制并授权使用。

2.4.5 乡村建设运动

中国是一个历史悠久的农业国家，长久以来，"乡村"既代表着国人眼中理想的生活状态，也往往是大规模社会变革的发轫之地。不幸的是，近代以来中国农村经济在内忧外患中出现了严重衰落。1927年之后，连年发生的大规模军阀混战和特大水旱灾害对农村影响巨大，加之因世界经济危机爆发，资本主义国家为了转嫁危机加强了对中国的经济侵略，中国农村的衰落程度进一步加深。梁漱溟（1937）称：

原来中国社会是以乡村为基础，并以乡村为主体的；所有文化，多半是从乡村而来，又为乡村而设，法制、礼俗、工商业等莫不如是。在近百年中帝国主义的侵略，固然直接间接都在破坏乡村，但中国人所作所为，一切维新革命民族自救，也无非是破坏乡村。所以中国近百年史，也可以说是一部乡村破坏史❶。

农村破坏使人们认识到"救济乡村""复兴乡村"刻不容缓。继承着中国传统语境下浓烈的乡村情结，有远见的中国人尤其是知识分子将视野转向广阔的乡村，把解决中国农村长期以来积弱积贫问题放在救国救民任务之首位，试图借助乡村建设来踏出"现代化"的第一步。1927年北伐战争以后，仍然不能看到民族自救运动的好转，于是乡村建设运动格外开展起来❷。正如卢绍稷（1933）所指出的：

（民国）十六年后，因受"国民革命"之影响，国内教育学者，有一种新觉悟，即认清民族惟一之路是改造乡村。谓中国社会大多数是乡村，必先使乡村兴盛，然后整个社会始能兴盛。如乡村无新生命，则中国亦不能有新生命。吾人只能从乡村之新生命中求中国之新生命。于是有所谓"乡村改进"之实验❸。

根据建设目标与路径的不同，民国乡村建设运动主要可划分为梁漱溟等所提倡的"文化教育—乡村社会改造"模式以及卢作孚等所提倡的"实业民生—乡村现代化"模式❹。侧重点在于教育还是经济，是区别以上两大模式的关键之所在：前者多采取办刊物、建学校、著书立说等形式，强调"创造新文化，救活旧农村"的重要性；后者则牢牢"以经济建设为中心"，在实业经营的基础上逐步发展文化与公共事业,创造出独特的"乡村现代化"建设路径。❺尽管乡村建设运动的参与团体构成复杂，模式也具有多样性，但就其基本性质而言，它是一场社会改良运动，即在维护现存社会制度和秩序的前提下，采用和平的方法，通过兴办教育、改良农业、流通金融、

❶ 梁漱溟.乡村建设理论[M]//中国文化书院学术委员会.梁漱溟全集（第四卷）.济南：山东人民出版社，1989：150.

❷ 可以把1926年10月"平教会"在河北定县设立办事处作为乡村建设运动的真正开始时间，实际上，乡村建设运动高潮的到来还要晚几年。1927年南京晓庄学校开办，一年后渐成规模，1929年7月"平教会"总部迁往河北定县，1929年江苏省立教育学院设立无锡黄巷实验区，1929年底，河南村治学院筹备，次年1月创办河南村治学院，1931年山东乡村建设研究院在邹平成立，乡村建设运动作为一场全国性运动其高潮此时才到来。

❸ 卢绍稷.中国现代教育[M].上海：商务印书馆，1933：16-17.

❹ 何建华，于建嵘.近二十年来民国乡村建设运动研究综述[J].当代世界社会主义问题，2005，85（3）：32-39.

❺ 郭剑鸣.试论卢作孚在民国乡村建设运动中的历史地位——兼谈民国两类乡建模式的比较[J].四川大学学报（哲学社会科学版），2003，128（5）：103-108.

提倡合作、办理地方自治与自卫、建立公共保健制度以及移风易俗等措施，复兴日趋衰落的农村经济，实现所谓的"民族再造"（晏阳初语）或"民族自救"（梁漱溟语），可以说是自下而上的乡村社会学习和社会改良运动。

据南京国民政府实业部调查，20 世纪 20 年代末至 30 年代初，全国从事乡村建设工作的团体和机构有 600 多个，先后设立的各种实（试）验区有 1000 多处 ❶。在空间上，乡村建设运动涉及面广，包括山东、河北、河南、山西、湖北、湖南、安徽、江西、江苏、浙江等华东、华北和华中地区，华南、西北地区很少，东北地区因九一八事变后被日本人所控制，远离这一运动。就总体情况而言，乡村建设运动对实现区域现代化和社会进步具有一定的积极意义。然而 1937 年后，随着抗日战争的爆发，乡村建设作为具有一定规模和影响的社会运动也逐渐式微，唯有卢作孚主持的以重庆北碚为中心的嘉陵江三峡地区的乡村建设一直持续到中华人民共和国成立前夕，并取得一定成就。乡村建设实验仍在进行之中，然而乡村建设运动却已走向终结。

2.5 抗战烽火中的区域规划与建设事业（1937—1945 年）

1936 年 7 月以后，中国统一事业渐次形成，地方割据之势将成过去。中国向统一之途迈进，使日本军阀深感发动战争已迫不及待，而当时国际形势之混沌有利于日本侵华，1937 年日军悍然发动七七事变，进而迅速占领平津地区，并由陆路自北向南席卷，由海路迅速进攻上海，企图两面夹击南京一举消灭国民党政权。到 1938 年止，日军完全侵占了东北、华北各省，江南各省也大多沦陷，尤其是江浙沿海地区被日军完全控制。中国国土大片沦入敌手，国民政府被迫困于西南一隅，其统治区日益缩小，中国面临存亡关头。这是自鸦片战争以来面临的最深刻的民族危机，必须赢得这场战争，以挽救民族之危亡。国民政府提出"抗战与建国同时并举"的基本方针，处于逆境中的中国人民又有效地联合起来，一致对外，全国抗日统一战线迅速形成。如果说当时中国的统一为抗战胜利奠定了政治基础，那么，成功的区域规划实践则从空间上为抗战胜利提供了物质保障。

2.5.1 后方战略基地建设

中国半壁河山沦陷，这不只是单纯的统治区缩小问题，更重要的是日军所侵占的都是中国最富庶的地区，它们的丧失对中国抗战形成强大的经济压力。因此，不搞好后方根据地的经济建设，抗日战争就不可能持久下去。在国民政府的规划、部

---

❶ 郑大华 . 民国乡村建设运动 [M]. 北京：社会科学文献出版社，2000.

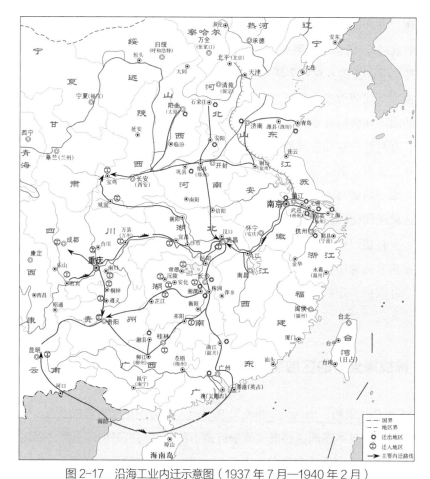

图 2-17　沿海工业内迁示意图（1937 年 7 月—1940 年 2 月）

资料来源：武月星．中国现代史地图集（1919—1949）[M]．北京：中国地图出版社，1999.

注：本图由中国地图出版社绘制并授权使用。

署下，以沿海工厂内迁为基础，建设较为稳固的后方战略基地迅速提上议事日程。

（1）工厂内迁与国统区经济中心的西移

从 1937 年七七事变后，国民政府发动沿海工厂内迁，随着抗战局势的发展，迁入地点不断变化。当华北上海战事紧张之时，内迁之地主要是按翁文灏等战前设计的在汉口到宜昌、长沙到衡阳间两个区域；随着南京、九江、徐州等地失陷，1938年 6 月武汉失守在即，由上海等地内迁及已经迁到湘、鄂等地的工厂被迫再向北赴陕西，一部分向西入川。武汉失守后，大规模的工业内迁基本完成，此后因战局的变化，局部也有小的零星内迁（图 2-17）。

据经济部统计，至 1940 年底，经官方协助内迁的厂矿有 448 家，机器材料70900t，技工 12182 人❶。工厂的分布地域，以四川为最多，计 254 家；湖南次之，

❶　陈真．中国近代工业史资料（第 1 辑）[M]．北京：三联书店，1957：88.

为 121 家；广西 28 家；陕西 27 家；云南、贵州等省共 23 家❶。内迁到四川的厂矿不仅数量多，而且规模也大，四川经济尽管在战前并不发达，但抗战爆发后一跃成为中国战时的工业中心。

工厂内迁促进了大后方工业的发展，为大后方迅速建立起新的工业基础，同时极大地改变了此前中国工业分布主要集中在东部沿海、沿江地区的不平衡格局。抗战以前，全国的工矿企业 80% 以上集中在东部沿海地区，到了 1944 年，西南地区的工矿企业数量占整个国统区的 88.63%，资本与工人数分别占 93.52% 和 85.61%。虽然这是在特殊的历史背景下的战时政治经济的产物，在很大程度上受制于战争的进展和时局的转换，但它却使西部地区的工业在战时的短短数年，便走完了平时需要数十年乃至百余年才能走完的历程，并为嗣后西部地区工业的发展，创设了一些条件和留下了一定的基础。

（2）后方经济基地建设

1937 年 10 月 30 日，国民政府决定迁都重庆。1938 年初，国民政府制定《西南西北工业建设规划》❷，以西南、西北作为"抗战建国"的大后方，其中西南地区主要指川湘滇黔桂等省，西北地区主要指陕甘青新等省，这是国民政府制定的大后方开发和建设方面的第一个宏观计划。1937 年末，翁文灏一再重申，"生产教训向为振衰起敝之唯一途径，经济建设，即是实行生聚之根本方法"。他以前汉发展关中成为统一全国之根本，后汉以河内为基础使汉室重光的例子，将大后方比为"后汉之河内，前汉之关中"，认为只要认真整军经武，增益财源，定可为统一全国之根本，"使汉室重光"。后方诸省中，"尤以四川省地广民众，土沃矿多，古称天府，今为精华，实为后方区域中最重要之地"❸，各项事业更应急起直追，加倍用功，造成最上等之规模，以为全国最优良之模范。

1938 年 6 月，国民政府强调："一、以四川为永久根据地，二、以后兵力之部署，应以川陕甘与湘粤赣二区为基准"❹。此后，一心巩固和建设以四川为中心的后方，以此为基地同日军相较。1938 年 10 月武汉、广州失陷以后，国民政府开始全面、系统地考虑大后方经济建设的规划，编制 1939—1941 年三年国防建设计划。1941 年太平洋战争爆发，西南后方的经济建设进入一个新阶段，国民党又编制了 1942—1944 年战时三年建设计划大纲。

---

❶ 这里统计的共 453 家。黄秉绶.五十年来之中国工矿业 [M]// 中国通商银行.五十年来之中国经济（1896—1947 年）. 台北：文海出版社，1948.

❷ 经济部.西南西北工业建设规划 [R]. 1938. 藏于中国第二历史档案馆.

❸ 翁文灏.我国抗战期中经济政策 [J]. 经济部公报，1938，1（13）：51–52.

❹ 张其昀.党史概要：第三册 [M].台北："中央文物供应社"，1979：866.

2.5.2 拓展西南、西北的交通路线

1938 年 10 月武汉会战后，中国人民及政府机关、工商企业，均向西南及西北移动。一向以交通闭塞、人烟稀少的西南、西北地区，转而成为全国的政治、经济、文化中心，一切建设，自非迎头赶上，不足以应付需要，其中交通运输更是一切建设之基础。按照《抗战建国纲领》中关于"整理交通系统，举办水陆空联运，增筑铁路公路，加辟航线"的意见，国民政府努力加紧大后方交通运输网建设。

从地域上看，"平时交通依据本国地理环境发展，战时交通则应随战区变化之情形，加以适当之措施"❶。1938 年 6 月，交通部拟出交通方案，阐述铁路、公路、航空、水路及电政五项正在进行及计划之方案❷。其中，铁路计划的标准：一择可通海口或可通邻疆之国际路线，如湘桂、滇缅、甘新铁路；二择后方补充之必要路线，如湘黔铁路；三择后方国防政治重心之交通干线，如川滇、成渝铁路。公路建设包括：一为西北公路网，即自汉中通河南、陕西、甘肃、新疆之线；一为西南公路网，即自湖南通四川、贵州、云南、广西、广东之线；一为西北西南公路沟通线，即四川通陕西与甘肃之线❸。纵横西南西北的公路网，是大后方交通运输的主干道，在输送抗战物资与大后方的经济建设中发挥了重要作用（图 2-18）。

2.5.3 建立敌后抗日根据地

抗战兴起，国民政府退守西南，在豫西、鄂西、湘西一线与日军对峙，在中国广阔而纵深的领土上，一场战略对峙持续了四年半。共产党领导向八路军和新四军挥师东进，在广大敌后农村建立抗日根据地，发展壮大武装力量（图 2-19）。1938 年 5 月，毛泽东指出，"建立根据地"是抗日游击战争中的一个战略问题，"失地的恢复须待举行全国的战略反攻之时，在这以前，敌人的前线将深入和纵断我国的中部，小半甚至大半的国土被控制于敌手，成了敌人的后方。我们要在这样广大的被敌占领地区发动普遍的游击战争，将敌人的后方也变成他们的前线，使敌人在其整个占领地上不能停止战争。"❹

以建立太行、太岳根据地为发端，共产党在敌后广大农村相继建立许多大大小

---

❶ 作者不详.抗战五年来之交通 [M]// 中国第二历史档案馆.中华民国史档案资料汇编：第五辑第二编财政经济（十）.南京：江苏古籍出版社，1997：58.

❷ 交通部拟交通方案 [M]// 中国第二历史档案馆.中华民国史档案资料汇编：第五辑第二编财政经济（十）.南京：江苏古籍出版社，1997：5-20.

❸ 明初顾祖禹《读史方舆纪要》（卷一百十三云南序）分析元代用兵路线：从临洮南下，经行山谷中，渡金沙江，直达大理。彼可以来，我何不可以往，而主张由丽江北上，径出洮岷，直取秦陇，开一新路？战时四川通陕西与甘肃之西陲公路建设，大体前代之理想成为事实。

❹ 毛泽东.抗日游击战争的战略问题 [M]// 毛泽东选集（第二卷）.北京：人民出版社，1968：387.

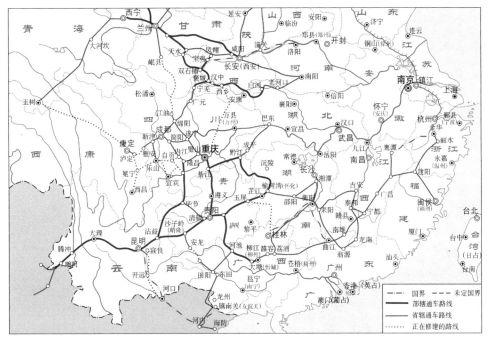

图 2-18　1940 年全国重要公路路线略图

抗战 6 年来，路线配合战事，抗战结合建国，修筑新路 8296km，改善旧路 3149km。公路网进一步细分，实包括西北、川康、西南、东南四大线网。西北线网以兰州为中心，川康线网以成都为中心，西南线网以昆明为中心，东南线网以衡阳为中心，各省支线复与四大网相连，总长 84900km。至此，全国路线网大致完成。

资料来源：中国工程师学会. 三十年来之中国工程（中国工程师学会三十周年纪念刊）[M]. 中国工程师学会南京总会及各地分会，1948.

注：本图由中国地图出版社绘制并授权使用。

小的游击区，并转变为稳固的革命根据地。在华北，从 1937 年底到 1938 年，在共产党领导下，八路军在华北地区先后建立了晋察冀、晋西北、晋鲁豫、山东等抗日根据地。在华中，1937 年底至 1940 年，共产党领导的新四军先后创建苏南、苏中、苏北、皖南、皖中、皖北、豫东、浙东等抗日根据地，开创了大江南北全民族抗战的大好形势。

　　建立敌后抗日根据地是共产党的力量和政策重点在空间上的第三次转移。如果说前两次转移是图生存的话，那么此次战略转移则是在对日战争中求发展。在艰苦的抗战中，共产党的力量由小变大，由弱变强。抗战开始时，共产党领导的武装力量只有 3 万多人，根据地只有人口 150 万的陕甘宁边区。抗战胜利前夕（1945 年 4 月），共产党领导的解放区北起内蒙古，南至海南岛，包括 19 个大的解放区，人口 9550 万，军队 91 万，民兵 220 万。所有这些解放区内均建有地方性联合政府❶。不断扩大的敌后根据地，不仅成为中国共产党领导人民进行反帝反封建的核心阵地，而且成为新民主主义的早期实践。

---

❶　毛泽东. 论联合政府 [M]// 毛泽东选集（第三卷）. 北京：人民出版社，1968：931–1000.

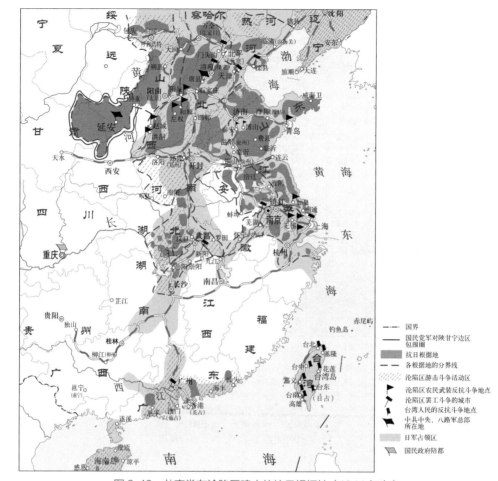

图 2-19　共产党在沦陷区建立的抗日根据地（1944 年末）

资料来源：武月星 . 中国现代史地图集（1919—1949）[M]. 北京：中国地图出版社，1999.

注：本图由中国地图出版社绘制并授权使用。

经过 14 年浴血奋战，中国终于赢得最后的胜利。从区域规划观点看，当时国民党在大后方建立战时后方工业基地，成为支撑抗日战争的经济基础；共产党在沦陷区建立敌后抗日根据地，奋勇斗争，在战争中求发展，这些都是中国近现代史上最壮烈的区域规划实践，集中体现了区域规划作为空间治理的重要手段、应对外部环境变化的战略选择的基本功能。但是，这种发展不是出自中国现代化进程的内在结果，而是在外力胁迫下的无奈之举和临时选择，代价十分巨大。

2.5.4　沦陷区的区域规划

1937—1943 年，日本侵占了中国大片地区和城市，为了满足殖民与战争的需要，日本对华北与华中几乎所有的城市进行了规划，其中不乏区域规划性质的工作，如大青岛规划。

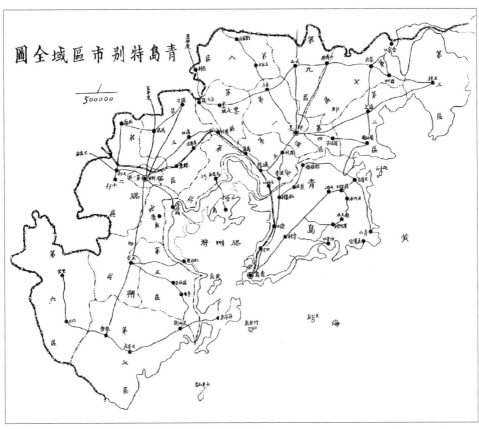

图 2-20　抗日战争期间日本人对青岛地区的规划：青岛特别市区域全图（1942 年）
资料来源：青岛市档案馆 . 青岛地图通鉴 [M]. 济南：山东省地图出版社，2002.

　　1938 年青岛再次成为日本殖民地，随着日本侵华战争节节升级，华北中心逐步南移到青岛。1939 年 6 月起，日本在青岛的兴亚院都市计划事务所结合所谓的"华北产业开发计划"，开始青岛城市规划所需的基本调查。1940 年底日本兴亚院青岛都市计划事务所编制完成《青岛特别市地方计划、母市计划设定纲要》❶。在地方计划中，将即墨、胶县划入青岛，成立所谓的"大青岛市"，管辖面积 6000km²，人口 180 万。确定青岛建设的方针是"华北的门户、水陆交通要冲，军事上和开发华北的重要基地，也是工业基地和少数游览胜地"。日本企图以胶州湾为中心，树立综合的交通计划和工业布局，以吸收华北资源，运来青岛进行初级加工，再运往日本以满足其战争的需要❷。但是，随着 1945 年日本的战败投降，这份以日本利益为目标的殖民主义规划也真正成为"纸上谈兵"了（图 2-20、图 2-21）。

---

❶ "地方计划"为日文，英文为"regional planning"，即区域规划。这是青岛有史以来的第一次区域规划，试图将原来由于行政分割的胶州湾岸线统一到同一行政区的管辖之下。

❷ 青岛市档案馆 . 青岛地图通鉴 [M]. 济南：山东省地图出版社，2002.

青島母市計畫圖

《青岛母市计划图》(1941)

图 2-21　抗日战争期间日本人对青岛地区的规划：青岛母市计划图（1941 年）

资料来源：青岛市档案馆 . 青岛地图通鉴 [M]. 济南：山东省地图出版社，2002.

2.6 设想战后重建与解放战争中的空间战略（1940—1949 年）

"二战"胜利前夕及胜利后，世界上许多国家都设想并从事在战争的废墟上重建家园，重新走上现代化建设的道路。在此期间，中国也出现许多战后复兴规划与设想。

2.6.1 "实业计划"实施方案研究

（1）以"实业计划"为基础，中央设计局规划战后国防经济建设

1940 年 7 月，国民党在重庆召开五届七中全会，决定设立中央设计局。同年 9 月，国民党中常会通过《中央设计局组织大纲》。1941 年 2 月，中央设计局正式成立，当时中心工作是计划战后国防经济的建设。这项工作并不要仿照外国的五年计划，或是十年计划，而仍是要以孙中山的实业计划作为基础。由于当时的环境与孙中山订定实业计划时已有不同，而且在其后二十余年之中也增加很多实际的经验，因此需要尽可斟酌环境需求，根据过去的经验，在孙中山所订的原则之下，加以充实发挥，订定一部"实业计划"的实施方案，来贡献于国家，贡献于世界。

从前孙中山订定"实业计划"，希望世界各国在第一次世界大战结束之后，用其所剩余的人才资本和机器来发展中国的实业，中央设计局则希望在第二次世界大战结束之后，友邦人士来帮助中国经济建设的工作，不致再蹈上次欧战以后的覆辙。

（2）工程界对"实业计划"实施的研究

1940 年冬，中国工程师学会在成都举行第九届年会，认为孙中山"实业计划"为国家经济发展的伟大方案，内容以工为主体，工程界对实业计划之实施应负有前锋的任务，于是决议成立"国父实业计划研究会"理其事。1941 年 3 月，"国父实业计划研究会"正式成立（陈立夫为会长，各专门工程学会会长、副会长及代表三人参加）。就学会门类分，有土木、水利、机械、电机、矿冶、化工、纺织、建筑、自动车、航空等十组，分任全部计划中 55 个工程工业项目的研究。其初步工作，以各项建设部门之基本数字为出发点，即就全国人口土地之范围，近代文化及国防之目标，研究最低限度必不可少之工程设施及材料数目。1943 年，研究会出版《国父实业计划研究报告》[1]，内容包括：铁路、机车、公路、自动车、水利、商船、筑港、衣服工业、食品工业、居室电信、电力、制药、日用器皿工业、印刷工业、矿冶等项的建设计划概要或基本数字。

以《铁路建设计划概要》为例，实业计划中所规定的 16 万 km 铁路，现有 2 万 km，尚需再建 14 万 km，拟分 6 期完成，每期 5 年，共为 30 年。计划认为建设铁路之主要条件"必须合乎军事政治，而尤以合乎经济最为重要，盖铁路所负之

---

❶ 国父实业计划研究会. 国父实业计划研究报告 [M]. 重庆：国父实业计划研究会，1943.

使命，不独为运用政治与国家动员之利器，其平时之调节民生，繁荣地方，铁路之力为多"❶。从空间上看，当时已有的铁路大部分集中于东北、中央、东南各铁路系统，而西北、西南、高原各铁路系统未免偏枯。然有交通而无国防，则等于无交通，故交通与国防并重。在国防工业未能大量产生以前，宜先筑主要各干线；10 年以后，再行发展至西北高原各铁路系统，及滨海路线；20 年以后，再行加密各干线之路线。

考虑到实业计划范围广大，工业仅为其中一部分，故经济建设各部门需齐头并进，且亦彼此关联，于是国父实业计划研究会又增加农业、经济地理、都市建设三个小组，并希望继续分别研究人才、资本、管理、结构、分配、贸易等问题。从1943—1945 年，研究会的都市建设小组以实业计划作为中国未来城市规划及建设的背景，提出了"全国城市建设方案"以及"国都问题研究之初步结论"。

2.6.2　综合的扬子江水利工程计划

在孙中山的"实业计划"中，"改良现有水路及运河"一节着重提到了长江上游地区的水利开发。1944 年 4 月，国民政府战时生产局顾问、美国专家潘绥（Passhal）提交了《利用美贷筹建中国水力发电厂与清偿贷款方法》的报告，提议由美国贷款9 亿美元并提供设备，在三峡地区修建一座装机容量为 1000 万 kW 的水电站和一座年产量 500 万 t 的化肥厂，工程完工后以向美国出口化肥的方法还贷。这个工程当时被命名为 YVA（Yangtze Valley Authority，译作"扬子江流域工程局"，音译为"扬域安"）。从震动世界的美国 TVA 工程之伟大成就，到 YVA 之远景，国人信心大增，且深信 YVA 成就之大之广，当远在数倍之上。

1944 年 9 月，美国内务部垦务局设计总工程师萨凡奇（John Lucian Sovage）❷应中国政府之聘，对长江上游的水利资源进行勘察，提出了《扬子江三峡计划初步报告》（简称《初步报告》）。在宜昌上游 5~15km 范围内（即南津关至石牌之间地域），初步选定了坝址，预计坝高 225m（吴淞高程），电站总装机容量 1056 万 kW·h，年发电量 817 亿 kW·h，工程建成后兼有防洪、航运、灌溉之利。这个以发电为主的综合利用方案，被视为当时水利工程的一大创举。

1945 年，国民政府表示原则上同意萨凡奇的《初步报告》；同年，国民政府资源委员会邀集全国水利委员会、扬子江水利委员会和交通、农业、地质、科研等部门派员组成三峡水力发电计划技术研究委员会，并在四川长寿设立了全国水力发电工程总处，在宜昌设立三峡勘测处，负责坝区的测量钻探工作。1946 年，扬子江水利委员会组队进入三峡，对这里进行了地形测量和经济调查；资源委员会也分别与

---

❶　铁路建设计划概要 [M]// 国父实业计划研究会 . 国父实业计划研究报告 . 重庆：国父实业计划研究会，1943.

❷　萨凡奇是世界著名的水利建设专家，曾主持设计过号称当时世界最大水利工程的美国田纳西水电站设计工作。

美国马力森公司和美国垦务局就坝区地质钻探、工程设计等事项签署合同。与此同时，钻探、航空测量等各项前期准备工作也随之展开。由于种种原因，1947年5月，国民政府行政会议命令，停止一切与三峡工程有关的设计工作。

2.6.3　资源委员会设想战后重建

早在抗战胜利前几年，国民政府资源委员会就开始考虑战后重建问题。1943年翁文灏发表《战后中国工业化问题》一文，提出：

> 吾人此时对于将来战后之种种，实应及早筹虑。侵略国家之破坏行动，届时必将终止，而在建立永久和平之努力中，经济建设实占极重要之地位。在此期间，吾人职责所在，必须竭尽全力，从事建设❶。

在具体建设上，翁文灏强调要有区域观念："我们要做具体的建设计划，不能不有一个区域的根本观念。"❷战时在西南西北地区的建设"大都系迫于时势需要，利在速成，未必尽合经济条件"。将来战事结束，后方的一些工业必因工本过高而不能长久支持，所以"今日所为，决不能悉视国家宏远之建设"❸。战后，"中国建设，在一定时期内，不可贪多务博，而宜权衡缓急。用此眼光，则建设工作应集中于三大区。一为中国本部，是为中心区域，包括华北、华中及华南……为吾中华立国之根本区域。二为东三省……三为新疆……凡此三的区域，或为国之根基，或成疆领之镇域，皆宜尽量发展，并修筑铁路，广启交通，使脉络相交，联为一气，以物资之连贯，铸成统一之规模。至每大区域中，自宜审酌实情，规定地点以为工业建置，至筹划物资供销，修造运输途径，务使物尽其用，货畅其流，足食足兵，既富且庶，以宏建设之功效，有远近得要之分配，庶见缓急可恃之规范"。❹1943年冬，资源委员会着手进行长期计划。

抗战胜利后，翁文灏对中国战后重建又有全新的设想，他提出：东北、热河以及陇海铁路以北区域，在局势尚未大定以前，应维持生产，供给要用，以支持此区域大势之安定；陇海铁路以南，长江流域以及华南各地，基本事业极少基础，而人口众多，交通便利，建设计划应特为重视；西北西南，农矿富源，均待开发，皆须加力经营；台湾亦须努力经营，并使成为全国成本较低之一区域。而在短期内必须别其成分之轻重，选择最切要而最易成功之区域，致力建设，他主张首先发展"包括江苏、浙江、安徽以及江西之一部，其中尤以上海为主要口岸，亦即全国财富集

❶　转引自：薛毅. 国民政府资源委员会研究 [M]. 北京：社会科学文献出版社，2005.

❷　翁文灏. 中国经济建设之轮廓 [J]. 资源委员会公报，1942，3（5）：60-67.

❸　翁文灏. 我国工商经济的回顾与前瞻 [J]. 资源委员会公报，1943，5（2）：70-79.

❹　翁文灏. 中国经济建设的前瞻 [J]. 经济建设季刊，1942，创刊号. 转引自：中国国民党革命委员会中央宣传部. 翁文灏论经济建设 [M]. 北京：团结出版社，1989：114-115.

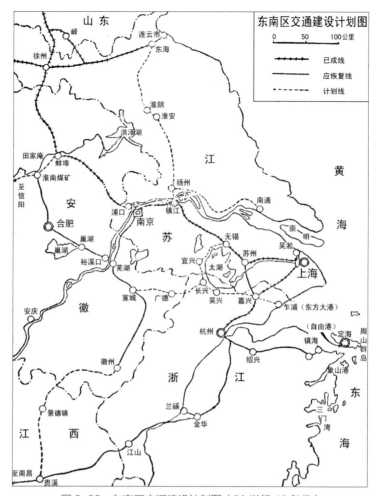

图 2-22　东南区交通建设计划图（20 世纪 40 年代）

资料来源：翁文灏 . 中国东南部进一步的建设（1947 年 2 月 3 日在中央
大学地理系讲演稿）[J]. 地理学报，1947，14（1）：2.

中之地"的东南地区。"以东南区为第一次五年建设之中心。此区向为我国最富饶之区，
人力财力均为他处所不及，如能集中力量，努力建设，收效当极容易，迨东南区建
设完成，利益昭著以后，全国各地人民必一反往昔反对建设之心理，而纷纷要求建设，
则全国建设自可易于推进" ❶（图 2-22）。

随着解放战争的发展，到了 1948 年，国民党军事由盛而衰，其统治区范围日渐
缩小，失败的趋势日益明显，资源委员会经营工矿企业的活动日益艰难，发展工业
的计划无法正常进行，于是 30 万工作人员举行起义，为中华人民共和国成立后的社
会主义建设提供了大批专业技术人才，也为中华人民共和国的国有企业增加了重要
的固定资产。

---

❶ 翁文灏 . 中国东南部进一步的建设（1947 年 2 月 3 日在中央大学地理系讲演稿）[J]. 地理学报，1947，14（1）：1-3.

2.6.4　战后大城市区域规划

抗战胜利后，"行政院内政部"令各大都市成立计划委员会，负责战后都市建设事宜，也诞生了一批带有区域规划性质的都市计划，其中以"大上海区域计划总图""武汉区域规划实施纲要"最为完善。

（1）大上海都市计划

抗日战争胜利后，上海市政府于1945年9月复员，秩序初定，百废待举，为适应战后重建和复兴，上海市政府责成工务局筹办都市计划工作。1946年3月，都市计划小组成立，认为国家政策和区域计划是都市计划之先决条件："都市计划，应以国策为皈依……然而国策与都市计划之间，应有区域计划为之联系，方得一气呵成，完成整个国家发展之程序，是以欧美各国，莫不先有国家计划，及区域规划，然后以都市计划为国家计划发展之单位，意在此也。" [1] 鉴于国家计划及区域计划尚未经政府明令公布，只能先编制包括本市附近区域的总图、土地使用及交通系统总图。此后3个月中，发挥当时一些从欧美留学回来的建筑师、工程师的才智，采用了"区域规划""有机疏散"和"快速干道"等新的城市规划理论，拟成《大上海区域计划总图初稿》，及《上海市土地使用总图初稿》《上海市干路系统总图初稿》 [2]。规划认为，都市计划应该从区域计划入手，而区域之发展又以区内各单位之密切联系及有机发展为前提，因此区域内各城市单位，最少应在交通系统、土地使用及土地经济之种种计划上，有一共同之政策，对于区域发展的方针，步骤一致，默契和谐；并对区划之机构提出两个建议方案：一是根据本市将来发展之需要，请中央将附近区域划为本市扩充范围；二是在中央指导下，设一区域计划机构，其管辖地区，包括区域总图之全部面积在内 [3]。

1946年8月，上海都市计划委员会正式成立 [4]；同年12月，编印《大上海都市计划总图草案报告书》。此后，集中力量，本着"理想与事实兼顾""全局着眼小处着手"的原则，都市计划由总图（Mater Plan）而分图（Detail Plan），由整体而个别，计划范围以行政院核定的市界为限，即包括14个行政区，面积893km^2。1947年5月，《大上海都市计划总图草案报告书》二稿及报告书经都市计划委员会秘书处设计组制定完成 [5]。1949年5月27日，上海解放；6月6日，《上海市都市计划总图三稿初期草案说明》及总图完成。1950年7月，上海市人民政府工务局为保存上海市都市计划三稿资料，特予刊印，供后人参考（图2-23、图2-24）。

---

[1]　上海市都市计划委员会. 大上海都市计划总图草案报告书 [R]. 1946-12: 1.

[2]　主其事者为著名建筑师、建筑师学会理事长陆谦受，城市规划专家、圣约翰大学教授鲍立克，及工务局延聘的建筑师工程师六人。

[3]　上海市都市计划委员会. 大上海都市计划总图草案报告书 [R]. 1946-12: 13.

[4]　市长吴国桢兼任主任委员，工务局局长赵祖康兼任执行秘书。

[5]　上海市都市计划委员会. 大上海都市计划总图草案报告书（二稿）[R]. 1948-02.

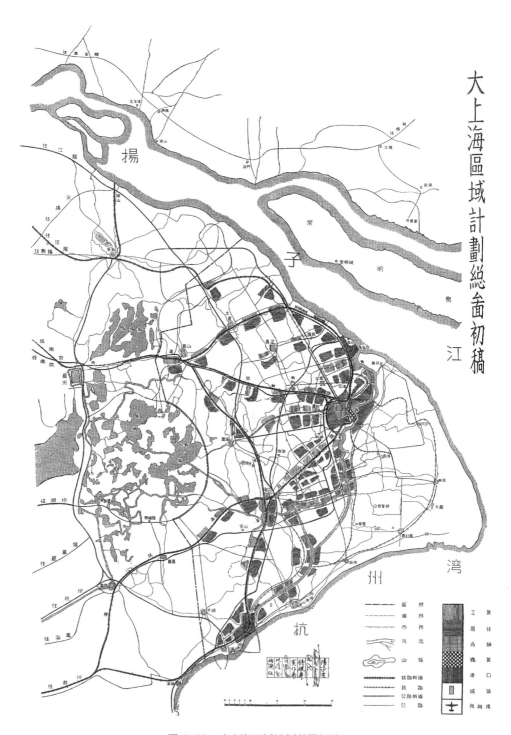

图 2-23　大上海区域计划总图初稿

计划中的大上海区域在全国经济地理上具有重要地位，在地域上属于长江三角洲的一部分，包括江苏之南、浙江之东，其界线为北面及东面均沿长江口，南达滨海，西面从横泾向南行经昆山及滨湖地带而至乍浦，面积总计 6538km²。

资料来源：上海市都市计划委员会．大上海都市计划总图草案报告书 [R]. 1946-12.

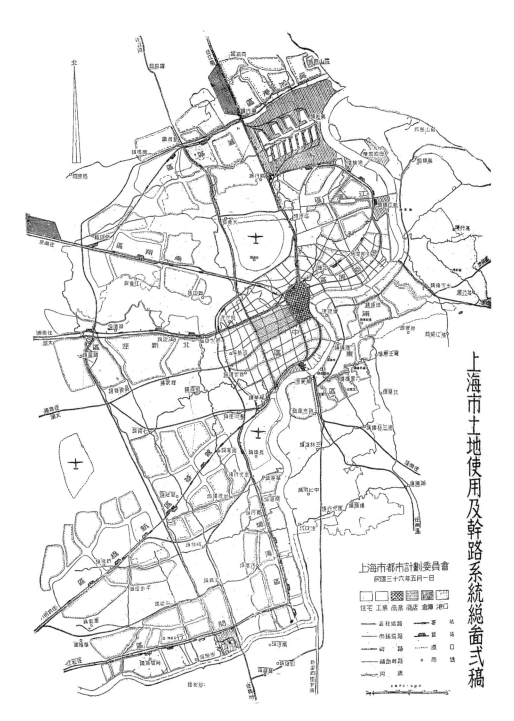

图 2-24　上海市土地使用及干路系统总图二稿

资料来源：上海市都市计划委员会. 大上海都市计划总图草案报告书（二稿）[R]. 1948–02.

（2）武汉区域规划

1945年7月，在抗战胜利在望之际，湖北省政府要求成立"市政小组"，由省政府顾问朱皆平主持研讨。在日本投降之前，小组举行了四次会议，主张成立武汉区域规划机构。1945年11月，省政府公布《武汉区域规划委员会组织规程》，由湖北省主席王东原组织成立"武汉区域规划委员会"，下设市内交通小组、卫生建设小组、防洪水利小组等若干专业小组。1945年12月，武汉区域规划委员会完成"武汉区域规划实施纲要"；1946年4月，完成"武汉区域规划初步研究报告"❶，都是战后重要的城市区域规划实践。

武汉区域规划委员会将武汉区域规划范围分为下列三个范畴：

（1）"武汉区域"，包括武昌、汉阳、黄陂、黄冈、鄂城、大冶、嘉鱼、沔阳等8县之沿江沿湖地带，面积约15000km²，人口约500万，1000人以上的小市镇计120个，以防洪为其主要工作对象，以水陆交通联运系统辅之。

（2）"大武汉市区"，纵横60km，人口约250万，1000人以上的小市镇计30个，以市镇建设为其主要对象，使各小市镇均能作有计划的发展，以为主城之卫星城，藉以疏散主城之人口，以免过度人口集中所发生之弊害。

（3）"武汉中心区"，为武昌、汉阳、汉口三镇之建成区，东西7.5km，南北10km，人口120万，以交通建设使三镇构成一体为其主要工作对象。其外围圈以2—5km纵深之"绿色地带"，以防止市中心区之无限制扩大（图2-25）。

武汉区域规划之步骤分为"测量—研究—设计—规划"四点：①测量，调查（区域综合测量）—搜集资料，以为研究、设计、规划之根据；②研究，应用现代科学与技术，分析研究各种资料；③设计，就分析之结果，作各种设计；④规划，以综合的眼光，合理地制成可以分期实施之具体方案❷。对比二十多年前张謇提出的"测绘—规划—建设"程序，增加了应用现代科学与技术进行分析研究的内容。

1946年由于省政府改组，武汉区域规划委员会几乎陷于停顿。省政当局站在财政的观点上认为，武汉区域规划工作完全属于"不急之务"，便以经费理由抹煞了它的活动❷。不过，这并不能抹煞武汉区域规划的独特地位：将规划范围从城区扩大到区域，使用当时国内很少知晓的"区域规划"名称❸，仿效美国TVA之前例，成立"武汉区域规划发展局"（WRA）❷等，这些都是"武汉近代城市规划史上的最强音，构

---

❶ 朱皆平.武汉区域规划初步研究报告 [M].武汉：湖北省政府武汉区域规划委员会，1946.

❷ 米展成.武汉区域规划报告 [J].市政评论，1946，8（10）：10-12.

❸ 朱皆平将 city planning、regional planning 翻译为"城市规划""区域规划"，中国其他地区大部分沿用日本词汇都市计划、地方计划。

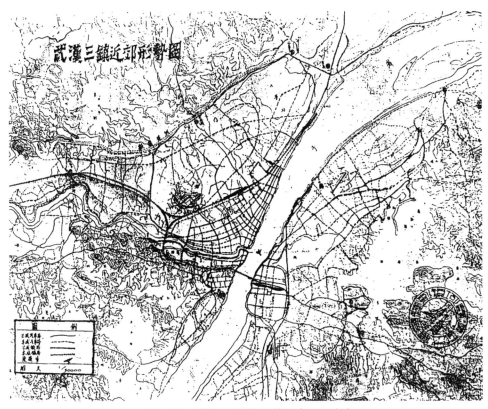

图 2-25　武汉三镇近郊形势图（1945 年）

虽然当时所谓的武汉区域规划与现在的武汉总体规划差不多，但是在三镇分治的行政体制下，首先进行武汉区域的整体规划，在当时确属创举，是当时中国重要的城市区域规划实践，对以后武汉的规划活动有重要的影响。

资料来源：李百浩，郭建，陈维哲. 近代中国人城市规划范型的历史研究（1860—1949）[M]// 贾珺. 建筑史：第 22 辑. 北京：清华大学出版社，2006：234.

成了武汉现代城市规划的基础"❶，同时在中国近现代城市与区域规划史上，也具有积极的开创意义。

2.6.5　共产党力量与政策重点的空间转移

1945 年抗战胜利后，中国又陷入"联合政府"与"一党训政"之争❷，前述战后重建计划一直没有实施的外部环境，中国区域之规划发展乏善可陈。不过，其中的一些军事战略，却含有丰富的区域思想。

1945 年 8 月 13 日，毛泽东发表《抗日战争胜利后的时局和我们的方针》的讲演。12 月 28 日，中共中央发出《建立巩固的东北根据地》的指示，率先进占东北，将华北解放区和东北连成一片，改变了共产党长期被分割包围的局面，取得了主动权

❶ 李玉堂，李百浩. 鲍鼎与武汉近现代城市规划 [J]. 华中建筑，2000，18（2）：128.

❷ 邓野. 联合政府与一党训政：1944—1946 年间国共政争 [M]. 北京：社会科学文献出版社，2003.

以及对国民党的优势。从关内到关外，这是共产党的力量和政策重点在空间上的第四次战略转移。1948—1949年，共产党经过辽沈、平津、淮海三大战役的胜利，奠定了统一全国的基础。

1949年3月，中国共产党在河北省西柏坡村召开七届二中全会，勾画国家建设蓝图❶。毛泽东在报告中指出："从现在起，开始了城市到乡村并由城市领导乡村的时期。党的工作重心由乡村转移到了城市。"❷在新的形势下，中国共产党改变了过去农村包围城市的战略，采取城乡兼顾、努力去学会管理城市和建设城市的方针，这是共产党力量和政策重点在空间上的第五次战略转移，开辟了社会主义现代化建设的新阶段，区域规划发展也进入新的历史时期。

2.7 中国近代区域规划发展的特征

2.7.1 区域规划服从救国、建国需要

中国近代区域规划是在半殖民地半封建的社会环境中进行的，外有列强的压迫、干扰和破坏，内受封建主义的重重阻挠、束缚与撞击，如何摆脱资本帝国主义和封建专制主义的统治，如何实现农业国转变为工业国，这是近代中国经济社会发展中的两大难题。正如江泽民在中共十五大报告中说："鸦片战争以后，中国成为半殖民地半封建国家。中华民族面对着两大历史任务：一个是求得民族独立和人民解放；一个是实现国家繁荣富强和人们共同富裕。"❸这两大任务相互联结，极为艰巨，也是近代中国区域规划的时代任务。

换言之，在近代特定的历史条件下进行的区域规划，同时也是特殊的救国、建国活动形式。例如，张謇领导的南通及苏北沿海地区现代化实践就是"实业救国"的体现，孙中山的"实业计划"本身就是《建国方略》的重要组成部分，此后对"实业计划"的研究与实施也一直是建国过程中的指针；抗战前的国民政府南京"首都计划"是建国的关键环节，抗战中建立后方经济基地、开展西南西北路网建设更是抗战与建国并举的重要举措；建立苏维埃运动根据地是中国共产党直接领导的建国与治国的第一次预演，建立敌后抗日根据地也是共产党领导的新民主主义早期实践；乡村建设运动是"以农立国"基础上自下而上的"民族再造"或"民族自救"运动，等等，概莫能外。

---

❶ 薄一波.若干重大决策与事件的回顾[M].北京：中共中央党校出版社，1991.

❷ 毛泽东.在中国共产党第七届中央委员会第二次全体会议上的报告[M]//毛泽东选集（第四卷）.北京：人民出版社，1968：1316-1317.

❸ 江泽民.高举邓小平理论伟大旗帜，把建设有中国特色社会主义事业全面推向二十一世纪[M]//江泽民文选（第二卷）.北京：人民出版社，2006：2.

2.7.2 区域规划围绕实业建设而展开

"鸦片战争"以后，中国主张学习西方的思想逐步盛行。洋务运动时期，学习西方、发展经济的思想可以用"振兴商务"来代表。到了19世纪90年代，有人已经意识到西方发展经济的中心在工而不在商，甲午中日战争后，民族危机加深，国人进一步觉醒，在"实业救国"浪潮下，以工业化为主体的经济现代化有了长足发展。张謇从微观角度积极创办实业，发展地方，这是张謇区域规划思想与实践的核心和特色所在❶；孙中山认为只有振兴实业才能振兴中华，发展工业革命为救国之道，他所著述的"实业计划"主要是从宏观的、战略的高度筹划实业（特别是交通运输业，然后是农业、矿业及工业），借助实业发展，建立全国国土开发的基本框架，将中国逐步引向全面的现代化。

北伐成功，"训政"肇始，举国人士莫不知实业建设之不可缓，1927—1937年间出现经济增长浪潮。1931年九一八事变后，更需要发展实业支撑国防事业，发动了国民经济建设运动。抗日战争时期，国难当头，要巩固国防，使中国免于亡国灭族的噩运，不得不迅速发展实业，据守内地，徐图恢复，这也是区域规划与发展的核心内容。

2.7.3 重视区域规划与测绘、调查的关系

认识到实业建设之重要，但是如何开展实业建设？这是一个从无计划（规划）到有计划（规划）的过程；在如何科学地开展规划上，人们逐步认识到区域规划离不开科学调查与研究的支持。发展地看，大致上在清朝末年时期中国有建设而无计划，民国以来有计划而测量调查研究不力。正如翁文灏所指出的：

中国在前清末年的建设事业，差不多都是毫无计划，贸然实行，所以用力虽大而成效甚微，甚至还引起许多危险，民国以来方始有些测量调查研究的工作，但仍未尽得实用，或者因为不能一贯进行，所以成绩大半损失❷。

针对民国时期空言建设，空谈计划，不问实际情况，草率计划，屡立屡变的弊政，翁文灏专著《建设与计划》一文，强调"建设必先有计划，计划又必须有实在的根据，不能凭空设想，也不能全抄外国成法"，"七年之病必求三年之艾"，"五年建设必须先有五年的测量、调查和研究"❸，"本来要计划一个庞大复杂像中国的国家绝非易事，做一个切实可行的总体计划比径直办一两件部分的事业还要困难几倍"。

---

❶ 武廷海. 简论张謇的区域思想 [J]. 城市规划，2006，30（4）：17-22+28.

❷ 翁文灏. 建设与计划 [J]. 独立评论，1932，（5）：8-12. 转引自：中国国民党革命委员会中央宣传部. 翁文灏论经济建设 [M]. 北京：团结出版社，1989：45.

❸ 翁文灏. 建设与计划 [J]. 独立评论，1932，（5）：8-12. 转引自：中国国民党革命委员会中央宣传部. 翁文灏论经济建设 [M]. 北京：团结出版社，1989：45.

"自从俄国五年计划传遍，一时中国的经济计划也是风起云涌。但是中国经济背景及自然富源从来没有调查清楚……大多数的计划都是纸上空文，聊以快意，决不足称真正计划。"❶ 这些论述在新的时代背景下生动地展示了"调查研究—规划—建设"的关系，特别是调查研究对规划决策与建设的重要性。

在近代中国科学技术条件还十分落后的条件下，无论张謇的"测绘—规划—建设"、孙中山的"规划设想—调研—建设"，抑或翁文灏的"调查研究—规划—建设"、武汉区域规划的"测量—研究—设计—规划"，无不体现出中国近代区域规划发展中有明显的科学追求。毋庸讳言，这对我们认识中华人民共和国成立后"大跃进"时期的"快速设计"，以及当前一些所谓的"概念性"或"战略性"规划中忽视调查研究的做法，仍然具有积极的借鉴意义。

2.7.4 规划进步与社会现实之间存在巨大矛盾

近代中国兵连祸结，社会长期动荡，区域规划进步的希望屡屡受挫，只能在被动的社会现实和局面中艰难地寻求主动。

1840 年鸦片战争之后，由于国家不独立，经济发展水平低，近代中国区域规划的理论和实践都很难有大的进展。即使张謇在南通及沿海地区开发的模范实践，也只能是局部的、零星的；即使"实业计划"这样宏伟的规划设想，也无实行的可能，中国现代区域规划一直处于襁褓之中。

1927—1937 年，中国政局的相对稳定使社会发展有了一定的基础，一些西方规划工作者包括建筑师与工程师，应邀参加中国政府主持的规划工作，中国也主动向西方学习先进的规划理论，中国近代城市与区域规划有所发展。例如 1929 年南京"首都计划"提出"本诸欧美科学之原则"，"保存吾国美术之优点"，批判地借鉴了欧美模式，在规划理论及方法上开中国现代城市规划实践之先河。1924 年 7 月，国际城乡规划与田园城市联盟（International Federation for Town and Country Planning and Garden Cities，IF）在阿姆斯特丹举行第 8 次规划会议，来自 28 个国家的 500 名代表出席，包括当时规划界最有影响的昂温（Raymond Unwin，英国田园城市倡导者）、阿伯克隆比（Patrick Abercrombie，利物浦大学城市设计系教授）、亚当斯（Thomas Adams，纽约规划主持人）、舒马赫（Fritz Schumacher，汉堡地表建筑委员会主席），以及珀当（C. P. Purdom，Welwyn 花园城的财政主管），会议主要讨论区域规划的技术与管理问题，他们将大城市集中规划与小城市分散规划综合为区域规划，制定了大城市区域规划的 7 条原则。在 1937 年，王克即在《市

---

❶ 翁文灏. 经济建设与技术合作 [J]. 独立评论，1933，63：6–10. 转引自：中国国民党革命委员会中央宣传部. 翁文灏论经济建设 [M]. 北京：团结出版社，1989：72.

政评论》杂志上以《都市计划之现趋势——地方计划（Regional Planning）》❶为题，首次将区域规划在中国作了介绍。最近有学者评价，这次会议透露了新的规划途径："将科学方法与区域规划融合到福特制与未来的乌托邦理想，形成一种'功能主义'"❷。

在战后重建规划与设想中，规划人员多有留学欧美的经历，对于欧美规划理论与实践有着深入而详尽的了解，如朱皆平主持武汉区域规划，1945年8月梁思成在《大公报》介绍沙里宁（Eliel Saarinen）的"有机疏散"（Organic Decentralization）理论❸；加之外国专家直接参与指导一些规划工作，如1946年戈登（Lt. N. Gordon）发表"区域计划"的演讲，具体涉及区域定义等❹，可以说中国区域规划的理论水平与国际相比并没有很大的滞后。然而，由于社会动荡，可能带来区域规划长足发展的进程中断了，诸多规划停于设想，不能落实。

总体看来，近代区域规划历程充满曲折性与被动性，这也从一个侧面启示我们，中国区域规划与国家发展与建设的大背景紧密联系在一起，中国区域规划之大发展特别是付诸现代化实践，是在中华人民共和国成立后大规模的社会主义建设时期。

❶ 王克. 都市计划之现趋势——地方计划（Regional Planning）[J]. 市政评论，1937，5（6）：21-22. 当时将 regional planning（区域规划）译为"地方计划"，可能是受日本的影响。

❷ WOLFFRAM D J. Town planning in the Netherlands and its administrative framework，1900—1950 [M]// HEYEN E V. Jahrbuch für Europaische Verwaltungsgeschichte. Baden-Baden，2003：199-217.

❸ 梁思成. 梁思成文集（四）[M]. 北京：中国建筑工业出版社，1986：360-364.

❹ 戈登中尉. 区域计划（Regional Planning）[J]. 市政评论，1946，8（9）：10-12. 据《陪都十年建设计划草案》序（重庆，1946-04-21），Norman J. Gorden 是内政部建设与规划司（the Department of Construction and Planning of the Minister of Interier）哈雄文的城市规划顾问。

第 3 章

探索社会主义道路
进程中的区域规划实践

第3章
探索社会主义道路进程中的区域规划实践

从 1949 年 10 月中华人民共和国成立到 1978 年 12 月中共十一届三中全会召开的 29 年时间里，中国基本完成了社会主义改造，并转入大规模的社会主义建设，实行社会主义计划经济体制。在此过程中，区域规划作为国民经济长期计划的具体化与补充，其发展也历经周折，总体上看，可以分为两个发展阶段：

第一阶段（1949—1960 年）：中国迅速恢复国民经济并仿效苏联模式，开展有计划的经济建设，通过内部积累，推行优先发展重工业的高速工业化战略，这是中国历史上迅速进步的时期。区域规划作为国民经济计划的延续与补充，其发展也出现一个高潮：从 1953 年开始，集中主要力量进行以苏联援助的"156"项重点工程为中心的"联合选厂"与重点城市规划工作；1956—1957 年，为了迎接第二个和第三个五年计划期间大规模的城镇与生产力合理布局，要求"迅速开展区域规划"，并开展第一批区域规划工作试点；1958 年，中国开始探索适合国情的社会主义建设道路，"大跃进"的客观形势要求广泛开展区域规划工作，第二批区域规划试点应运而生，规划从过去较小范围内以工业与城镇居民点为主要内容，扩大到以省内经济区（或地区）为区域范围的整个经济建设的总体规划。

第二阶段（1961—1978 年）：随着国民经济出现暂时困难，各地的区域规划工作也随之取消。20 世纪 60 年代中期以后，为加强备战，改变当时生产力布局不合理状况，迅速进行以国防工业为中心的"三线建设"，加之"文化大革命"的严重干扰与破坏，在发展全局上背离现代化方向，区域规划工作也完全陷于停顿状态，最后又艰难地复苏。

3.1 三年经济恢复奠定发展基础（1949—1952年）

中国原是一个经济落后的半殖民地半封建国家，经过频繁的残酷战争，经济发展更是受到严重的破坏：农业生产大约减少了 25%，轻工业生产大约减少了 30%，重工业生产大约减少了 70%，人民生活降低到了可怕的水平 ❶。

1949 年中华人民共和国成立后，百废待兴，百业待举。在中国共产党的领导下，紧紧抓住恢复和发展生产，作为一切工作的中心。虽然 1950 年爆发了"抗美援朝"战争，中央及时制定了"边打、边稳、边建"的方针，于 1949—1952 年间迅速实现了经济恢复。由于国家财政困难，经济建设采取重点进行和有计划推进的方针，从空间发展上看，投资主要集中在治理淮河、黄河，修建西南、西北铁路和公路，以及恢复东北地区的重工业与中原地区农业生产等方面。在此期间，尽管还没有专门的区域规划出现，但是不乏一些区域性的规划与决策工作。

3.1.1 面向全流域综合规划的治水事业艰难起步

古训"治国必先治水"，中华人民共和国成立后，首先面临的最严重的自然灾害就是江河水患。为此，各级水利部门和流域机构在进行江河流域各项基础工作的同时，针对当时一些江河最迫切的防洪问题，制定了纲领性的规划或计划，以指导当时最迫切的工程建设。

1949—1952 年间，国家对全国约 42000km 堤防绝大部分进行了培修。对一些水灾比较严重的河流，如淮河，华东的沂河、沭河，华北的永定河、大清河、潮白河等，在前人研究的基础上，提出了全河治理方案，开始进行全流域的根本治理。长江、黄河这些特别巨大的河流，因为治本工程不是短期所能完成，所以举办了临时性的有效的防御措施，以解除异常洪水的威胁 ❷。其中，淮河水利工程和荆江分洪工程，无论其规模还是进度都世所罕见。

总体看来，这一时期中国水利事业的发展首先是为农业的恢复和发展服务，特别是中原地区，然而在短短的三年时间内，中国实现了治水方向的重大转变，即"从局部治理转向于全流域的开发，从消极的除害转向于积极的兴利，从防御洪水转向于控制和利用洪水，特别是由于大量的水库的修建，对水的利用已趋向于多目标的开发，在农田灌溉以外还做了一些水力发电和改进航运的事业。" ❸

---

❶ 薛暮桥. 三年来中国经济战线上的伟大胜利 [J]. 学习，1952（7）.

❷ 傅作义. 三年来我国水利建设的伟大成就 [N]. 人民日报，1952-09-26（2）.

❸ 傅作义. 三年来我国水利建设的伟大成就 [N]. 人民日报，1952-09-26（2）.

3.1.2 修建西南、西北铁路和公路

像中国这样幅员辽阔的国家，如果没有效率良好的铁路运输，把工业区和广大农业区联成一个完整的经济体系，要发展经济是不可能的。中华人民共和国成立后，原军委铁道部改组为中央人民政府铁道部，接管新解放的铁路，进行民主改革，抢修、抢通全国铁路，支持解放战争和恢复国民经济。到 1949 年底，全国铁路营业里程共达 21810km。

三年经济恢复期间，人民铁道基本上完成了恢复与改造及新线建设工作。一方面，国家以大量投资改善原有的线路，要求铁路提高效率，适应恢复与发展国民经济的总任务。全国对战时临时修复通车的线路、桥梁、隧道，特别是京汉、粤汉两大干线，进行了大规模的修复工程。津浦铁路淮河大桥、京汉铁路黄河大桥相继得到修复。另一方面，为了发展经济，开发内地资源，中央人民政府自 1950 年下半年起以大量投资修筑新路。一些主要干线和关键区段相继开工，并且部分竣工通车。新线建设上，截至 1952 年 8 月，两年内共修筑铁路 1255km，大大有利于西南、西北的经济繁荣。其中，成渝路全长 505km，于 1950 年 6 月 15 日动工修筑，经过短短两年，便全线通车 ❶。

3.1.3 恢复东北地区的重工业

东北地区重工业基础较好，为了充分利用原有基础，加快建设速度，中华人民共和国成立后，东北成为新建工业的重点地区。1950—1952 年，苏联援建的"156"项目开工的有 17 项，其中 13 项就安排在以辽宁为中心的东北地区，包括煤炭、电力、钢铁、铝冶炼、机械等多个方面。

总体看来，经过三年的艰苦努力，国民经济已经得到了迅速恢复和初步发展。1952 年比 1949 年，我国工业生产总产值增长了 145%，农业生产总产值增长了48.5%，为全国进行大规模经济建设奠定了基础。

3.2 区域规划的迅速开展（1953—1960 年）

在基本完成各项社会改革和国民经济恢复后，为把我国从落后的农业国变成先进的工业国，由新民主主义国家转变到社会主义国家，进行社会主义改造和建设的任务就迫切地提到了全党和全国人民的面前 ❷。1953 年，党中央提出了过渡时期的总路线："要在一个相当长的时期内，逐步实现国家的社会主义工业化，并逐步实现

---

❶ 滕代远.三年来人民铁道的成就 [N]. 人民日报，1952-09-30（3）.

❷ 根据中国共产党七届二中全会提出的使中国"由农业国转变为工业国，由新民主主义社会发展到社会主义社会"的基本方向，在新民主主义社会各项基本任务逐步实现以后，就面临着一个向社会主义社会过渡的问题。

国家对农业、对手工业和对资本主义工商业的社会主义改造。"经济建设工作在整个国家生活中已经居于首要地位，全党和全国人民把注意力转移到了社会主义工业化的任务上。自 1953 年起，中国进入了第一个五年计划时期（简称"一五"计划，1953—1957 年），第一次由国家组织有计划的大规模经济建设。1949 年后我国的区域规划工作，也随着大规模基本建设的准备与进行展开了。

3.2.1　工业布局与城市规划结合，奠定区域规划基础

"一五"时期，国家的基本任务的第一项是集中主要力量，进行苏联援助的"156"项工程为中心的工业建设❶，加上国内自行设计建设的项目，共计 694 项限额以上（投资在 1000 万元以上）重点工程，建立我国的社会主义工业化的初步基础。

"一五"计划拟建的重点项目，最初是由各个项目的主管部门分别进行选厂定点，但是在工作中发现，在用地、用水、用电、交通等基础设施方面彼此之间有许多矛盾，不好解决，或者重复建设增加投资，很不经济；或者要拖延建设进度，造成不应有的损失。于是，国家计划委员会和国家建设委员会统一组织选厂工作组，吸收各有关工业部门和铁道、卫生、水利、电力、公安、文化、城建等部门参加，进行"联合选厂"。这样，各方面的矛盾能够及时解决，考虑问题比较全面，选厂的进度比较快，规划工作也可以比较顺利地进行❷。这种"从研究区域发展来安排工业厂址"❸的方式，也为以后工业布局与城市规划进一步结合，开展区域规划奠定了基础。1954 年 8 月，国家计委就城市建设问题向中央的报告中建议："及早开始'区域规划'的研究工作。原则上，在城市规划之前，应先编制区域规划"❹；同年，曹言行在中央科学讲座讲演中提出，"国民经济长期计划的进一步工作，便进入具体的布置阶段。这一阶段的工作，应该是以区域规划开始的。因为无论厂址的选择和确定以及城市规划的确定，都是要以区域规划为依据的。"❺ 这里所说的区域规划，实际上就是学习苏联模式，结合大中型重点工业项目与城市规划，在较大的地域范围内以发展经济为主要目的的规划（图 3–1）。

到 1954 年，重点工程的厂址多数已经确定，在厂址选择的基础上，国家计委先后批准了"一五"计划 694 项建设项目的厂址方案。这些重点项目大体上分布在

---

❶ 据薄一波回忆，苏联援助项目最后确定的为 154 项，因为计划公布 156 项在先，所以仍然称"156 项工程"；"156 项工程"，实际进行施工的为 150 项，其中在"一五"期间施工的有 146 项。见：薄一波.若干重大决策与事件的回顾 [M]. 北京：中共中央党校出版社，1991：297.

❷ 万里.在城市建设工作会议上的报告 [M]// 万里论城市建设.北京：中国城市出版社，1995：50.

❸ 赵士修.我国城市规划两个"春天"的回忆 [M]// 中国城市规划学会.五十年回眸——新中国的城市规划.北京：商务印书馆，1999：20.

❹ 赵锡清.我国城市规划工作三十年简记（1949—1982）[J].城市规划，1981（1）：43.

❺ 曹言行.城市建设与国家工业化 [M].北京：中华全国科学技术普及协会，1954：7.

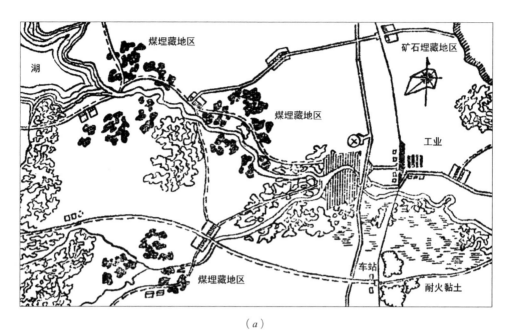

（*a*）

（*b*）

图 3-1　区域规划图

（*a*）区内生产力资源的配置；（*b*）区的设计（合理利用各种自然要素）

根据苏联的经验，区域规划的范围可能是相当大的，通常在 1000km² 左右，有的达到 1600km²。这里所谓的"区域"，不是行政上的区域，而是一个经济的综合体。

资料来源：曹言行.城市建设与国家工业化 [M].北京：中华全国科学技术普及协会，1954.

91 个城市、116 个工人镇，其中 65% 的项目分布在京广铁路以西的 45 个城市和 61
个工人镇，35% 的项目分布在京广铁路以东及东北地区的 46 个城市和 55 个工人镇。
1955 年，国家的重点建设项目陆续开工（图 3-2）。这些大项目的建成初步奠定了中

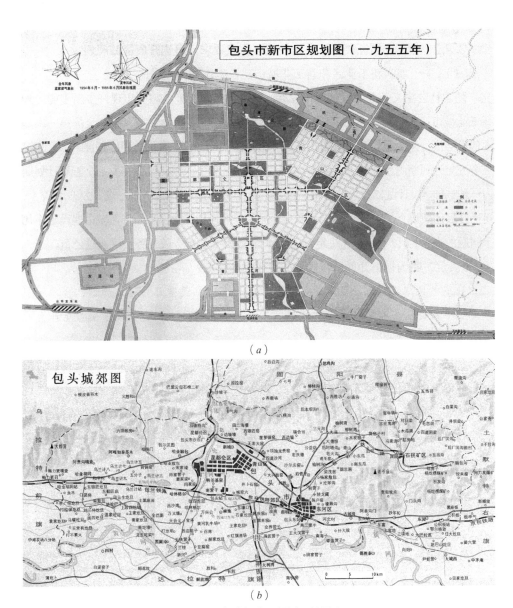

（a）

（b）

图 3-2　包头新市区规划及其影响

（a）包头市新市区规划图（1955 年）；（b）包头城市空间形态（20 世纪 90 年代）

"一五"计划期间，全国 156 项重点工程中有五项大型工业项目建在包头。主体骨干工业厂址布局确定后，
建筑工程部、城建总局直接领导编制新建市区的城市规划方案。1955 年 8 月国家计委孔祥桢副主任和国
家城建总局万里局长率工作组到包头，组织国家计委、国家建委、重工业部、公安部、卫生部、水利部
以及苏联技术人员和自治区、包头有关部门进行了实地勘查、论证。1955 年包头市新市区总体规划获得
中共中央批准。半个世纪来，一城三点式的带状布局为后来包头城市的建设发展发挥了重要指导作用。

　资料来源：中国城市规划设计研究院，包头市城市规划局 . 包头市城市总体规划（2005—2020 年）[R].
　　2006；中国城市地图集编辑委员会 . 中国城市地图集 [M]. 北京：中国地图出版社，1994.

国工业化的基础,开始改变中国区域经济发展不平衡的格局。整个"一五"计划时期,中国重点建设基建周期比较短,投资效果比较好,综合效益比较高,一个重要原因就是基建前期工作与城市规划、区域研究的紧密结合,真正做到了重点项目与城市发展、区域发展统一规划,这也为后来中国大规模的区域规划实践的开展积累了经验。

3.2.2 合理布置新建的工业企业和居民点要求"迅速开展区域规划"

（1）《关于加强新工业区和新工业城市建设工作几个问题的决定》

随着社会主义工业建设的迅速发展,在中国广大土地上将要出现许多新工业区和新工业城市。1956年2月22日至3月4日,国家建设委员会在北京召开全国第一次基本建设会议,建委主任薄一波在2月22日的报告中指出:"为了合理地布置第二个和第三个五年计划期内新建的工业企业、新建工业城市和工人镇,改变在第一个五年计划期内厂址选择、设计基础材料的搜集、城市规划及城市建设的被动局面,必须从现在着手,迅速开展区域规划的工作。"❶会议拟定了《关于加强新工业区和新工业城市建设工作几个问题的决定》（以下简称《决定》）稿,同年5月8日国务院常务会议通过公布。

《决定》明确指出开展区域规划的重要性与任务:

社会主义建设,要求正确地配置国家的生产力。迅速开展区域规划,合理地布置第二个和第三个五年计划期内新建的工业企业和居民点,是正确地配置生产力的一个重要步骤。

区域规划就是在将要开辟成为若干新工业区和将要建设新工业城市的地区,根据当地的自然条件、经济条件和国民经济的长远发展计划,对工业、动力、交通运输、邮电设施、水利、农业、林业、居民点、建筑基地等基本建设和各项工程设施,进行全面规划;使一定区域内国民经济的各个组成部分之间和各个工业企业之间有良好的协作配合,居民点的布置更加合理,各项工程的建设更有秩序,以保证新工业区和新工业城市建设的顺利开展。

《决定》确定首先开展区域规划的10个地区:

区域规划工作的步骤,应该是普遍准备,重点进行。根据我国工业建设的情况,应该从1956年开始进行以下10个地区的区域规划,即包头—呼和浩特地区,西安—宝鸡地区,兰州地区,西宁地区,张掖—玉门地区,三门峡地区,襄樊地区,湘中地区,成都地区和昆明地区。

《决定》还提出开展区域规划的组织要求:

为了使区域规划能够有计划有组织地进行,国家建设委员会应该会同国家计划

---

❶ 薄一波.为提前和超额完成第一个五年计划的基本建设任务而努力[J].建设月刊,1956,（1）.转引自:建筑工程部城市建设局.区域规划文集（第一集）[M].北京:建筑工程部,1959:17.

委员会、国家经济委员会和城市建设部在 1956 年内提出进行区域规划的具体办法。国家计划委员会应该及早提出第二个、第三个五年计划工业建设项目分布的资料，作为区域规划的根据。

各省（市）、自治区人民委员会应该负责领导所属地区的区域规划工作，并且负责解决工作中的协作问题。❶

与《决定》的精神相一致，国家建设委员会做出具体部署，1956 年 4 月设立了区域规划局，主管区域规划工作。在和有关部门商讨之后，1956 年 7 月下旬，国家建委发出《关于 1956 年开展区域规划工作的计划（草案）》和《区域规划编制暂行办法（草案）》。《办法》重申了区域规划的任务，指出应当开展区域规划的地区主要有三种：①综合发展工业的地区，即利用当地丰富的原料资源和动力资源，或者利用有利的地理条件和交通条件，布置各种不同性质的、互相联系的大批工业企业的地区；②修建大型水电站，并且以水电站为中心布置大量用电的工业企业和其他工业企业的地区；③重要的矿山地区，除采矿企业和城镇外，还有矿物加工企业，大型电站以及为采矿企业服务的其他工业企业等。《办法》还明确了区域规划拟解决的主要问题、编制过程与内容，以及区域规划的审批程序等。

（2）第一批区域规划工作试点

在 1956—1957 年，国家建委区域规划局组织计划、规划、交通等部门的有关人员，在地方党委和政府领导下，开始在茂名、个旧、兰州、湘中、包头、昆明、大冶、河西走廊等 8 个地区进行区域规划工作。这是中华人民共和国成立以后进行的第一批区域规划工作试点，在规划内容上以工业、交通和城镇居民点为主，对国民经济计划在生产力具体配置上与组织生产协作上起了一定的积极作用❷。

1957 年，国家建委区域规划局总结 1956 年下半年以来的区规划工作经验，包括区域规划工作的任务、技术经济根据、工作方式、工作阶段等几个问题❸。经验表明：区域规划所要解决的问题可以归纳为两个方面：第一，在一定的地区内，合理地布置工业。布置工业是区域规划任务的主体，一切问题都要围绕着布置工业这一中心问题来考虑；第二，解决同布置工业有关的供电、供排水、交通运输、城镇、建筑基地、农林等配合问题。显然，区域规划成为正确地配置国家生产力，保证社会主义工业化顺利进行的一个步骤。

---

❶ 中华人民共和国国家经济贸易委员会.中国工业五十年：第二部·社会主义工业化初步基础建立时期的工业——从新民主主义社会到社会主义社会过渡时期的工业（1953—1957）·上卷 [M].北京：中国经济出版社，2000：615-616.

❷ 建筑科学研究院区域规划与城市规划研究室.区域规划编制理论与方法的初步研究 [M].北京：建筑工程出版社，1958.

❸ 建筑工程部城市建设局.区域规划文集：第一集 [M].北京：建筑工程部，1959：28-36.

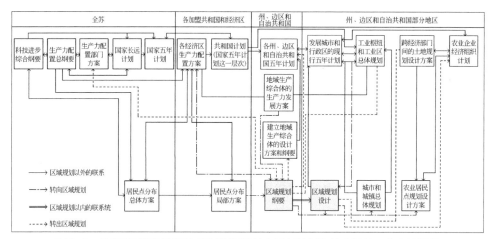

图 3-3　苏联区域规划纲要和区域规划设计在局部计划和基本设计工作中的地位

区域规划是对规定地区进行规划、科学论证和实际体现其合理的地域—经济布局的三位一体过程。区域规划纲要的任务是指分州、边区、自治共和国地区性经济布局的可能性；区域设计研究具体实现这种可能性的合理途径。区域设计的编制工作只是在区域规划纲要所研究的部分地段进行。

资料来源：（苏）B. B. 弗拉基米罗夫. 苏联区域规划设计手册 [M]. 王进益，韩振华，等译. 北京：科学出版社，1991：57.

　　1958 年 2 月，国家机构调整，国家建设委员会撤销后，原国家建委所主管的区域规划试点工作也中断了。

　　总体看来，"一五"期间中国学习苏联经验，开展区域规划工作，为以后城市和工业区的发展打下了良好的基础 ❶（图 3-3）。

苏联的区域规划（1918—1960 年）

　　苏联进行区域规划的时间很早。"十月革命"后不久，就根据列宁的指示，开展了以全苏联电力网分区为中心的经济区划工作。从 1928 年开始的第一个五年计划期间，随着大规模的经济建设，许多新工业地区和新工业中心开始形成，需要综合地规划地区工业、居民点、交通运输、动力和各种工程管线的建设，使得各个部门的建设紧密地结合起来。1933 年 7 月 27 日，苏联政府在第一个五年计划的基础上，公布了关于在苏联各城市和居民点编制区域规划及审批的法令，规定要在批准了的区域规划示意图的基础上进行各项建设。

　　根据政府颁布的法令，在卫国战争前，苏联曾经编制过三种类型的区域规划：①在顿巴斯煤矿区编制的工矿区区域规划；②在黑海的克力米亚半岛南岸进行了的疗养区区域规划；③特大城市（如列宁格勒、莫斯科、基辅和哈尔科夫等）的郊区规划。这些规划不仅对工业建设、居民点和工程管线的分布诸方面提出了具体的建议，同时奠定了适合于社会主义建设的区域规划方法和原理。

---

❶　胡序威. 中国城市和区域规划发展新趋势 [J]. 经济地理，1988，8（3）：161-165.

第二次世界大战后到20世纪60年代，随着国内经济的恢复与发展，建设项目不断增多，在全苏经济区划基础上，以及国民经济与社会发展长期计划指导下，苏联大范围地开展了区域规划工作。区域规划集中在解决有关经济部门或大型工业项目建设备用地的选择和新城镇的选址。1956年，苏联颁布了《工业区区域规划编制条例》。通过区域规划，"把国民经济计划预订配置在该经济区的具体项目的地点确定下来"，"为从国民经济计划向具体建筑设计过渡服务"。作为规划对象的"工业区"，范围多在3000—30000km² 之间，相当于州、边区、自治共和国下面的一部分，也有跨州（边区、自治共和国）的，经济上一般都是重点开发和大型项目建设地区。"在其范围内，以共同利用原料、燃料、劳动力等资源为基础，建立起若干在经济上相互联系、有相应的居民点系统以及地区工程设施与交通系统的工业综合体。"20世纪60年代以后，苏联区域规划开始新的阶段，规划集中在生产力综合布局、城镇居民点体系和区域生态系统的综合安排。

资料来源：苏联国家建委国家民用建筑委员会，中央城市建设科学设计院.工业区区域规划原理[M].中国科学院地理研究所，译.北京：中国建筑工业出版社，1979.

3.2.3 "大跃进"的客观形势要求广泛开展区域规划工作

中华人民共和国成立以来，中国社会主义经济建设工作基本照搬了苏联的办法，在当时的情况下，收到了积极的效果。但是，苏联的经验并非都适合中国。在社会主义改造完成后，中国开始探索适合国情的社会主义建设道路。1956年4月25日，毛泽东在中共中央政治局扩大会议上作《论十大关系》报告，指出"我们要学的是属于普遍原理的东西，并且学习一定要与中国实际相结合"，"特别值得注意的是，最近苏联方面暴露了他们在建设社会主义过程中的一些缺点和错误，他们走过的弯路，你还想走？"这表明，探索中国特色的社会主义建设道路的任务已经提了出来。

（1）"大跃进"的客观形势

1958年5月，中共第八届全国代表大会第二次会议确定了"鼓足干劲、力争上游、多快好省地建设社会主义"的总路线 ❶。1958年1月到1960年冬，社会主义经济建设道路步入"大跃进"的轨道。

总路线的基本点包括工业和农业同时并举、中央工业和地方工业同时并举、大型企业和中小型企业同时并举的方针。在"二五"计划的前三年（1958—1960年），全国各地基本建设大量上马，规模之大、来势之猛，前所未有。新形势要求各省市

---

❶ 1959年底至1960年初，毛泽东在读苏联《政治经济学（教科书）》的谈话中回顾说："这两年我们做了个大试验……苏联和中国都是社会主义国家，我们是不是可以搞得快点，是不是可以用更多更快更好更省的办法建设社会主义"，这里清楚地表明了"大跃进"的动机。

广泛开展区域规划，并赋予区域规划以新任务：①中央工业项目与地方工业项目必须统一安排，大中小型企业必须密切结合，在规划中加强协作，全面安排；②在一定的经济区域中，特别是在综合性的经济区的规划任务中，必须解决工业与农业生产发展的需要，使工农业相互支持；③对一个区域的经济资源，必须进行综合利用和合理分配，统一平衡中央与地方、大型与中小型企业所需的资源。

在"一五"时期，区域规划主要涉及几个中央项目较集中的新建地区，在做法上也仅是依靠中央的几个主管单位，而且规划的时间又太长，一个地区甚至要花半年时间，这种要求、做法和进度显然已经不能适应发展的需要了。与前一时期相比，区域规划在内容和区域范围上都有了一些新的变化，即由过去较小范围以工业与城镇居民点为主要内容，扩大到以省内经济区（或地区）为区域范围的经济建设总体规划，区域规划不仅在重点建设地区起着对建设的指导作用，而且在一般的地区内同样要起着对建设的指导作用。

（2）第二批区域规划试点

从1958年6月下旬开始到7月3日，建筑工程部在青岛市召开全国城市规划工作座谈会，讨论了城市建设工作如何适应全国"大跃进"的形势问题。会议十分重视和强调区域规划，刘秀峰部长在7月3日的总结报告中，主要讲了10个问题，其中第一个问题就是"关于如何从全面出发进行城市规划和建设问题"，讲话指出："进行城市规划和建设，决不能只从城市本身着眼，而必须从一个地区经济建设的总体规划着眼，从全面出发，在区域的总体规划的指导下进行城市规划"，"区域规划是一个地区范围以内整个经济建设的战略部署"❶。1959年5月，建筑工程部在所属的城市建设局新设区域规划处，负责研究和编纂区域规划的方法、经验与有关文件、资料，组织并协助地方编制区域规划。在城市设计院设立区域规划室，在建筑科学研究院设立区域规划与城市规划研究室，对有关规划理论进行探讨并指导实际工作。

1959年，工业企业比较集中的辽宁省提出要求，希望国家主管部门协助出面组织朝阳专员公署所管辖的地区（通称朝阳专区或朝阳地区）区域规划编制，并作为试点。朝阳地区自然资源比较丰富，发展前景良好，而当时工业企业较少，编制规划相对较容易。此次试点工作，由中共朝阳地委和朝阳地区专员公署统一领导，朝阳地区计划委员会和建设委员会具体组织，辽宁省和朝阳地区的计划、城建、工业、交通、水利、电力等有关部门以及建工部城建局等参加，历时约3—4个月。

为了进一步开展区域规划工作，提高区域规划工作的水平，以适应中国社会

---

❶ 刘秀峰.在城市规划工作座谈会上的总结报告[R].(1958-07-03).转引自：建筑工程部城市建设局.区域规划文集（第一集）[M].北京：建筑工程部，1959：19.

主义建设继续"大跃进"的需要，1960年1月中旬，建筑工程部城市规划局❶在朝阳召开有辽宁、吉林、黑龙江、河北、山西、内蒙古、山东等7个省（自治区）参加的"区域规划辽宁朝阳现场会议"，讨论与推广朝阳试点工作的组织领导、规划方法和区域规划中各专业规划编制的经验，并讨论新修订的《区域规划编制暂行办法（草案）》。

1960年夏，根据河南省和江苏省的要求，郑州地区和徐州地区又先后进行了区域规划试点。郑州地区的规划地域范围是郑州市及其所辖的新郑、密县、登封、巩县、荥阳5个县；徐州地区的规划地域范围是徐州地区专员公署所辖市县（大致包括现在徐州市和连云港市所辖市县）。

总体看来，由于客观形势发展的需要，1958年，全国计有贵州、河北、内蒙古、江西、安徽和吉林等11个省市、自治区进行了全省的或部分地区的区域规划；1959—1960年，在河北、山西、内蒙古、江苏、安徽、四川、贵州等省和自治区，共有39个地区编制了区域规划❷。其中，四川、贵州、河北、内蒙古四个省和自治区以划分省内经济区的方式，进行了全省、自治区范围的区域规划。

3.2.4 其他区域性规划工作

（1）大地园林化与人民公社规划

1958年8月，毛泽东在中共中央政治局北戴河会议上提出："要使我们祖国的山河全部绿化起来，要达到园林化，到处都很美丽，自然面貌要改变过来。"会议作出了关于在农村中建立人民公社的决议，明确提出要"实行大地园林化"。同年12月10日，中共八届六中全会通过《关于人民公社若干问题的决议》，指出：

人民公社是我国社会主义社会结构的工农商学兵相结合的基层单位，同时又是社会主义政权组织的基层单位。

从现在开始，摆在我国人民面前的任务是，经过人民公社这种社会组织形式，根据党所提出的社会主义建设的总路线，高速度地发展社会生产力，促进国家工业化、公社工业化、农业机械化电气化，逐步地使社会主义的集体所有制过渡到社会主义的全民所有制，从而使我国的社会主义经济全面地实现全民所有制，逐步地把我国建成为一个具有高度发展的现代工业、现代农业和现代科学文化的伟大的社会主义国家。

1959年3月，《人民日报》发表了有关社论和短评，提出"大地园林化是一个长远的奋斗目标"。

---

❶ 1959年10月，建工部城市建设局分为新的城市建设局与城市规划局，区域规划工作划归城市规划局主管。

❷ 张器先. 我国第二批区域规划试点工作追记 [M]// 中国城市规划学会. 五十年回眸——新中国的城市规划 [M]. 北京：商务印书馆，1999：51.

在某种程度上讲，大地园林化是具有中国特色的区域规划思想，具有积极的现实意义，对城市规划也产生一定的影响。例如1958年后，北京根据城市及区域发展需要，调整市界范围，扩展城市发展空间，贯彻"大地园林化"思想，奠定"分散集团式"的城市布局模式。吴洛山（1959）根据《关于人民公社若干问题的决议》的精神，提出人民公社规划应该生产"园田化"、居住布局"林园化"。县联社中心一般的布局应该是园林化的城市，县联社下的公社中心和一般居民点应布置为林园化的乡镇和村居民点❶。可惜，由于后来政治运动意识的影响，大地园林化的思想被曲解和淡忘了。

1960年10月，建工部在桂林召开第二次城市规划工作座谈会，提出"要在十年到十五年左右的时间内，把我国的城市基本建设或改建成社会主义的现代化的新城市"，要根据人民公社的组织形式和发展前提来编制城市规划，提倡以体现工、农、商、学、兵五位一体为原则的"人民公社规划"，鼓励和宣扬全面组织人民公社生产和生活的"十网"（生产网、食堂网、托儿网、服务网、教育网、卫生保健网、商业网、文体网、绿化网、车库网）、"五化"（家务劳动社会化、生活集体化、教育普及化、卫生经常化、公社园林化）和"五环"（环形供水、环行供电、环行交通运输、环行供煤气、环行供热）。

（2）城市地区规划

以大城市影响区为范围的区域规划在20世纪50年代也受到了关注。例如，波兰城市规划专家萨伦巴提出了"小地区规划"理论，并于1957年以杭州市影响区范围作为区域规划的一种类型进行试点❷。1958年6月，苏联专家什基别里曼在青岛全国城市规划座谈会上发言指出：

目前，有此可能，同时也应该根据邻近大城市的整个郊区的区域规划来解决大城市的发展计划……

上海、北京、天津和南京等大城市，最好将其郊区和离这些城市30—40km，最大到50km的小县城包括它们的区域范围以内。❸

1958年11月，他在保定市关于区域规划问题的发言中指出：

以城市为核心，把它周围半径在几十公里以内的地区统一加以规划。例如，保定市就需要这样的规划。上海、贵阳等地也是如此。❹

---

❶ 吴洛山.关于人民公社规划中几个问题的探讨[J].建筑学报，1959（1）：2.

❷ 张绍樑.对城市规划工作的一些回顾与期望[M]//中国城市规划学会.规划50年[M].北京：中国建筑工业出版社，2006：27.

❸（苏）什基别里曼.有关区域规划方面的几个问题[M]//建筑工程部城市建设局.区域规划文集（第一集）.北京：建筑工程部，1959：95，103.

❹（苏）什基别里曼.在保定市关于区域规划问题的发言[M]//建筑工程部城市建设局.区域规划文集（第一集）.北京：建筑工程部，1959：109.

1958年，上海市域范围扩大到5914km²，城市发展面临一个区域规划的新问题。1959年，城市总体规划提出"逐步改造旧市区，严格控制近郊工业区，有计划地发展卫星城镇"的城市建设方针，在市域范围内，规划了17个卫星城。规划提出了《上海区域规划示意草图》❶，统筹市辖范围内的综合发展（图3-4）。

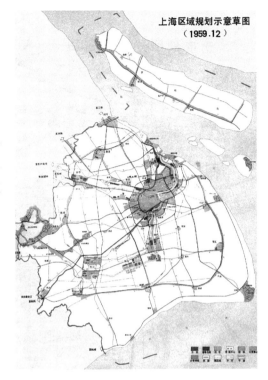

图3-4 上海区域规划示意草图

资料来源：孙平.上海城市规划志[M].上海：上海社会科学院出版社，1999.

"大跃进"时期北京地区规划方案

在全国"大跃进"形势下，北京市委决定对1958年6月上报中央的规划方案作若干重大修改，其中包括：

（1）把地区规划范围上，从8860km²扩大到16800km²。

（2）在城市规模和布局上，市区建设已经具有相当规模，今后布局不宜过分集中，必须采取分散的、集团式布局，集团和集团之间是成片绿地。缩小北京市区的规模，提出"分散集团式"的布局方案，扩大绿化用地，提出大地园林化、城市园林化的口号，要求绿化面积在旧城区占40％，在市区占60％。

（3）在工业发展上提出控制市区、发展远郊区的设想。远郊区在全面发展农、林、牧、副、渔的同时，要大力发展工业，形成许多大小不等的新市镇和居民点、分散地围绕市区。这种布局的实现，将大大有利于人民公社工、农、商、学、兵的全面结合，有利于城乡结合。

（4）在工农业分布上，规划提出工业要根据大、中、小结合方针，在市区、郊区市镇和农村同时并举，分散而有重点地分布。规划指出，市区工业区已基本

---

❶ 柴锡贤.拳拳领导心，殷殷规划情[M]//中国城市规划学会.规划50年.北京：中国建筑工业出版社，2006：35.

图 3-5　北京地区规划示意图（1958 年 9 月）

资料来源：底图据：北京市城市建设档案馆．"大跃进"时期的北京城市建设总体规划方案 [M]// 北京城市建设规划篇（第二卷）：城市规划·上册，1998.

饱和，今后一般不再安排新工厂，并作必要的调整。新建大工业，将分散布置到远郊区，一些为农村所需的工厂，将根据可能迅速迁往郊区。郊区人民公社将根据本地资源设厂、建立完整的农村工业网。

在上述修改中，可以明显看出大地园林化、人民公社规划、城市地区规划等思想影响的痕迹（图 3-5）。

（3）江河流域规划工作全面开展

20世纪50年代中到20世纪50年代末是中国江河流域规划工作全面开展的时期，中国七大江河及一些重要河流都先后编制提出了流域综合规划。其中，1954年开始的黄河综合利用规划和1956年开始的长江流域规划都具有区域规划的性质。1957年7月，一届人大二次会议审议通过中国历史上第一部大江大河的综合规划《关于根治黄河水灾和开发黄河水利的综合规划的决议》。1958年3月8日到26日，中共

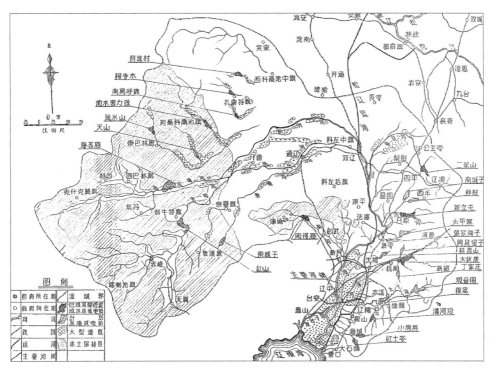

图 3-6　辽河流域综合规划示意图

资料来源：辽宁的设计编写小组.辽宁的设计 [M].沈阳：辽宁人民出版社，1959.

中央在成都召开会议，25 日会议通过了《关于三峡水利枢纽和长江流域规划的意见》，后经政治局会议批准；遵此，1959 年原长江流域规划办公室正式提出《长江流域综合利用规划要点报告》上报，4 月 5 日获得中共中央政治局会议的批准。从此，治水事业进入了一个全面治理、综合开发的新阶段。

1956 年 6 月，国家计划委员会正式批准辽河规划任务书，计划在辽河两岸约 12 万 km² 的水土流失严重地区采取建造塘坝，兴筑梯田，以及封山育林和固沙造林的办法，使土不下山，水不出川，沙漠变绿洲，荒山变果园。计划修建水库 23 座，建筑水电站 11 处，主要河道两岸修筑长 3000km 的堤防。进一步规划中，有松辽运河开发方案，把松花江和辽河沟通起来，以松辽运河为骨干，以灌溉渠道为基础，实现辽南平原河网化（图 3-6）。

总体看来，这些流域综合规划都把防洪作为规划的重点，同时从防洪的要求出发，结合水资源综合利用，提出了各流域骨干枢纽工程布局规划。

（4）自然区划研究全面发展

20 世纪 50 年代以后，随着国民经济建设事业的迅速发展，迫切需要开展自然区划工作，了解自然条件和自然资源的区域组合、差异及其发展规律，为因地制宜地发展工农业及其他建设事业服务。《1956—1967 年科学技术发展远景规划》重要

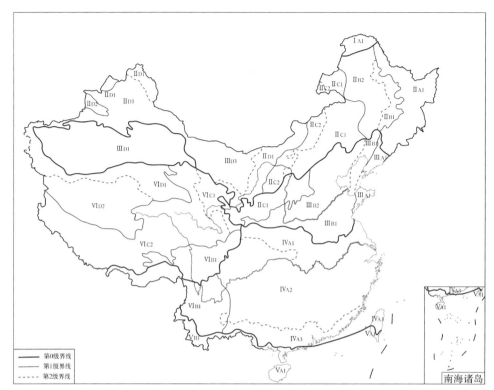

图 3-7　中国综合自然区划图

（原图注：国界系根据 1949 年前申报地图绘制）

资料来源：黄秉维 . 中国综合自然区划初步草案 [J]. 地理学报，1958，24（4）：348–365.

注：本图由中国地图出版社绘制并授权使用。

任务第 1 项就是"中国自然区划和经济区划"，要求根据现有资料，研究和总结全国自然条件的基本情况，尽快提出初步的自然区划方案，以适应国家计划工作的需要，并应随着新资料的积累，分期予以充实及改进。

为了配合当时国家社会生产实践的需求，自然区划研究全面开展。林超[1]、罗开富[2]、周廷儒等[3] 等先后提出了全国综合自然区划的不同方案。1958 年，为了贯彻为农业服务的思想，在竺可桢的主持下，全国自然区划工作重新启动。黄秉维[4] 在吸收了各方面专家的意见后，形成了中国自然区划草案，为农、林、牧、水、交通运输及国防等有关部门应用和研究提供了重要依据（图 3-7）。与综合自然区划相呼应，国家还开展了农业区划研究[5]，具有很强的应用价值。

[1]　林超 . 中国自然区划大纲（摘要）[J]. 地理学报，1954，20（4）：395–418.

[2]　罗开富 . 中国自然地理分区草案 [J]. 地理学报，1954，20（4）：379–394.

[3]　周廷儒，施雅风，陈述彭 . 中国地形区划草案 [M]. 北京：科学出版社，1956.

[4]　黄秉维 . 中国综合自然区划草案 [J]. 科学通报，1959，18：594–602.

[5]　中共中央政治局 . 1956—1967 年全国农业发展纲要（草案）[R]. 北京，1956.

3.3　区域规划遭受曲折与挫折（1961—1978 年）

由于对社会主义建设经验不足，对经济发展规律和中国经济基本情况认识不足，更由于急于求成，夸大了主观意志和主观努力的作用，中国对社会主义现代化道路的探索历经艰难，在此过程中，区域规划工作也遭受曲折和挫折。

3.3.1　区域规划走"下坡路"

由于"大跃进"和农村人民公社化运动，高指标、浮夸风和"共产风"等"左"倾错误严重泛滥，当时的区域规划内容基本上是工业"大跃进"高指标的反映。"区域规划的工作基础不够扎实，存在着较严重的脱离实际的倾向，经受不住实践的考验。"❶ 1960 年 11 月 15 日—12 月 23 日，国家计委召开第 9 次全国计划会议，李富春副总理就当前形势和经验教训等问题做了报告，提出"三年不搞城市规划"（1960—1962 年）。1961 年 1 月召开的中共八届九中全会决定，从当年起，在两三年内对国民经济实行"调整、巩固、充实、提高"的方针，大批可不建或缓建的基本建设项目纷纷下马。自 1960 年底至 1972 年末，全国规划机构普遍精简，规划任务开始减少，规划教育停办，城市规划都在走"下坡路"❷，区域规划工作也陷入停顿。

3.3.2　"三线建设"

1964 年前后，国际局势日趋紧张。美国继续封锁中国，同时越战升级；苏联同蒙古签订军事条约，屯兵中苏、中蒙边境；中印边境武装冲突时有发生；在美国支持下，我国台湾蒋介石集团叫嚣"反攻大陆"。严峻的国际国内形势引起国家的高度重视，1964 年 5 月中旬，毛泽东在中共中央工作会议上提出，要考虑打仗，要有战略部署，要建立战略后方。在 8 月中旬召开的中共中央书记处会议上，决定首先集中力量建设"三线"这一全国战略后方基地。

所谓"三线地区"，是中国内地依其战略地位的重要性（即受外敌侵袭的可能性）而划分的，"一线"地区是指地处战略前沿的地区，包括沿海和边疆地区，从行政区

---

❶ 胡序威 . 中国工业布局与区域规划的经济地理研究 [M]// 区域与城市研究 . 北京：科学出版社，1998：326.

❷ 1963 年 10 月，中央召开第二次城市工作会议，肯定了"大中城市都应制城市的近期建设规划，并修改现有的总体规划"，这意味着城市规划工作可以"解冻"了。但是，1964 年 4 月，中央决定将基本建设工作转由国家经委（主任薄一波）领导，经委设立了基本建设办公室，国家计委的城市局转归国家经委基建办公室领导，改称城市规划局，这次变动使得规划力量大为削弱。1965 年 4 月，第三届国家建委成立（主任谷牧），城市规划再次归建委领导，规定"城市局只搞调查研究，不搞规划业务"，更是一次伤筋动骨的大变动。1966 年"文化大革命"到来，城市局就被取消了。曹洪涛称 1960 年底至 1972 年末为城市规划的"下坡路"时期。见：曹洪涛 . 与城市规划结缘的年月 [M]// 中国城市规划学会 . 五十年回眸——新中国的城市规划 . 北京：商务印书馆，1999：33–42.

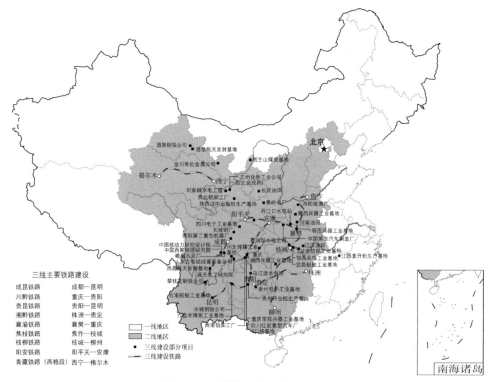

图 3-8　三线地区主要建设示意图

从地理环境上看，三线地区大致位于甘肃省乌鞘岭以东、山西雁门关以南、京广铁路以西和广东省韶关以北，总面积约 318 万 km²。这一辽阔地区为中国腹地，历来为兵家所瞩目的四川盆地、江汉平原和"八百里秦川"正居其中，当时耕地面积约占全国的 37%，人口占全国的 40%。按照今天东中西地带的划分，三线地区基本上相当于不包括新疆、西藏和内蒙古在内的中西部。

资料来源：陈东林. 三线建设：离我们最近的工业遗产 [J]. 国家地理杂志，2006（6）.
注：本图由中国地图出版社绘制并授权使用。

域看，包括北京、上海、天津、辽宁、黑龙江、吉林、新疆、西藏、内蒙古、山东、江苏、浙江、福建、广东等。"三线"地区为全国战略大后方，包括基本属于内地的四川、贵州、云南、陕西、甘肃、宁夏、青海 7 省区及山西、河北、河南、湖南、湖北、广西等省区靠内地的一部分，共涉及 13 个省区。西南、西北地区的川、贵、云和陕、甘、宁、青是国家的腹地，三线建设的重中之重，俗称"大三线"，其中西南又重于西北。相对而言，各省市自治区自己的腹地俗称"小三线"。介于一、三线地区之间的过渡地带，就是"二线"地区（图 3-8）。

三线建设决策与实施大体分为两个时期：前一时期的 5 年，即"三五"计划时期（1966—1970 年）；后一时期的 5 年，即"四五"时期（1971—1975 年）。在前一时期，主要是以西南为重点开展三线建设，在后一时期，三线建设重点转向"三西"（豫西、鄂西、湘西）地区。三线建设是在一个短时期内形成的大规模经济战略，三线建设思想集中体现在 1965 年 9 月中央批准、于 1966 年开始的"三五"计划《汇报提纲》和《1966 年国民经济计划纲要》中，除了一批重点工程外，基本上是边规划、边施工、边投产，随着形势的变化而有所增减，始终没有一个统一的、稳定的全面的三线建设规划❶。

1964—1980年，国家在三线地区（中西部13个省和自治区）共投入了2052.68亿元巨资，占同期全国基建总投资的39%，超过1953—1964年全国全民企业基建投资的总和❷，上千个大中型工矿企业、科研单位采取"靠山、分散、隐蔽"和进洞的选址原则，星罗棋布于"三线地区"。这是中华人民共和国历史上一次规模空前的重大经济建设战略转移，也是抗日战争时期工厂内迁后又一次经济布局大逆转（图3-9、图3-10）。

从区域规划观点看，三线建设客观上建立了巩固的国防战略后方，初步改变了中国东西部经济布局不均衡的状况。同时，三线建设也存在严重的失误和偏差：一是在决策方面，片面强调战备的要求，建设规模铺得过大，战线拉得过长，进程过快，造成了严重的浪费与遗留问题，这种经济决策过程中的"三过"与20世纪50年代建设过程中的"四过"❸一样，都是社会主义道路探索过程中不成熟的反映；二是在布局方面，过分强调"靠山、分散、隐蔽（进洞）"的战备需要，忽视现代化和长期生产的要求，也造成严重损失（浪费了大量基建投资，经济效益甚低）和后患（企业建成后经营管理困难，职工生活不便）。1983年，针对三线建设存在的问题和不足，党中央、国务院做出决策，对三线建设中企业布局、产品结构、技术水平等方面进行重点改造。

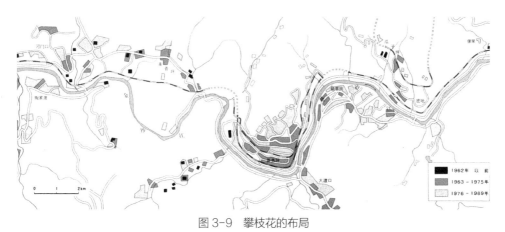

图3-9 攀枝花的布局

攀枝花坐落在崇山峻岭之中，地形复杂。根据资源分布情况和市区建用地分散的特点，在东西长50多千米的金沙江两岸布设了规模不同、性质各异的八个片区，每个片区是相对独立的生产、生活综合体。

资料来源：中国城市地图集编辑委员会.中国城市地图集[M].北京：中国地图出版社，1994.

❶ 陈东林.三线建设——备战时期的西部开发[M].北京：中共中央党校出版社，2003：103-104.

❷ 陈东林.三线建设——备战时期的西部开发[M].北京：中共中央党校出版社，2003：1.

❸ 指"规模过大、占地过多、标准过高、求新过急"的现象。

图 3-10 六盘水的区域形态

群山绵绵、层峦叠嶂的六盘水地区蕴藏着我国长江以南最大的煤海。1965 年，国家决策开发这里的煤资源，改变北煤南运的局面，并配套建设水城钢铁厂。从当时的安顺、兴义、毕节三地区划出六枝、盘县、水城三个县，组成六盘水地区，六盘水因此得名。三个县成为三个特区，分设三个矿务局，矿区成了城区的雏形。面积近万平方千米的六盘水市，城镇面积不过 3%。

资料来源：中国城市地图集编辑委员会.中国城市地图集 [M]. 北京：中国地图出版社，1994.

3.3.3　河南林县引漳入林工程

　　河南省林县（今林州市）地处太行山东麓，山高坡陡，沟壑纵横，石厚土薄，十年九旱，水贵如油，人民生活极其困苦，是一个著名的山穷、地穷、人穷的酷旱山区。穷则思变，修渠引水是当时群众最渴望的事，为了迅速解决缺水问题，改变山区贫穷落后面貌，从 1955 年到 1957 年，林县人民根据中央水利建设要 "以蓄为主，以小型为主，以社办为主，大中型相结合" 的方针，先后修建了淇河渠、浙河渠、天桥断渠、抗日渠等渠道和黄华、曲山、元家口等水库，取得了治山治水的初步成就，也树立了治理河山的信心，积累了治理河山的经验。1957年12月19日，中共林县第二届代表大会通过杨贵代表县委作的《全党动手，全民动员，苦战五年，重新安排林县河山》的报告，号召全县党员干部发扬艰苦奋斗的精神，为5年基本改变、10年彻底改变林县的贫瘠落后面貌而奋斗。1959年林县遭遇严重旱灾，境内淇河、淅河、露水河、洹河全部断流，在林县境内寻找可靠水源已不可能，必须下决心跨地域引水，彻底解决水对林县发展的制约。1959年10月中共林县县委作出"引漳入林"的战略决策（图3-11）。

图3-11　引漳入林工程布置示意图及1960年2月12日林县报报道引漳入林工程动工

资料来源：林州市红旗渠纪念馆

经过豫晋两省协商同意，后经国家计委委托水利电力部批准，在省、地各级领导和山西省平顺县干部群众的支持下，各级水利部门及工程技术人员的帮助下，县委、县人委组织数万民工，从1960年2月开始动工修建"引漳入林"工程，1960年3月10日工程正式命名为"红旗渠"，1965年4月5日总干渠通水（长70.6km），1966年4月3条干渠同时竣工（总长98.2km），1969年7月完成干、支、斗渠配套建设（干渠、分干渠10条，总长304.1km；支渠51条，总长524.1km；斗渠290条，总长697.3km；农渠4281条，总长2488km）。经过10年艰苦奋战，基本形成以红旗渠为主体的灌溉体系，灌区有效灌溉面积达到54万亩。

作为一项大型农田水利基本建设，红旗渠工程要求跨越行政区界线，在大面积土地上统一规划，修建总长1500km的灌溉渠系，工程建设需要大批的劳动力和资金，建成后的使用又要求做到大体与受益单位的投入（劳动力、土地、资金等）相适应，这就不仅涉及农业生产合作社之间的经济关系问题，而且还涉及村与村、乡与乡、区与区，甚至县与县之间的经济关系问题。也就是说，红旗渠工程需要区域性的规划、建设、组织与协调，是一项名副其实的区域规划与建设工作，堪称规划停顿时期一面耀眼的"红旗"。

1957 年林县提出的"重新安排林县河山"这句话，最能概括红旗渠工程的区域规划蕴涵。在"人定胜天"的时代，其目的是围绕区域水资源调配对林县河山进行"重新安排"，实际上具有浓厚的以问题为导向、对空间进行综合治理的规划意味。1978 年 9 月，红旗渠工程获得"全国科学大会科技成果奖"。从区域规划的角度重新审视红旗渠工程，其价值显然超越了单纯的农田水利基本建设。事实上，随着红旗渠工程的逐步建成并发挥效益，林县围绕"水"开展了一系列的空间整治工程，包括治山治水、修建道路、灌区工程配套、城镇供水与城镇建设等，林县工农业生产、人民生活和城乡面貌都发生了显著变化。《人民日报》1965 年 12 月 18 日刊载林县长篇通讯，"学大寨精神走大寨道路建设社会主义新农村"。林县通过红旗渠工程的实施，建设了"社会主义新农村"，城乡面貌发生了翻天覆地的变化，"创造美好幸福的新生活"的梦想终于变成了现实。

3.3.4 规划工作的局部恢复

1973 年 9 月 8—12 日，国家建委城市建设局在合肥召开城市规划座谈会，征求对《关于加强城市规划工作的意见》文件稿的意见，代表们认为，这是自 1960 年提出"三年不搞城市规划"以来对城市规划工作的一次启动❶。此后，区域研究工作也有所零星地展开，例如，由于国际关系变化，中国在沿海地区的工业项目又开始逐渐增多，从 1973 年开始，我国地理工作者在国家建委和有关省计委支持下，先后在兖州、淄博、冀东、两淮四个工业基地主动开展了建设条件和以工业为主的生产力布局的综合调查研究，为确定某些大型建设项目的布局和编制地区经济建设规划提供依据。

1976 年 7 月 28 日，唐山发生大地震，灾后重建要求集中力量开展城市与区域规划。8 月，国家建设委员会城市建设总局组织规划人员，帮助编制唐山市恢复建设总体规划。规划过程中，运用区域的观念和方法，研究在恢复重建过程中如何对工业布局进行区域范围内的适当调整，提出了新唐山分三片建设的建议❷（图 3-12）。

1976 年的唐山规划对后来京津唐地区综合规划思想的形成也有一定的影响，据吴良镛回忆，"1979 年，第一次提出的将京津唐地区融为一体的规划构思。将唐山纳入规划视野，是因为 1976 年唐山地震后，参与国家建委组织的专家组共同探索唐山震后改建问题，从事地区研究的结果"❸（图 3-13）。

总体看来，区域规划工作恢复并走向正轨，是在改革开放之后。

———————————

❶ 曹洪涛 . 与城市规划结缘的年月 [M]// 中国城市规划学会 . 五十年回眸——新中国的城市规划 . 北京：商务印书馆，1999：33-42.

❷ 胡序威 . 中国工业布局与区域规划的经济地理研究 [M]// 区域与城市研究 . 北京：科学出版社，1998：329.

❸ 吴良镛 . 走出同心圆 [M]. 未刊稿 .

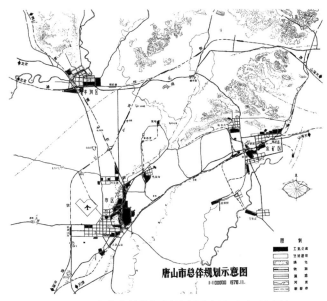

图 3-12　唐山市总体规划示意图（1976 年 11 月）

唐山市位于河北省东北部，是一座重要的工业名城，中国近代工业的摇篮，1938 年设市，1948 年 12 月
解放时，市区人口 14 万，主要分布在铁路京山线两侧和陡河两岸，较为集中的"一小片"；1975 年，唐
山市区辖路南、路北和东矿区三个区，形成了中心区和东矿区"两大片"，城区面积 66km²，市非农业
人口近 70 万人。1976 年《唐山恢复建设总体规划》将唐山分成老市区、东矿区、新区（丰润）三大片。
1977 年 5 月，该版规划得到国务院的批准。

资料来源：唐山市人民政府 . 唐山市总体规划示意图 [R]. 1976.

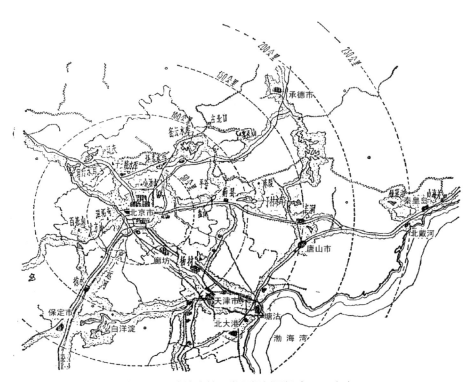

图 3-13　京津唐地区发展规划设想（1979 年）

资料来源：清华大学建筑系城市规划教研室 . 对北京城市规划的几点设想 [J]. 建筑学报，1980，5：9.

3.4 社会主义计划经济体制时期区域规划发展的遗产与缺陷

1949—1978 年，中国国民经济发展变化起伏，区域规划也经历了艰难而曲折的道路。回顾中华人民共和国成立后 29 年区域规划发展的总体历程，我们可以进一步把握其基本脉络：区域规划是为社会主义经济建设服务的，对社会主义计划经济体制下区域规划道路的探索是最有价值的历史遗产；但是，在国家建设中仍然存在重大的缺陷，忽视区域规划危害甚多，为以后的发展提供了教训。

3.4.1 区域规划服务于经济建设

中华人民共和国成立后 29 年的经验和教训表明，区域规划是为社会主义经济建设服务的。在"一五"和"二五"计划时期，中国开展区域规划的目的是为了配合经济建设，更确切地说是为了配合工业项目的建设。国民经济建设的主要任务是实现工业化，大规模资源开发和工业基地建设要求综合布局，区域规划的主要内容和任务就是"以工业为主体的地区生产综合体内部结构的确定和地域组织的安排"❶，或者说"以工业和城镇的合理布局为中心任务，把一定地区范围内的各项有关基本建设落到具体地域，进行生产力总体布局的技术经济论证"❷。因此，"以工业为主体的地区建设综合规划"❶构成了中央集权的计划经济时期中国区域规划工作的主流。

事实上，在"一五"计划期间，在一些重点地区开展的联合选厂和城市规划工作，对促进新建工业和城镇合理布局取得了较好的效果，也为社会主义区域规划的形成奠定了基础。在"二五"计划前三年全国各地大规模进行基本建设时，适应当时形势发展的需要，区域规划曾在更多的地区广泛地开展起来，虽然当时因受"高指标""浮夸风"的影响，还存在这样那样的缺点，但在社会主义建设中仍起过一定的积极作用❸。当时中国区域规划紧紧围绕着国家工业化的重心，这与"二战"后国际上区域规划重视经济增长的大势也是一致的。可惜后来经历十年"文革"浩劫，中国现代化完全走上了错误的轨道，区域规划发展历经曲折并陷入停顿（表 3–1）。

3.4.2 区域规划与国民经济计划、城市规划、工业区与厂址选址密不可分

（1）区域规划是国民经济长期计划的具体化与补充

区域发展是根据中央和地方的国民经济计划来进行的，所谓区域规划实质上是

---

❶ 陆大道. 对我国区域规划有关问题的初步探讨 [C]// 中国地理学会经济地理专业委员会. 工业布局与城市规划（中国地理学会 1978 年经济地理专业学术会议文集）. 北京：科学出版社，1981.

❷ 胡序威. 中国工业布局与区域规划的经济地理研究 [M]// 区域与城市研究. 北京：科学出版社，1998：323–349.

❸ 胡序威，陈汉欣，李文彦，杨树珍. 积极开展我国经济区划与区域规划的研究 [J]. 经济地理，1981（1）：13–17.

1949—1979 年中国的经济建设与区域规划发展　　　表 3-1

历史时期		经济建设	区域规划
第一阶段	三年经济恢复（1949—1952 年），第一个五年计划（1953—1957 年）基本完成社会主义改造。1956 年建成中央计划经济体制的基本框架	以苏联援建的"156 项"工程为中心，展开大规模的经济建设，"优先发展重工业"	工业布局与城市规划结合，为区域规划奠定基础
第二阶段	开始全面建设社会主义。1956 年 9 月，党的八大提出建设社会主义"总路线"。1958 年开始，建立"农村人民公社"，开始"大跃进"	"以粮为纲"，"以钢为纲"。计划经济框架内骤然分权：地方小工业迅速繁荣，投资迅速膨胀和重复建设，地区间的协调失控	"迅速开展区域规划"的要求；第一次区域规划试点。第二次区域规划试点
第三阶段	从 1961 年下半年开始贯彻"八字方针"，直到 1965 年实行经济调整	毛泽东《十年总结》。缩短基本建设战线，对企业实行关、停、并、转。压缩城市人口，加强农业战线	"三年不搞城市规划"
第四阶段	1966—1976 年，"文化大革命"十年全国浩劫。1978 年党的十一届三中全会提出把工作的重点转移到经济建设上来	实现"四五"计划的高增长目标。1975 年邓小平主持工作，经济好转。地方小企业崛起（成为以后乡镇企业的起点）	三线建设。局部的区域研究

说明：根据薄一波对中华人民共和国成立后三十年发展的回顾，经济建设经历了五次转折、四个发展阶段。见：薄一波.三十年来经济建设的回顾 [M]// 薄一波文选（一九三七—一九九二年）.北京：人民出版社，1992：346-372.

国民经济长期计划的具体化与补充。正如 1956—1957 年第一批区域规划工作试点经验所指出的：

　　规划是国民经济长期计划的具体化，同时又是计划的补充。具体地说，一方面，区域规划应该根据计划里面确定了的项目，结合当地的具体条件去作具体的布置；另一方面，如果计划中的项目不适合当地的具体情况，或者计划中没有规定的项目，区域规划可以提出补充或修改的建议，供确定计划时参考。❶

　　1959—1960 年，第二批区域规划试点经验进一步指出：

　　就区域规划与计划部门的关系来说，是一个相互影响、相互依存和相互促进的关系。一方面，区域规划是国民经济长期计划的具体化，即区域规划根据长期计划的要求，结合当地条件，去做具体的布置。另一方面，区域规划又是计划的补充，即通过区域规划对国民经济计划提出补充和修改的建议。从这种相互关系出发，计划部门通过参加区域规划，即可结合当地条件和企业的协作要求，对计划项目做更

---

❶ 建筑工程部城市建设局.区域规划文集：第一集.北京：建筑工程部，1959：28-36.

深一步的研究，便于最后肯定计划，检验原计划的安排是否合适；并可掌握实际情况，参照各有关部门意见，便于考虑远期计划项目。更重要的是，由于各国民经济部门的发展计划，是构成地区整个国民经济计划的组成部分；因此，计划部门参加区域规划工作，就能够确切地了解和掌握各部门计划的发展情况，并据以检查、指导，保证国民经济计划的全面实现。❶

（2）区域规划为城市规划、工厂选址提供方向

1956年2月22日到3月4日，国家建设委员会召开的全国第一次基本建设会议指出："在编制区域规划的时候，最重要的问题是对工业企业和城市进行合理分布。"❷

从工作程序上看，区域规划是一个"介于经济区划和城市规划之间"的"复杂的技术经济调查和综合规划的工作"❸。区域规划的前一阶段和经济计划互相交叉影响，是根据国民经济计划做出一个地区范围内经济建设的战略部署；区域规划的后一个阶段和城、镇居民点规划互相交叉和影响。

（3）区域规划处于从计划到建设的关键环节

进一步考虑到：

①国民经济计划与经济区划的关系："国民经济部门，应在经济区划的基础上，根据国家的需要与可能，编制国民经济按比例发展的法则和生产力均衡配置的规律，编制国民经济发展的长期计划。"❹

②经济区划与自然区划的关系："经济区划是在自然区划的基础上，对自然资源进行经济评价，分析工业、农业、交通运输业的分布情况和协作关系，研究民族、人口与历史条件，从国家计划生产力配置着眼，把全国划分为若干经济区，确定各个经济区在全国范围内的专门化方向和本区域的综合发展内容。"❺

③经济区划、自然区划与自然资源调查的关系："在进行（上述的）各种自然资源考察研究的同时，必须总结全国已有的自然资料和经济资料，拟定自然区划和经济区划方案，以适应国家在全国范围内规划工业、农业配置和拟订技术政策的需要。"❻

---

❶ 辽宁省建设厅.朝阳地区区域规划工作开展的一般情况和我们的体会 [M]// 建筑工程部城市规划局.区域规划文集：第一集.北京：建筑工程出版社，1960：34–35.

❷ 国家建设委员会召开全国基本建设会议讨论了设计、建筑、城市建设工作初步规划和基本措施 [N].人民日报，1956–03–08（1）.

❸ 薄一波.为提前和超额完成第一个五年计划的基本建设任务而努力 [M]// 建筑工程部城市建设局.区域规划文集（第一集）.北京：建筑工程部，1959：17.

❹ 曹言行.城市建设与国家工业化 [M].北京：中华全国科学技术普及协会，1954：8.

❺ 施雅风.中国自然资源的考察研究 [M]//1956—1967年科学技术发展远景规划纲要（修正草案）通俗讲话.北京：科学普及出版社，1958：40.

❻ 施雅风.中国自然资源的考察研究 [M]//1956—1967年科学技术发展远景规划纲要（修正草案）通俗讲话.北京：科学普及出版社，1958：39.

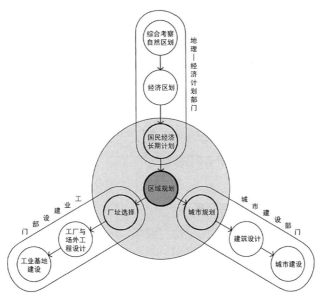

图 3-14 区域规划处于从计划到建设的关键环节
资料来源：作者自制

④区域规划与工业建设、城市建设的关系："区域规划确定之后，工业建设部门便进行选择厂址与确定厂址，并进行工厂与各项厂外工程的设计工作；城市建设部门便进行城市规划与建筑设计工作，但这两方面在工作中必须互相配合。"❶

我们可以总结出社会主义计划经济时期开展区域规划工作的技术流程，即"调查研究—规划设计—物质建设"，区域规划与地理—经济计划部门、城市建设部门、工业建设部门之间的关系十分密切，处于从计划到建设的关键环节（图 3-14）。

3.4.3 区域规划兼有战略性与技术性

区域规划是一项带有战略性的地区布局工作。随着我国社会主义工业和农业的迅速发展，以及新的铁路干线、大型水力发电站和区域性输电网等工厂的建设，在我国已经、正在和将要建设许多新的工业区、新的城市、工人镇（工人居住区）和农村居民点（即村庄），需要根据本地区的自然资源条件、经济条件和国民经济长远发展计划，通过区域规划，对区域范围内工业、农业和其他经济、文化事业发展，做出"战略性"的部署。

区域规划不但要从全局出发，对全区的工业进行大范围的选点布局，而且还要运用复杂的、细致的技术经济论证手段，揭示区域开发建设和发展的经济性、合理性和可行性。例如，深入各工业点，从资源条件、主要材料、辅助材料、供水、供电、交通运输、厂址用地等方面进行技术经济评价，比较论证，确定各工业区和各个企

---

❶ 曹言行 . 城市建设与国家工业化 [M]. 北京：中华全国科学技术普及协会，1954：10.

业厂址的具体位置，并合理组织它们之间的生产协作等。

考虑到区域规划的战略性与复杂性，《1956—1967 年科学技术发展远景规划》❶ 的第 30 项任务，即"区域规划、城市建设和建筑创作问题的综合研究"，就要求"总结国内外有关区域规划，城市建设及建筑创作的经验。根据技术经济和自然条件，拟订区域规划的原则和方法，研究城市和居民点的规划和建设问题，以适应国民经济迅速发展的需要"❷；"区域规划编制理论与方法研究"成为《1956—1967 年科学技术发展远景规划》的 616 个中心问题之一 ❸。

3.4.4 忽视区域规划危害甚多

1960 年以后，由于种种因素的干扰与破坏，区域规划工作基本上中断了。在机构设置上，国家计委地区计划局曾几度被撤销，国家建委区域规划局自 1960 年被撤销以来一直没有恢复。在较长时期内，比较重视部门计划而放松地区计划，致使地区计划和地区生产力布局的综合平衡工作成为国民经济计划工作中最薄弱的环节 ❹。

1979 年，陆大道提出"忽视区域规划危害甚多"❺，包括：①违背自然资源、自然条件的特点和合理开发利用的要求，盲目确定大型项目，造成地区工业发展方向和结构的不合理。②重点企业的具体定点遇到重重困难，长期拖延不决。③工业布局和区域性公用工程建设各自为政的现象十分严重，不仅浪费投资，而且运营极不合理。④企业之间、主要项目与配套项目之间，在布局、规模方面不协调、不能同步地建成投产。⑤某些工业区工农关系和环境保护问题突出。⑥大城市控制不住，中小城市得不到合理发展。

总之，在中国现代区域规划发展史上，改革开放前的 29 年，实具有开创与探索之功，无论经验还是教训，事实上都成为进一步改革与发展的基础。在此后的区域规划潮流中，我们可以看到历史的经验与教训仍然在发生或明或暗的、直接或间接的影响。

❶ 1956 年 1 月 5 日，李富春提出了制定科学技术发展远景规划的动议，要像规划工业建设中的"156 项"一样，来确定迅速发展我国主要学科和重大专题的科学技术研究项目。1956 年 12 月，《1956—1967 年科学技术发展远景规划》（"十二年规划"）编制完成，提出 57 项重要的科学技术任务，包括 616 个中心问题。

❷ 陈福康. 建筑科学要作技术革命的前锋 [M]//1956—1967 年科学技术发展远景规划纲要（修正草案）通俗讲话. 北京：科学普及出版社，1958：100-101.

❸ 项目代号为 3001，在国家建委领导下开展。建筑科学研究院吴洛山、林志群、蒋大卫等以湘中等地区的区域规划为基础，编写《区域规划编制理论与方法的初步研究》，成为当时区域规划实践的重要参考书。详见：建筑科学研究院区域规划与城市规划研究室编. 区域规划编制理论与方法的初步研究 [M]. 北京：建筑工程出版社，1958. 感谢中国城市规划设计院蒋大卫总工程师提示。

❹ 胡序威，陈汉欣，李文彦，杨树珍. 积极开展我国经济区划与区域规划的研究 [J]. 经济地理，1981（1）：13-17.

❺ 陆大道. 忽视区域规划危害甚多 [N]. 人民日报，1979-03-10.

第4章

改革开放与
区域规划探索

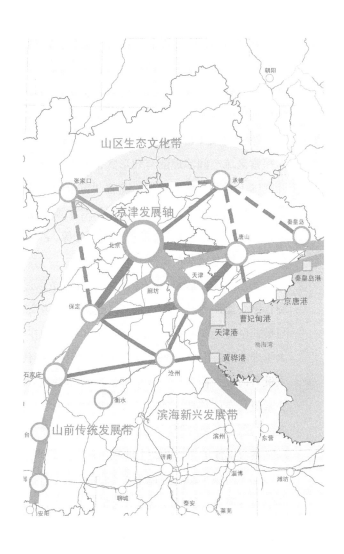

第 4 章

改革开放与区域规划探索

1978 年 12 月中共十一届三中全会后，对中国社会主义现代化道路主动而全面的探索又重新起步。在改革开放政策及各项经济建设的有力推动下，多种形式的区域规划又较快地发展起来。随着社会主义市场经济体制的逐步建立与完善，中国区域规划发展呈现出阶段性特征：

第一阶段（1979—1991 年）：改革开放起步，区域规划发展主要是在计划体制内探索区域空间治理的有效形式，并努力寻求体制突破。包括学习欧洲经验，努力开展国土开发与整治规划；随着"市带县"等体制的实施与城镇化的发展，城镇体系规划得到加强；经济持续高增长对土地产生巨大需求，从农民建房到国家重点建设、乡镇企业发展以及外商投资建厂房等，占用了大量耕地，保护耕地资源引起重视，全国开展划定基本农田保护区工作。

第二阶段（1992—2002 年）：各项改革由过去侧重突破旧体制转向侧重建立新体制，由政策调整转向制度创新，建立社会主义市场经济体制起步，区域规划的功能与形式也开始发生变化。20 世纪 80 年代中期在全国范围内搞得热火朝天的国土规划，由于未能适应市场经济发展，在 20 世纪 90 年代中期以后，逐步趋向消沉和衰变，进入低谷阶段；而原功能较单纯的城镇体系规划转向以城镇体系发展为主体，与相关要素进行空间协调，实质上成为以城镇为重点的区域规划，在很大程度上顶替了衰变前的国土区域规划。与此同时，以城市发展为核心的空间战略规划（或概念规划）、以基本农田保护为核心的土地利用规划开始兴起，区域规划成为宏观调控的手段。

第三阶段（2003 年以来）：开始启动完善社会主义市场经济体制的全面改革进程，科学发展观对改革开放道路进行批判性反思，客观上需要加强对区域发展的协调和指导。在科学发展观的指导下，区域规划呈现多种探索形式并存的格局，包括"十一五"规划把区域规划放在突出重要的位置、开展城市区域规划研究与加强区域城镇体系规划、加强国土规划编制工作等。不同类型的区域规划既相互补充，又存在矛盾与冲突。

4.1 计划经济体制内的空间规划改革（1979—1991 年）

从 1979 年 4 月起，国家将工作重点转移到"以经济建设为中心"的社会主义现代化建设上来，执行"调整、改革、整顿、提高"的新八字方针，进行"拨乱反正"。1982 年 9 月中共十二大报告《全面开创社会主义现代化建设的新局面》，与 1984 年 12 月中共十二届三中全会及其关于城市经济体制改革的决定，标志着中国经济体制改革的全面推进，国民经济在调整中走上稳步发展的健康轨道，大大加快了步伐，区域规划发展也呈现生动的景象。

4.1.1 国土开发与整治规划的试点及推行

国土，狭义地讲，是指土地；广义地讲，是指一个主权国家管辖范围内的全部疆域，包括领土、领海和领空。国土开发与整治工作中的国土是指广义的国土。中共十一届三中全会以后，中国开始把国土作为一个整体，设置专门的国土机构进行综合地、全面地开发整治。

（1）开展国土整治工作的要求与职能机构建设

随着以经济建设为中心的社会主义现代化逐步开展，必然要带来大规模的国土开发。中央意识到国土整治是个大问题，决定加强国土整治工作。1981 年 4 月 2 日，中央书记处第 97 次会议决定：

建委要同国家农委配合，搞好我国的国土整治。建委的任务不能只管基建项目，而且应该管土地利用，土地开发，综合开发，地区开发，整治环境，大河流开发。要搞立法，搞规划。国土整治是个大问题，很多国家都有专门的部管这件事，我们可不另设部，就在国家建委设一个专门机构，提出任务、方案，报国务院审批。总之，要把我们的国土整治好好管起来。

8 月 15 日，国家建委向国务院提出《关于开展国土整治工作的报告》。10 月 7 日，国务院正式向各省市区各部门批转了国家建委的报告（国发〔1981〕145 号），并在批示中指出：

在我们这样一个大国中，搞好国土整治，是一项很重大的任务。目前，我国的国土资源和生态平衡遭受破坏的情况相当严重，在开发利用国土资源方面需要做的事情很多，迫切需要加强国土整治工作。这项工作涉及面很广，希望各地区、各部门密切配合协作，把这件大事办好。

根据中央书记处的决定和国务院的批示精神，1981年11月，国家建委设立国土局，作为国土工作的职能机构。1982年4月12日，国务院决定由国家计委主管国土工作，以前由国家建委主管的国土工作业务及其机构划归国家计委主管，国土工作成为计划领域的一个组成部分。

（2）典型地区国土整治规划试点

国家建委国土局成立后，由于没有国土整治与规划工作的经验，从1982年3月开始，在京津唐、吉林松花湖、湖北宜昌、浙江宁波沿海地区、新疆巴音郭楞蒙古自治州、河南豫西地区6个不同类型的典型地区进行试点。1982年7月和9月先后在松花湖和宜昌召开北、南两个试点经验交流和现场考察会。其中京津唐地区国土开发与整治的综合研究提出许多设想和建议，被国家和有关地区所采纳，成为国土开发和整治规划研究的成功典型。

京津唐地区国土开发与整治的综合研究

1982—1984年，在国家计委国土局组织下，中国科学院地理研究所吴传钧、胡序威、孙盘寿负责，组织了9个单位，开展京津唐地区国土开发与整治的综合研究。

京津唐地区的地域范围，按1982年的行政区划，包括北京市、天津市、河北省的唐山市、唐山地区（内含秦皇岛市）和廊坊地区，全区土地总面积为5.2万 km²，占全国土地总面积的0.54%；根据1982年的人口普查，区内总人口为2745.7万，占全国2.7%，其中市镇人口为1345.6万，占全国6.5%。京津唐地区是中国经济文化最发达的地区之一，1980年全区工农业总产值为523.6亿元，占全国7.3%，其中工业总产值474.8亿元，占全国9.5%；高等学校在校学生数11.6万，占全国10.1%。

中华人民共和国成立以来，京津唐地区在社会主义建设方面取得了重大成就，使区域的经济地理面貌发生了深刻的变化。但是，从总体看，京津唐地区还没有充分发挥地区优势，在开发过程中对工农业生产和人口的合理布局不够，在水源、能源供应和交通运输等基础设施方面的薄弱环节尚需大力量加强，对环境保护尚未引起生产建设部门的广泛重视，资源开发和建设布局尚未与环境整治密切协调配合。具体地讲，在区域开发和整治中需要综合解决一系列问题：①地区优势尚未充分发挥；②工业与城市人口过分集中在京津市区；③三大城市之间职能分工不明确；④工业布点散乱，干扰城市建设的合理布局；⑤农业基础相对薄弱，远不能适应工业和城市发展的需要；⑥人口密集地区土地问题越来越突出；⑦水源不足已成为影响工农业发展与合理布局的重要限制性因素；⑧城乡能源供应亟待改善；⑨发展区域经济要求相应改变区内交通运输网的格局；⑩防止区域环境质量下降和预防重大自然灾害的发生。

针对区域开发与整治中需要综合解决的几个主要问题，研究报告对京津唐地区国土开发与整治提出若干战略设想，具体包括：①战略地位与目标；②经济发展方向；③地域开发方向；④三大城市的分工和发展方向；⑤城镇人口的增长与城镇体系的调整；⑥冀东铁矿资源的开发利用与钢铁工业的合理布局；⑦石油化工和海洋化工的发展与布局；⑧地区交通网建设与布局；⑨能源建设与布局；⑩水库和重要供水设施的建设布局；⑪京津唐地区内综合开发与整治的分区设想。在主要规划目标上提出：保证首都充分发挥全国政治文化中心的作用，进一步提高京津唐作为我国北方经济核心区的地位，发展速度应高于我国沿海的若干经济发达地区，大力开发矿物资源和智力资源，调整生产力和人口布局的地域结构。在地域发展方向上提出：向滨海地带推进、重点开发冀东地区、发展远郊小城镇；在分区设想上，将全地区划分成3个一级区：中部平原城镇、工业和人口集聚区，东部滦河中下游及滨海区，北部、西部山地丘陵区；并进一步细分为10个二级区，分别指出各区发展目标、整治方向及配合重大建设布局所要采取的相应措施（图4-1）。

报告还提出与规划有关的几点建议：设立权威性规划机构正式编制京津唐地区国土规划纲要，国土规划应与国家中长期发展计划密切衔接，国土规划应与体制改革相结合，实施国土规划应采取必要的政策措施。

规划初步提出一些综合性的对策和措施为编制这一地区的国土规划（区域规划）打下良好基础，标志着中国区域规划工作进入深入发展的新阶段。

资料来源：京津唐地区国土规划纲要研究综合课题组. 京津唐地区国土开发与整治的综合研究 [R]. 1984–06.

1984年7月12日，国家计委要求进一步搞好国土规划试点工作。国家计委在《关于进一步搞好省、自治区、直辖市国土规划试点工作的通知》（以下简称《通知》）中指出：

为了进一步推动试点工作，《通知》要求这项工作由省、自治区、直辖市计委归口管理。国土规划属于长远规划性质。地区的国土规划是以一定的地域为对象，以资源综合开发的总体布局、环境的综合整治为内容的区域规划，它是国民经济中长期计划的重要前期工作和基础工作。规划的目的在于求得规划区内的经济发展最佳的经济效益、社会效益和生态效益，使经济的发展与人口、资源、环境相协调，为国民经济中长期计划提供科学依据，为地区的开发编制出建设蓝图，从根本上为协调地、持久地发展我国经济和四化建设服务。

截至1984年，全国已经有一半以上的省、自治区、直辖市开展了国土规划试点工作。陆大道根据地区性国土规划的特点和内容，将主要类型区域归纳为6类：

图 4-1　京津唐地区城镇布局及发展意向图

《京津唐地区国土开发与整治的综合研究》包含多个研究专题，在城镇建设方面有中国城市规划设计研究院负责《京津唐地区各城市的性质、功能、发展方向及其相互关系》。
资料来源：中国城市规划设计研究院. 京津唐地区各城市的性质、功能、
发展方向及其相互关系 [R]. 1984.

①大型工矿区、大型水电站和水利枢纽、交通枢纽周围地区的国土开发规划；②以大城市为中心的区域和大中城市集聚区的国土开发与国土整治；③河流流域的综合开发与国土整治；④海岸、海洋地区及海洋资源的开发利用规划；⑤以农林牧为主的农业区域的规划；⑥大型风景区、旅游区及自然保护区的规划❶。

　　我国在 20 世纪 50—60 年代，进行过若干重点建设地区的区域规划，此后除个别地区做过区域经济分析和城镇分布规划外，区域规划工作基本上处于停顿状态。1979—1986 年，国土整治规划试点工作标志着中国区域规划工作进入新的发展阶段，区域规划迎来了它的第二个春天。❷

　　（3）编制《全国国土总体规划纲要》

　　几年来国土规划的探索和实践为全面开展国土规划工作提供了经验，同时，中央十分重视加强经济建设的宏观指导、发挥地区经济优势、解决条块分割的问题，

❶　陆大道. 关于国土（整治）规划的类型与基本职能 [J]. 经济地理，1984（1）：3–5.
❷　吴万齐. 开创区域规划工作的新局面 [J]. 建筑学报，1983（5）：1–6+81–82.

提出了一系列的重大战略部署和一些重大建设布局的构想，如以山西为中心的能源基地建设、三峡水利枢纽建设、红水河水利资源开发、沿海城市的开放，以及加强沿海开放地带的建设等；国务院还先后设立了上海经济区规划办公室、山西能源基地规划办公室、东北能源交通规划办公室、三线建设调整改造规划办公室，这些办公室在国土规划、行业规划与地区规划的结合方面做了不少工作，凡此都为编制全国国土总体规划纲要工作奠定了基础。1985 年 3 月 26 日，国务院批转国家计委《关于编制全国国土总体规划纲要的报告》，要求在 1985 年编制完成《全国国土总体规划纲要》（以下简称《纲要》），《纲要》要围绕我国四化建设的总目标和总任务，勾画出国土资源开发的建设布局的基本蓝图；提出我国国土整治的若干重大专题治理规划；明确各重点地区的发展方向和重大开发措施。这是中华人民共和国成立以来第一次编制《全国国土总体规划纲要》。

1986 年 9 月中旬，国家计委在京召开"全国国土总体规划纲要讨论会"，会后对《纲要》进行过多次修改，到 1989 年基本完成。《纲要》提出了以沿海地带和沿江"T"字形为主轴线的经济发展态势；同时在陇海、兰新、京广等铁路沿线地区新建一批新老工矿企业，作为重点开发的二级轴线，使之与"T"字形结构相配合，构成国土开发和建设总布局的"开"字形基本框架；纲要还确定了未来综合开发的 19 个重点地区 ❶。《全国国土总体规划纲要》几经修改上报国务院，一直没有得到批复，后来只是作为国家计委系统内部参照执行的文件下发。然而，《全国国土总体规划纲要》中提出的东、中、西三大经济地带的划分和由东向西推进的发展战略，促进沿海地区开发开放，加快沿长江地带和陇海新沿线开发建设，以及开展大江大河治理、长江中上游水土保持治理、"三北"防护林建设等思想，都在后来的国家经济发展规划中得到体现。

（4）印发《关于国土规划编制办法的通知》

1987 年 8 月 4 日，国家计委印发《关于国土规划编制办法的通知》（以下简称《办法》），正式将国土规划工作纳入计划工作序列，作为编制中长期计划的重要依据。《办法》规定了国土规划的性质：

国土规划是国民经济和社会发展计划体系的重要组成部分，是资源综合开发、建设总体布局、环境综合整治的指导性计划，是编制中、长期计划的重要依据。

国土规划确定的国土开发整治任务，根据社会经济发展的需要和国家经济技术力量的可能，分期分批纳入国民经济和社会发展的五年和年度计划，并制定相应的政策、法规、发动群众进行等多种方式组织实施。

《办法》规定了国土规划的任务：

---

❶ 刘善建.国土开发整治与黄河流域规划[J].人民黄河，1989，（1）：13–18.

国土规划的基本任务，是根据规划地区的优势和特点，从地域总体上协调国土资源开发利用和治理保护的关系，协调人口、资源、环境的关系，促进地域经济的综合发展。具体任务为：

① 确定本地区主要自然资源的开发规模、布局和步骤。

② 确定人口、生产、城镇的合理布局，明确主要城镇的性质、规模及其相互关系。

③ 合理安排交通、通信、动力和水源等区域性重大基础设施。

④ 提高环境治理和保护的目标与对策。

《办法》根据内容和地域层次的不同，将国土规划分为若干类型：

国土规划一般分为国土综合规划和国土专项规划。国土综合规划是对规划地区全面进行国土开发整治的总体规划，国土专项规划是以完成某一项国土开发利用或治理保护任务为中心内容的规划。

国土规划地域层次一般可分为四级，即全国的，跨省、自治区、直辖市的，全省、自治区、直辖市的和省、自治区、直辖市范围内一定地域的。

各计划单列省辖市（或行政区，下同）均应编制所辖区域的国土规划，但其所在省编制全省的国土规划时，应包括计划单列省辖市的内容。

此外，《办法》还明确规定了国土规划编制和审批程序、实施办法等一系列重大问题。

（5）国土规划工作的推广

自1986年起，国土规划先在全国各省（自治区、直辖市）一级展开，后来很快扩展到地市和县级行政单位，在全国范围内掀起了编制多层次国土规划的高潮。1989年9月28日，国家计委发出《关于加强省级国土规划工作的通知》，指出：

各省、区一定要把国土规划编好，加快编制进度，争取在1990年完成第一次国土规划的编制任务。直辖市、计划单列市要努力创造条件，尽快组织编制和完成市域国土规划工作。全国国土总体规划中确定的重点开发地区也要分期分批组织编制区域规划，请各有关省（区、市）积极主动地参与和配合。

到20世纪90年代底，全国已有11个省、自治区、直辖市，以及223个地（市、州），640个县编制了国土规划❶，分别占当时全国地市总数的67%，县及县级市的30%。这些规划在地域开发建设、环境整治以及区域产业政策等方面起到指导作用，在很大程度上弥补了过去计划体制中重视行业计划、实行产品经济模式、轻视区域经济布局的缺陷。

（6）江河流域规划成为国土整治规划的组成部分

20世纪80年代以来，海河、珠江、辽河、黄河、淮河、松花江流域和长江等

---

❶ 鹿永建. 我国国土开发整治工作全面展开11省、223个地（市、州）已编制国土规划 [N]. 人民日报, 1991-02-22（4）.

七大江河开始新一轮整治开发规划工作，1989 年 1 月 18 日基本完成，成果包括规划报告和规划纲要。这些规划报告提出了治理整顿和综合开发利用江河水资源的总体设想，其中包括水土综合平衡、梯级开发以及防洪、灌溉、航运、水力发电、水产发展、水资源保护等一系列措施。与以往不同的是，这一轮江河流域规划工作不仅考虑经济效益，而且特别注意整治江河的社会效益和生态环境平衡，成为国土整治规划的组成部分，它们既以国土区域整治规划及其他有关国土专题规划（如电力规划、交通规划等）提出的任务为依据，又在一定程度上对国土区域整治规划和其他国土专题规划的具体安排起约束作用。

4.1.2　城镇体系规划与市域规划的开展

（1）城市规划发展要求区域规划提供依据，城镇体系规划蓬勃开展

1978 年 3 月 6—8 日，国务院召开第三次全国城市工作会议，作出《关于加强城市建设工作的意见》（以下简称《意见》），《意见》认为"为了搞好工业的合理布局，落实国民经济的长远规划，使城市规划有充分的依据，必须迅速开展区域规划的工作。"4 月，中共中央〔1978〕13 号文件批转第三次全国城市工作会议《关于加强城市建设工作的意见》，指导全国规划和建设工作。1980 年 10 月 5—15 日，国家基本建设委员会召开全国城市规划工作会议，总结交流了经验，形成了 10 条《全国城市规划工作会议纪要》（以下简称《纪要》），经国务院于 12 月 9 日批准后，以国发〔1980〕299 号文件下发全国实施。《纪要》提出：

为了在全国各地区科学地、合理地分布生产力和城市，使经济、文化协调地发展，为城市规划提供依据，要按照中共中央〔1978〕13 号文件的要求，尽快把区域规划工作开展起来。区域规划的区域划分不应受行政区划的限制，而应按经济联系划分。规划的内容可以先粗后细。各省、自治区，可先在本省、区内进行区域规划试点。

在缺乏以区域规划为依据的情况下，城市规划部门开始运用"城市—区域"理论方法❶编制城镇体系规划，从较大的区域范围分析该城市在不同层次区域城镇体系中的地位和作用。1984 年 1 月国务院颁布实施的《城市规划条例》规定："直辖市和市的总体规划应当把行政区域作为统一的整体，合理布置城镇体系"。1985 年山东济宁等城市率先编制了市域城镇体系规划。1989 年 12 月 26 日颁布的《中华人民共和国城市规划法》（简称《城市规划法》）进一步赋予城镇体系规划的法律地位，并把城镇体系规划的区域尺度向上下两头延伸。《城市规划法》第十一条规定："国务院城市规划行政主管部门和省、自治区、直辖市人民政府应当分别组织编制全国和省、自治区、直辖市的城镇体系规划，用以指导城市规划的编制。"第十九条规定：

---

❶　宋家泰 . 宋家泰论文选集——城市—区域理论与实践 [M]. 北京：商务印书馆，2001.

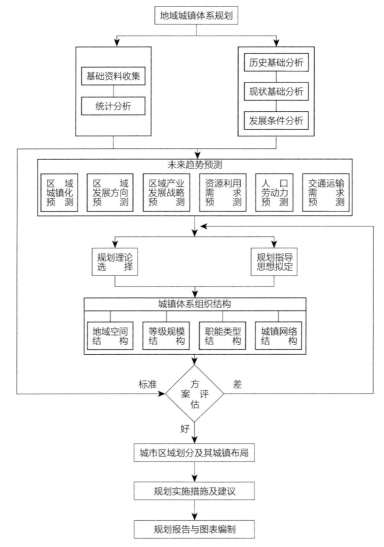

图 4-2　城镇体系规划流程图

当时认为，城镇体系规划布局，就是在规划基础理论指导下，编制一个切实可行的体系"理想状态"，通过体系内要素及其内部功能结构的组合，使"现实状态"比较稳定地逐步过渡到体系客观过程所需要的相对的"理想状态"❶，还带有计划经济色彩。

　　资料来源：宋家泰，顾朝林.城镇体系规划的理论与方法初探 [J].地理学报，1988，43（2）：105.

"设市城市和县级人民政府所在地镇的总体规划，应当包括市或者县的行政区域的城镇体系规划。"这样，就在全国范围内形成了不同等级的城镇体系规划体系，通过运用系统理论与方法，合理组织体系内城镇的等级规模结构、职能结构和空间组织结构，协调支撑城镇体系发展的基础设施建设（又称城镇网络结构），简称"三结构一网络"，用以指导城市总体规划的编制（图4-2）。

❶　宋家泰，顾朝林.城镇体系规划的理论与方法初探 [J].地理学报，1988，43（2）：100.

（2）城镇体系规划作为经济区区域规划 / 国土规划的组成部分

1982 年 10 月 24 日，国家领导人指出，区域规划不是要各省、各县都去搞面面俱到的规划，重要的是要有一些经济区域的规划，比如长江三角洲的区域发展规划，以山西为中心的能源和重化工基地的区域发展规划，以及以大中城市为中心的区域发展规划等，从中研究一些大的方向、大的决策。根据国务院的决定，1982 年 12 月成立了上海经济区和山西为中心的能源重化工基地两个规划办公室，作为国务院的派出机构进行工作。1984 年 3 月，规划办公室开始编制《上海经济区城镇布局规划纲要（1985—2000 年）》（以下简称《纲要》），这是改革开放以来中国首次进行的区域城镇布局规划工作（图 4-3）。《纲要》对有关省（市）城市总体规划的编制、调整、修订以及经济区铁路等建设，发挥了指导作用。

上海经济区城镇布局规划

1984 年 3 月，国务院上海经济区规划办公室和建设部联合发出通知，决定开展上海经济区城镇布局规划工作，范围包括上海市及江苏省的苏州、无锡、常州、南通，浙江省的杭州、宁波、绍兴、嘉兴、湖州等 10 个城市，面积 8.4 万 km^2，人口 5000 余万。10 个城市分别研究，开展市域范围规划，1984 年 10 月进行初步汇总。

1984 年 12 月，上海经济区扩大为上海、江苏、浙江、安徽、江西等 4 省 1 市。1985 年 2 月，上海经济区规划办公室和建设部又联合发出通知，要求按扩大的经济区范围，进一步开展经济区城镇布局规划工作。据此，规划办公室及时增补了安徽省、江西省的城市规划部门参加工作。又通过半年的工作，在分省（市）编制规划的基础上，经过多次协调，综合汇编，《上海经济区城镇布局规划纲要（1985—2000 年）》于 1986 年初形成。

上海经济区城镇布局规划是经济区区域规划的重要组成部分，其内容以城镇发展和布局为主，同时包括经济区城市间交通网络规划和风景旅游建设布局规划的意见。经济区城镇发展和布局规划，是从生产力和人口的合理分布出发，着重就经济区的城镇人口发展趋势、城镇规模等级体系，城镇空间分布和职能分工等方面，分别提出规划意见。规划纲要对依托中心城市划分省辖经济区提出了初步设想。城市间交通网布局规划重点在经济区城镇港口、水运交通的发展及综合交通网的合理配置。风景旅游区规划意在配合区内城镇居民的休息与旅游活动，并考虑区外、国外的旅游之需，着重风景旅游区开发建设的宏观布局。

1984 年末，为适应国家计委编制《全国国土总体规划纲要》的需要，城乡建设环境保护部（建设部前身）城市规划局开始组织编制全国城镇发展布局战略要点。

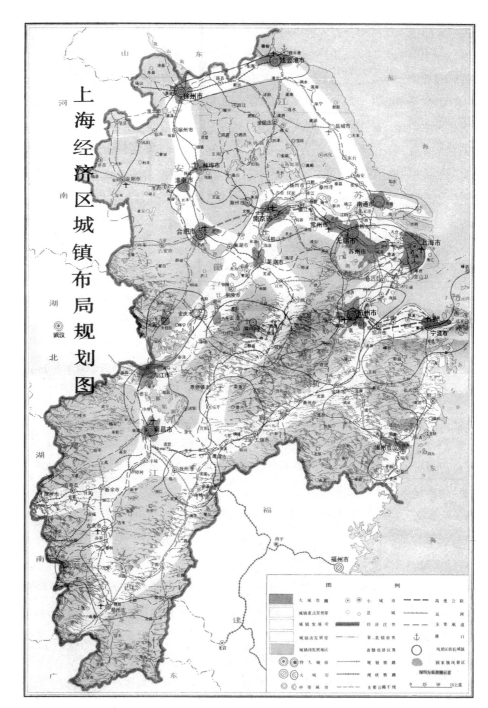

图4-3 上海经济区城镇布局规划图

资料来源：上海经济区城镇布局规划编制组.上海经济区城镇布局规划纲要（1985—2000年）[R].1986-03.

1985年，《2000年全国城镇发展布局战略要点》报国家计委纳入《全国国土总体规划纲要》，同时发各地作为各省编制省域城镇体系规划和修改、调整城市总体规划的依据（图4-4）。规划提出的主要任务是，把国家确定的重大项目落实在地域上，把

图 4-4 主要城市带发展趋势示意图

规划分析了沿海带城市数量不足，分布不均衡，以及东部陇海路徐州至阜阳一带缺乏大城市群的问题，
确定沿京广、京沪、京哈、陇海线以及长江中下游发展主要城市带，重点抓好长江三角洲、浙江三角洲、
辽宁中部、京津唐、长株潭等主要大城市地区规划，重点保护西安、杭州、苏州、桂林等主要古城。
资料来源：城乡建设环境保护部，国家计划委员会城市规划局 . 2000 年全国城镇发展布局战略要点附图
（送审稿）[R]. 1986—02.
注：本图由中国地图出版社绘制并授权使用。

大的建设布局体现出来，把城镇布局、生产力布局和人口布局三者结合起来，促进
小城镇发展。城镇空间布局的设想为：①以各级中心城市为核心，大中小城市相结
合，组成不同规模、不同职能分工的多层次的城镇体系；②沿海、中部和西北三个
地带在 20 世纪内的经济发展任务不同，在城市布局和城市发展政策上应有所区别；
③继续贯彻"控制大城市规模，合理发展重点城市，积极发展小城市"的发展方针，
结合各地的具体条件，将全国城市分为四类，加以政策指导：第一类，严格控制规
模，向远郊扩散的城市；第二类，有控制地发展的城市；第三类，促进发展的城市；
第四类，重点保护的城市。

此外，1986 年初，按照国家计委关于修订长江流域综合治理开发规划的要求，
建设部城市规划局组织编制《长江沿江地区城镇发展和布局规划要点》，规划成果送
长江水利委员会办公室纳入长江综合治理开发规划，并由长江水利委员会办公室报
国务院。1990 年 12 月，建设部城市规划司与国家计委国土规划司共同组织开展陇
海兰新地带城镇发展与布局规划工作，1992 年 10 月，建设部与国家计委在乌鲁木

齐联合召开会议研究规划的初步成果，并经修改形成《陇海兰新地带城镇发展与布局规划要点》，规划成果由建设部和国家计委送陇海兰新地带各省（自治区）人民政府和国务院有关部委，供制定地区和部门计划时参考。

总体看来，这一时期"城镇体系规划处在衔接区域国土规划和城市总体的重要地位，具有双重性质，既是城市规划的组成部分，又是区域国土规划的组成部分"❶。据胡序威回忆，1985 年后，各省市结合国土规划陆续开展城镇体系规划工作，其中多数又由具有地理专业背景的规划力量承担 ❷。1980 年 6 月，建筑学会城市规划学术委员会成立以宋家泰为组长，胡序威、郑志霄为副组长的区域规划与城市经济学组，学组后来组织的多次学术活动均以有关城镇体系规划编制方法的经验交流为主。

（3）"市带县"体制与市域规划的开展

为了充分发挥中心城市的作用，带动其周围地区城乡经济的一体化发展，1984 年以后，"市带县"或"市管县"（受省委托，代管若干个县或县级市）体制广泛推行。到 1990 年末，全国实行"市带县"或"市管县"的城市有 168 个，占直辖市和地级市总数 188 个的 89.4%；全国市管辖或代管辖的县级行政区 796 个，占全国县级行政区总数 2182 个的 36.5%。在此体制下，市域即城市及其周围地域的组合，基本上是一个基层经济区。各地政府迫切要求开展以大中城市为中心，以市域为单元的市域规划，为市域内互相联系的一组城镇的合理发展提供宏观指导，并协调解决工农之间、城乡之间的用地矛盾。

市域规划的重点是如何使区域内的中心城市及其相关的各类城镇的发展和建设布局趋向合理化。当然，要实现规划区域城镇体系或城镇群体的合理发展和布局，就必然要涉及区域经济与社会的发展方向，区域产业结构与空间结构优化，区域内生产布局与资源、环境及城镇布局的相互协调等多方面的规划内容，因此就市域规划的基本内容所涉及范围及其所具有的综合性、战略性与地域性特点而言，市域规划与其他类型的区域规划，尤其是地区性的国土规划，并无多大差别 ❸。

市域规划产生于实践，其内容逐步丰富。最早出现的是昆明市规划设计院编制的昆明市市域规划（完成于 1986 年 12 月），主要是为解决就城市论城市的规划与经济脱节问题而制定的，并且做了经济区划分的尝试，但着重点仍然在城镇体系上。1986 年 11 月—1987 年 5 月，中国城市规划设计研究院开展秦皇岛市域规划，以生

❶ 崔功豪，魏清泉，陈宗兴.区域规划域分析 [M].北京：高等教育出版社，1999：353.

❷ 胡序威.地理界加盟规划界的历史回忆——为庆祝中国城市规划学会成立 50 周年而写 [M]// 中国城市规划学会.规划 50 年.北京：中国建筑工业出版社，2006：84.

❸ 胡序威.《市域规划编制方法与理论》序言 [M]// 中国城市规划设计研究院《市域规划编制方法与理论研究》课题组.市域规划编制方法与理论.北京：中国建筑工业出版社，1992.

产力布局工作重点，在空间布局上落实秦皇岛经济社会发展战略目标。此外，安徽省黄山市（1989 年）、广东省深圳市（1990 年）、河南省焦作市、江苏省扬州市、河北省保定市等也陆续开展市域规划工作，这些市域规划大部分以城镇发展为重点❶。但是，市域规划既不是单纯的城镇体系规划，也不是单纯的乡村发展规划，而是"包括城乡，特别是将两者结合起来的规划。"❷

4.1.3　耕地资源保护工作引起重视

改革开放以来，随着中国经济发展持续高速增长，土地资源需求巨大。农民因收入增加需要建房的宅基地，国家重点建设和乡镇企业发展需要大量的建设用地，外商投资也需要建厂房，耕地被大量占用。加之多头管理、分散管理导致土地管理的无序与混乱，耕地连年减少。20 世纪 80 年代初，我国耕地平均每年减少 700 多万亩，1985 年减少了 1500 多万亩（表 4-1）。

我国耕地减少的趋势（万亩）　　　　　　　　表 4-1

项目	1957—1987 年		"六五"期间		1985 年	1986 年	1987 年
	总数	平均	总数	平均			
累计减少	62320	2077	8752	1750	2396.9	1662.4	1220
开荒造田	38210	1273	5063	1012	883.1	702.6	510
净减少	24110	804	3689	737	1513.8	959.8	710

资料来源：吴传钧，侯锋 . 国土开发整治与规划 [M]. 南京：江苏教育出版社，1990：391.

为保护有限的耕地资源，强化对土地资源的管理，1986 年 3 月，中共中央、国务院联合发出《关于加强土地统一管理工作，制止乱占耕地的通知》（中发〔1986〕7 号文，以下简称《通知》）。《通知》明确提出了"珍惜和合理利用每寸土地，切实保护耕地"的基本国策，决定组建国家土地管理局。1986 年 8 月，国家土地管理局正式成立，作为国务院直属机构，编制全国土地利用总体规划，通过计划与行政手段相结合，加强土地管理的权威性，并要求运用经济手段控制非农业用地。

1987 年 12 月 26 日国务院办公厅转发国家土地管理局制定的《关于开展土地利用总体规划工作的报告》（国办发〔1987〕82 号，以下简称《报告》），《报告》指出："土地利用总体规划是国土规划的组成部分，是土地利用宏观的、指导性的长期规划。其主要内容是，根据土地自然特点、经济条件和国民经济、社会发展用地需求的长

❶ 中国城市规划设计研究院《市域规划编制方法与理论研究》课题组 . 市域规划编制方法与理论 [M]. 北京：中国建筑工业出版社，1992：4-5.

❷ 杨吾扬、李彪、周宇、石光亮 . 县级市域规划的若干理论问题——以诸城市为例 [J]. 地理学报，1989，44（3）：281-290.

期预测，确定土地利用的目标和方向，土地利用结构和布局，对各主要用地部门的用地规模提出控制性指标，划分土地利用区域，确定实施规划的方针政策和措施。它是编制地区和专项土地利用规划以及审批土地的依据。"为逐步开展土地利用总体规划工作，相关部门从 1988 年起，着手编制《全国土地利用总体规划纲要》，为社会经济发展服务；同时，选择若干有条件的省、市、县，开展省级和市、县级土地利用总体规划试点。通过试点，制定《土地利用总体规划编制办法》，并在全国进行这项工作。

4.2 建立社会主义市场经济体制与区域规划发展（1992—2002 年）

1992 年 1 月 18 至 2 月 21 日，邓小平视察南方数省，并发表重要谈话："社会主义基本制度确立以后，还要从根本上改变束缚生产力发展的经济体制，建立充满生机和活力的社会主义经济体制，促进生产力发展。"根据邓小平南方谈话精神和 14 年改革开放的伟大实践，1992 年 10 月江泽民在中共十四大报告中明确提出，中国经济体制改革的目标是建立社会主义市场经济体制，这是我国社会主义经济理论的重大突破 ❶。1993 年 11 月 14 日，中共十四届三中全会通过了《中共中央关于建立社会主义市场经济体制若干问题的决定》。在建立社会主义市场经济体制的过程中，区域规划的功能与形式开始发生变化，区域规划成为政府实施宏观调控的重要手段。

4.2.1 跨省区区域经济规划工作的起步与尝试

1991 年，国家计委内负责国土工作和地区经济工作的职能机构合并为国土地区司。自 1992 年起，我国计划体制的一项重要改革，就是以经济的自然联系和资源、区位优势互补为主导的、跨省区的区域经济规划工作开始起步，跨省区的区域经济（或经济带）逐步发育、发展，成为国民经济体系中的一个重要层次。国家计委先后组织有关部门，根据市场经济规律、地区经济内在的联系，以及地理特点，打破行政区划界限，在已有经济布局的基础上，编制了长江三角洲及沿江地带规划要点，西南及华南部分省区区域规划纲要，东北地区、西北地区、环渤海地区、中部五省及京九铁路沿线地区、东南沿海地区区域经济规划等七大区域发展规划。根据七大区域规划编制思路和经验，《"九五"计划和 2010 年远景目标纲要》在促进区域经济协调发展部分，明确要求按照市场经济规律和经济内在联系以及地理自然特点，突破行政区划界限，在已有经济布局的基础上，以中心城市和交通要道为依托，逐步

---

❶ 江泽民.加快改革开放和现代化建设步伐，夺取有中国特色社会主义事业的更大胜利 [M]// 江泽民文选（第一卷）.北京：人民出版社，2006：226.

形成 7 个跨省区市的经济区域。显然，区域规划已逐步成为宏观经济调控工作的重要内容之一，希望从比较大的范围来考虑地区经济布局以及省、区、市之间的联合发展，形成全国、区域和省区三个层次有机联系的规划体系❶。

不过，从综合经济区划和规划生产力布局框架的角度分析，7 大经济区域的划分仍有不完善之处，包括地域上交叉重叠较多，各区域范围和面积差别过大，行政区划打乱较多，以及区内的经济联系尚缺乏科学分析等，因此这种区域划分不能承担起综合经济区划以及综合区域规划的任务，不能完全从总体上把握全国区域经济的发展态势和确立生产力布局的基本框架。总体看来，由于政府调控手段和宏观环境的快速变化，这些规划基本上是依托计划经济体制编制的，因此它们所起的作用有限。20 世纪 90 年代中期完成"七大区"规划之后，区域规划工作很大程度上退出了政府管理工作的视野❷。

4.2.2　国土规划的衰变与基本农田保护、土地利用规划的兴起

（1）国土规划发展进入低谷

进入 20 世纪 90 年代以来，随着社会主义市场经济的逐步建立和政府职能的转变，国土规划和管理职能摇摆不定，国土规划发展进入低谷。1996 年，国土规划工作完全停顿❸。

1998 年，国务院进行政府机构改革，由国家土地管理局、国家海洋局、国家测绘局和地质矿产部共同组建国土资源部，国土管理的主要职能转移到新成立的国土资源部，原属国家计划委员会制定国土规划的职责划归国土资源部；国家计划委员会更名为国家发展计划委员会，国土地区司改为地区发展司，将重点转向地区发展规划。这样，原来的发展计划和国土规划由一家独揽变成了两家分治。事实证明，中国区域规划发展将面临进行部门协调的问题。

（2）建立基本农田保护制度

1988 年，国家土地管理局在湖北荆州试行基本农田保护区划定工作，这是全国范围内首次试行基本农田保护工作；1989 年 5 月，全国推广荆州经验，原国家土地局部署在全国开展划定基本农田保护区的试点工作。1992 年 2 月 10 日，国务院批转国家土地管理局、农业部《关于在全国开展基本农田保护工作的请示》（以下简称《请示》）。《请示》提出，划定基本农田保护区是保护耕地的有效办法，拟在全国推广这一做法；各级人民政府对农田保护工作应高度重视，把划定基本农田保

❶ 杨洁. 对区域规划工作的回顾与展望 [J]. 科技导报，1998，（8）：58-61.
❷ 刘卫东，陆大道. 新时期我国区域空间规划的方法论探讨——以"西部开发重点区域规划前期研究"为例 [J]. 地理学报，2005，60（6）：894-902.
❸ 胡序威. 中国区域规划的演变与展望 [J]. 地理学报，2006，61（6）：585-592.

护区与土地利用总体规划、城市和村镇规划协调一致；争取在一二年内把全国应保护的农田都保护起来。

1994 年 8 月 18 日，国务院发布《基本农田保护条例》。1998 年 12 月 27 日，国务院发布修改后的《基本农田保护条例》（以下简称《条例》）。基本农田是指按照一定时期人口和社会经济发展对农产品的需求，依据土地利用总体规划确定的不得占用的耕地；基本农田保护区是指为对基本农田实行特殊保护而依据土地利用总体规划和依照法定程序确定的特定保护区域。《条例》规定，县级以上地方各级人民政府应当将基本农田保护工作纳入国民经济和社会发展计划，作为政府领导任期目标责任制的一项内容，并由上一级人民政府监督实施。省、自治区、直辖市划定的基本农田应当占本行政区域内耕地总面积的 80% 以上，具体数量指标根据全国土地利用总体规划逐级分解下达。至 2001 年，全国划定基本农田保护范围达到 10880 万 hm^2，占全国耕地面积的 85.27%；2002 年，划定基本农田 11467 万 hm^2，占全国耕地面积的 91%。

在此期间，鉴于一些地方乱占耕地、违法批地、浪费土地的问题没有从根本上解决，耕地面积锐减，土地资产流失，不仅严重影响了粮食生产和农业发展，也影响了整个国民经济的发展和社会的稳定。为扭转在人口继续增加情况下耕地大量减少的失衡趋势，1997 年 4 月 15 日，中共中央、国务院还发出《关于进一步加强土地管理切实保护耕地的通知》（中发〔1997〕11 号文），提出严格管理土地、保护耕地的治本之策。

（3）开展土地利用规划

1993 年 3 月 15 日，经国务院原则同意，国务院办公厅印发国家土地管理局编制的《全国土地利用总体规划纲要（草案）》（以下简称《纲要》）。《纲要》是一个从全国范围着眼的、长远的、宏观指导性的战略规划，它的主要任务是对土地利用现状和后备资源潜力进行综合分析研究，根据需要和可能提出今后一个时期内全国土地利用的目标和基本方针；在预测土地利用变化的基础上，提出各类用地的控制性指标；协调各部门的用地需求，提出对各省、自治区、直辖市土地利用方向和结构的指导性意见；提出实施规划的政策、措施和步骤。

1999 年 4 月 27 日，国土资源部会同农业部新修订的《1997—2010 年全国土地利用总体规划纲要》（以下简称《纲要》），经国务院批准实施，这是我国确立了土地用途管制制度后的第一轮土地利用总体规划。《纲要》提出了到 2010 年土地利用的总目标，即在保护生态环境前提下，保持耕地总量动态平衡，土地利用方式由粗放向集约转变，土地利用结构与布局明显改善，土地产出率和综合利用效率有比较显著的提高，为国民经济持续、快速、健康发展提供土地保障。《纲要》在对全国土地资源利用状况和面临的形势进行全面分析的基础上，根据《国民经济和社会发展

"九五"计划和 2010 年远景目标纲要》、国土整治和资源环境保护的要求、土地供给能力以及各项建设对土地的需求，以保护耕地和控制非农业建设用地规模为重点，确定了土地利用的目标、方针，对土地利用结构和布局进行了必要的调整，进一步协调了各类用地矛盾，提出了土地利用宏观调控和用途管制的政策意见，制定了实施规划的具体措施。

1999 年 6 月，第一个省级土地利用规划《浙江省土地利用总体规划》获得批准实施。截至 2001 年 3 月，需国务院批准的 31 个省、自治区、直辖市和 81 个城市的土地利用总体规划已全部批准实施。此轮规划适用至 2010 年，规划按照供给制约和统筹兼顾原则编制，有利于控制建设用地总规模；各级规划按照自上而下、上下结合的方法进行，强化了土地利用的宏观控制，有利于全国规划目标的落实。县级和乡级规划通过土地利用分区，确定每一块土地的用途，为实施土地用途管制奠定了基础。由于缺乏国土（区域）规划的依据，土地利用规划的重点放在耕地的保护上。

4.2.3 城镇体系规划的提升

在国土规划工作后，建设规划领域仍然积极开展城镇体系规划工作，逐步拓宽内容，向综合性区域规划发展，区域规划的战略性与空间性进一步明确，努力适应社会市场经济的变化。

（1）建设部颁布《城镇体系规划编制审批办法》

1994 年 8 月 15 日，建设部发布《城镇体系规划编制审批办法》（以下简称《办法》），同年 9 月 1 日起施行。《办法》指出："城镇体系是指一定区域范围内在经济社会和空间发展上具有有机联系的城镇群体。"《办法》将城镇体系规划城镇体系分为全国、省域（或自治区域）、市域（包括直辖市、市和有中心城市依托的地区、自治州、盟域）、县域（包括县、自治县、旗域）等四个基本层次。《办法》明确城镇体系规划的任务是：

综合评价城镇发展条件；制订区域城镇发展战略；预测区域人口增长和城市化水平；拟定各相关城镇的发展方面与规模；协调城镇发展与产业配置的时空关系；统筹安排区域基础设施和社会设施；引导和控制区域城镇的合理发展与布局；指导城市总体规划的编制。

可以看出，《办法》要求制定区域城镇发展战略，预测城镇化水平分析，作为区域城镇体系规划布局的基础，并且强调城镇体系规划对城市总体规划的指导作用。在后来的实际工作中，又增加了生态环境规划、分区空间管治等多项内容。"原功能较单纯的城镇体系规划转向以城镇体系发展为主体，与相关要素进行空间综合协调的区域可持续发展的空间规划，在较大程度上顶替了衰变前的国土区域规划。"❶ 从内

❶ 胡序威. 我国区域规划的发展态势与面临问题 [J]. 城市规划，2002，26（2）：23-26.

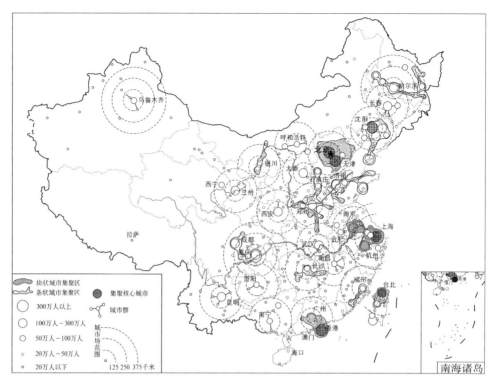

图4-5　中国城市集聚区分布

资料来源：顾朝林，柴彦威，蔡建明.中国城市地理[M].北京：商务印书馆，2002.

注：本图由中国地图出版社绘制并授权使用。

容上看，城镇体系规划可以称得上是"准区域规划"❶。

（2）城市群/都市圈规划/城乡一体化规划

随着社会主义市场经济体制的逐步建立，城市之间的横向联系越来越明显，甚至超越了传统的纵向联系，在一定区域内，形成了众多城市紧密联系、相互分工协作，被称为"城市群"或"都市圈"的整体，城市群规划或都市圈规划也应运而生（图4-5）。

1992年以后中国的经济市场化加速，尤其是在珠江三角洲，经济进入了一个超常规发展的阶段。1992年邓小平南方谈话要求广东省用20年的时间赶上亚洲"四小龙"，党的十四大要求广东省力争用20年时间基本实现现代化。这个新的战略目标的提出成为广东省社会经济发展的新动力，1994年11月广东省委、省政府作出开展珠江三角洲经济区规划的决定。城市群规划是珠江三角洲经济区规划的五个重点专题之一（其他四项专题为基础设施规划、产业布局规划、环境保护规划和社会发展规划），由省建委具体组织编制❷。从规划方法上看，《珠江三角洲城市群规划》

---

❶ 朱才斌，冀光恒.从规划体系看城市总体规划与土地利用规划[J].规划师，2000，16（3）：11.

❷ 许学强.突出重点 创出新意[M]//广东省建设委员会，珠江三角洲经济区城市群规划组.珠江三角洲经济区城市群规划——协调与持续发展.北京：中国建筑工业出版社，1996.

为区域性规划的实施提供了一些经验：①严格把好城市总体规划的审批关。要求珠江三角洲各市、县确立局部服从整体的发展意识，将城市群规划确定的分区发展策略落实到各城镇规划中去，确保各城市规划与城市群规划的结合。②编制更加具体的协调规划，深化落实《珠江三角洲城市群规划》，包括局部地区的规划、专业规划等。③以《珠江三角洲城市群规划》为依据，调整完善城市总体规划。

珠江三角洲城市群规划

　　珠江三角洲经济区位于广东省中南部、珠江下游，面积约40000km²，2000多万人口的广阔地域。纵观珠江三角洲城市群的发展，具有增长速度快、中小城市（镇）发展和交通与通信网络变化大的显著特点。到1995年，珠江三角洲的城市群发展，明显地表现出"中心—边缘"结构向多核心结构的转变，一个区域性的大市场逐步形成，城市边缘地区的发展开始加快，城市之间的经济、文化科技联系进一步加强。

　　城市群规划以超前和整体的眼光，按照现代化的标准规划整个三角洲地区的城市现代化建设蓝图，为政府提供经济建设和社会发展的决策依据。由于该规划是政府行为，需要突出重点，重点在于协调，协调解决那些区内市与市、市与县、县与县之间解决不了，需要上一级政府协调解决的重点问题。规划将"可持续发展"观点贯彻到成果中。

　　本规划的主要精神可以概括为："一个整体"——形成分工协作、共同发展的经济区城市群；"一个核心"——以广州为经济区的核心；"两条发展主轴"——广州至深圳发展轴和广州至珠海发展轴；"三大都市区"——中部都市区、东岸都市区和西岸都市区；"四种用地模式"——都会区、市镇密集区、开敞区和生态敏感区四种用地模式（图4-6）。

　　由于缺乏有效的区域规划指导和控制，不少地方出现了各自为政、以邻为壑、圈地为牢、盲目开发的现象。1996年，中国城市规划院完成《南海市城乡一体化规划》，针对该地区市场经济活跃、区际联系广泛、经济主体多元化等特点突破了原有的条条框框，重点强调区域协调（规划中与所有周边城市都进行了基础设施、生态环境等方面的规划协调）、城乡统筹（市域空间一体化布局）、生态环境的保护以及城镇建设的统筹安排，对南海相当长一段时间的发展以及以后又做的各类规划起到了很好的指导和控制作用（图4-7）。此后，不少沿海发达地区相应编制了城乡一体化规划、市（县）域总体规划。这些规划从空间范围和内容上看都是区域性的规划，虽然未被纳入国家法定规划序列，但对当地有效协调区域关系、统筹城乡发展、统筹经济社会环境发展，有效控制和引导城乡各类建设起到了很好的作用。

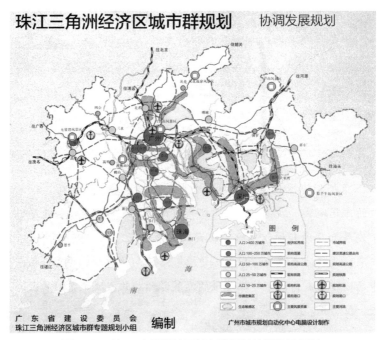

图 4-6　珠江三角洲经济区城市群规划 协调发展规划

资料来源：广东省建设委员会，珠江三角洲经济区城市群规划组.珠江三角洲经济区城市
群规划——协调与持续发展 [M].北京：中国建筑工业出版社，1996.

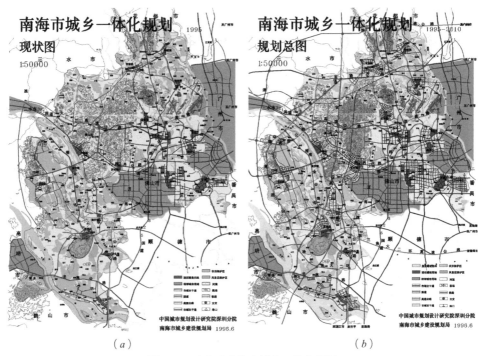

（a）　　　　　　　　　　　　　　　　　（b）

图 4-7　广东省南海市城乡一体化规划
（a）现状图；（b）规划总图

资料来源：中国城市规划设计研究院深圳分院，南海市城乡建设规划局.
南海市城乡一体化规划 [R]. 1996–06.

（3）"重视跨省的区域规划工作"的要求与"京津冀地区城乡空间发展规划研究"

20 世纪 90 年代后期，国家对跨省的区域城镇体系规划工作日益关注。1999 年 12 月 27 日，温家宝副总理在全国城乡规划工作会议上进一步明确提出"重视跨省的区域规划工作"：

随着经济的发展，城市与城市之间，城市与乡村之间的联系越来越密切。区域协调发展已经成为城乡可持续发展的基础。必须搞好区域规划的编制工作，从区域整体出发，对城市发展以及基础设施的布局和建设进行统筹安排。

目前，跨省级行政区的资源开发利用、基础设施布局还缺乏统一规划和有效的协调，矛盾越来越突出。因此，要高度重视跨省的区域规划工作，探索建立有效的实施机制。有条件的地区可先试点，比如长江三角洲、京津唐地区等，应当迅速开展区域规划工作，积累经验。

2000—2001 年，在国家自然科学基金与建设部重点研究基金的资助下，清华大学吴良镛组织开展《京津冀地区城乡空间发展规划研究》❶。研究的地域范围涵盖整个"京津冀"地区，其中主要是由北京、天津、唐山、保定、廊坊等城市所统辖的京津唐和京津保两个三角形地区，1999 年土地面积约 7.0 万 km²，人口 4000 多万。研究的宗旨是，从世界城市、可持续发展和人居环境的战略高度，以整体的观念审视首都圈的发展，探讨京津冀北地区城乡空间发展中的问题，诸如区域经济整体实力不强、区域核心城市与周边地区联系薄弱、区域环境问题严峻、缺乏合理的协作与分工以及区域交通体系过于聚焦、城际交通不便等，努力为国家制定该区的区域发展政策提供一个基础性的研究报告。研究确定了地区规划的基本思路，包括：①核心城市"有机疏散"与区域范围的"重新集中"相结合，实施双核心/多中心都市圈战略；②实现大北京地区的土地整体利用，综合平衡与总体管理；③京津两大枢纽进行分工与协作，实现区域交通运输网从"单中心放射式"向"双中心网络式"的转变；④采取"交通轴＋葡萄串＋生态绿地"的发展模式，将交通轴、"葡萄串"式的城镇走廊融入区域生态环境中，塑造区域人居环境的新形态（图 4-8）。研究还建议加强区域统筹管理，建立行之有效的区域协调与合作机制，成立由首都规划建设委员会、国家计划发展委员会、建设部、国土资源部、财政部、银行、税务部门等组成的有力的、务实的区域协调机构；根据影响区域发展的重大问题（如交通、生态、环境、水资源、产业结构等），建立专题研究委员会；在区域整体协调原则指导下，建议两市一省对原城市总体规划进行战略性调整，共同推进建设世界城市的战略。这是新时期国内第一次大规模的、重要的区域规划研究，明确了区域规划的战略性与空间性，指明了区域规划的空间发展趋向，对全国城市和区域规划的编制有着重要的指导意义。

❶ 吴良镛，等.京津冀地区城乡空间发展规划研究[M].北京：清华大学出版社，2002.

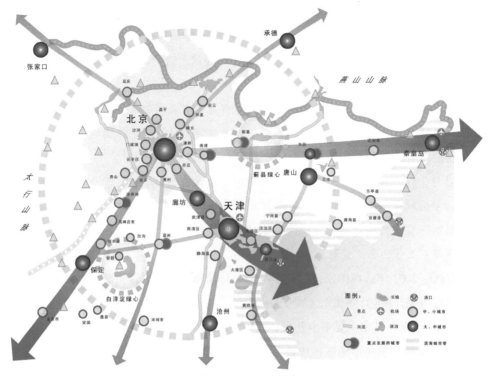

图 4-8　京津冀北城乡空间发展规划结构示意图

资料来源：吴良镛，等.京津冀地区城乡空间发展规划研究 [M].北京：清华大学出版社，2002.

（4）空间战略规划 / 概念规划的兴起

20 世纪 90 年代后期以来，在经济发达、城镇密集地区，城市发展外部环境激烈变化，城市发展速度加快，发展规模变大，对于空间发展传统的规划方法"捉襟见肘"，"存在目标不清、策略不明、缺乏弹性和应变能力的问题"[1]。2000 年，吴良镛在广州市政府咨询城市空间发展时提出，像广州这样的特大城市，问题特别复杂，必须把影响城市发展的重要的问题，包括空间问题，提到较高的原则性上去思考，进行全局性的、战略性的谋划[2]。后来，建议得到地方政府的积极采纳，并开展相关研究。继广州后，南京、济南等城市也开展了空间发展战略研究。总体看来，城市空间发展战略研究或者概念规划研究的对象基本上是"城市地区"（city region）[3]，亦称"城市区域"[4]，实际上就是从区域的角度探讨城市空间发展的战略性思考；

---

[1] 李晓江 . 关于城市空间发展战略研究的思考 [J]. 城市规划，2003，27（2）：28-34.

[2] 2000 年 5 月 7 日，吴良镛教授在广州会见林树森市长时特别指出，"规划中有很多技术的东西，但根本的是在战略上要理顺"；"要有战略思想与观点作为前提，……规划要看到多种可能性"；"要加强规划，一般说技术不成问题，重要的是加强战略思想。要处理好战略与战术的关系，真正思路对头，技术上比较好解决"。

[3] 吴良镛，武廷海 . 城市地区的空间秩序与协调发展：以上海及其周边地区为例 [J]. 城市规划，2002，26（12）：18-21.

[4] 胡序威 . 我国区域规划的发展态势与面临问题 [J]. 城市规划，2002，26（2）：23-26.

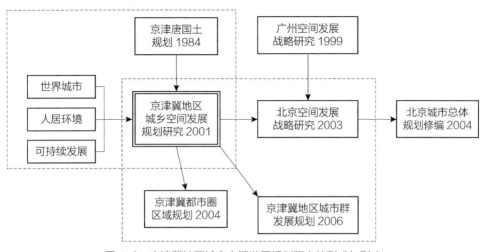

图 4-9　京津冀地区城乡空间发展规划研究的形成与影响

资料来源：作者自制

同时，也是城市所处地区的区域规划研究。

2003 年 7 月，吴良镛在北京城市空间发展战略研究讨论会上提出，一般说来，城市空间发展战略研究包括三个基本部分，即"问题分析—发展战略—行动计划"。2003 年 9 月，清华大学的《北京城市空间发展战略研究总报告》分为"背景与战略—行动计划—有关建议"三部分展开。在"行动计划"部分，结合当前急迫的问题，制定简明而可操作的行动计划，近期就能付诸实施并取得实效，最终促进有序的、全面的战略转变。2003 年，吴良镛等撰文，进一步指出战略规划的空间规划属性，提出新时期规划体制改革的可能途径（图 4-9）❶。

4.3　完善社会主义市场经济体制与区域规划新探索（2003 年以来）

2002 年 11 月 8 日，中共十六大提出完善社会主义市场经济体制的任务，围绕全面建设小康社会的目标，开始启动完善社会主义市场经济体制的全面改革进程❷。2003 年 10 月 14 日中共十六届三中全会通过《中共中央关于完善社会主义市场经济体制若干问题的决定》，提出要按照"五个统筹"❸的要求，更大程度地发挥市场在资源配置中的基础性作用；坚持以人为本，树立全面、协调、可持续的发展观，促进经济社会和人的全面发展。在科学发展观指导下，区域规划呈现多种探索形式并存

---

❶ 吴良镛，武廷海. 从战略规划到行动计划——中国城市规划体制初论 [J]. 城市规划，2003，27（12）：13-17.

❷ 江泽民. 全面建设小康社会，开创中国特色社会主义事业新局面 [M]// 江泽民文选（第三卷）. 北京：人民出版社，2006：544.

❸ 即"统筹城乡发展、统筹区域发展、统筹经济社会发展、统筹人与自然和谐发展、统筹国内发展和对外开放"。

的格局，包括"十一五"规划把区域规划放在突出重要的位置，开展城市区域规划研究，加强区域城镇体系规划与国土规划编制工作等。

4.3.1 "十一五"规划把区域规划放在突出重要的位置

（1）"计划"更名为"规划"，突出区域规划

随着经济体制改革的不断深化，国民经济和社会发展计划的指导性、政策性倾向更加显著，更加强调战略性，要求加强区域发展的协调和指导。但是，由于各方面的体制还不完善，规划编制和实施中还存在许多亟待解决的问题，包括区域规划不到位，这不仅有损规划的科学性、有效性，而且直接影响到经济社会的协调发展和可持续发展。为了顺应市场经济的潮流，运用空间手段进行调控，从"十一五"开始，国家发展与改革委员会将"五年计划"改称"五年规划"，一定程度上反映了中国经济体制、发展理念、政府职能等方面的重大变革。

2003年9月，在全国"十一五"规划编制工作电视电话会议上，国家发改委马凯主任提出"把区域规划放在突出重要的位置"：

"十一五"规划，按行政层级，包括国家规划、省级规划和市县级规划；按对象和功能，包括国民经济和社会发展总体规划、专项规划和区域规划。

区域规划是以跨行政区的经济区为对象编制的规划，是国家总体规划或省级总体规划在特定经济区的细化和落实。区域规划是战略性、空间性和有约束力的规划，不是纯粹的指导性和预测性规划。区域规划的作用是划定主要功能区的"红线"，主要内容是把经济中心、城镇体系、产业聚集区、基础设施以及限制开发地区等落实到具体的地域空间，是编制市县规划、城市规划和其他规划的重要依据。编制区域规划，要着眼于打破地区行政分割，发挥各自优势，统筹重大基础设施、生产力布局和生态环境建设，提高区域的整体竞争能力。❶

显然，传统的区域经济（发展）的规划重点已经转向空间规划。在中国的经济体系中，区域经济是一个十分重要的层次，通过区域规划可以把全国经济发展和地区经济发展很好地结合起来，而"十一五"规划在将区域规划放在突出重要位置的同时，也进一步凸现了后来区域规划职能部门分置的格局（详见后文）。

（2）京津冀都市圈、长江三角洲区域规划试点

2004年4月，马凯在"十一五"规划编制工作领导小组第一次会议上要求，先期启动京津冀都市圈和长江三角洲地区两个区域规划的前期工作。7月初，国家发改委以发改办地区〔2004〕1129号文，印发《国家发展改革委办公厅关于组织开展区域规划前期工作的通知》，工作旋即展开。

---

❶ 马凯.用新的发展观编制"十一五"规划[N].中国经济导报，2003-10-21.

根据京津冀都市圈、长江三角洲地区区域规划工作方案 ❶，区域规划的主要任务包括：①明确区域的整体定位，确定区域的总体发展战略、目标以及区域内分工；②协调规划区内各地区共同关注，但任何一方都难以自行解决的重大问题，主要是区域性基础设施的共建与共享、投资环境的营造、生态建设与环境保护，以及关系到区域可持续发展的重大建设项目等，提出统筹协调发展的思路和布局方案；③研究提出促进区域整体发展的政策措施。

规划前期工作中拟重点解决的几个问题：①从全局的角度明确该区域的整体定位。②研究解决重大的资源开发利用、生态环境保护、产业发展与布局、基础设施建设、人口与城镇化等方面的问题。③探讨新时期实施区域规划方案的保障机制。④探索科学的区域规划方法和手段。

（3）国务院《关于加强国民经济和社会发展规划编制工作的若干意见》

为推进国民经济和社会发展规划编制工作的规范化、制度化，提高规划的科学性、民主性，更好地发挥规划在宏观调控、政府管理和资源配置中的作用，国务院提出《关于加强国民经济和社会发展规划编制工作的若干意见》（国发〔2005〕33号），明确指出：

区域规划是以跨行政区的特定区域国民经济和社会发展为对象编制的规划，是总体规划在特定区域的细化和落实。跨省（区、市）的区域规划是编制区域内省（区、市）级总体规划、专项规划的依据。

国家对经济社会发展联系紧密的地区、有较强辐射能力和带动作用的特大城市为依托的城市群地区、国家总体规划确定的重点开发或保护区域等，编制跨省（区、市）的区域规划。其主要内容包括：对人口、经济增长、资源环境承载能力进行预测和分析，对区域内各类经济社会发展功能区进行划分，提出规划实施的保障措施等。

4.3.2　开展城市规划的区域研究与加强区域城镇体系规划

（1）重视和加强城市总体规划修编的前期区域性研究论证工作

20世纪90年代末兴起的城市空间发展战略研究，经过一段时间的发展，逐渐成为新一轮城市总体规划的修编或编制的前期准备工作，并取得了良好的效果。例如，2003年初，在北京总体规划修编工作开始前，首都规划委员会委托清华大学、中国城市规划设计研究院、北京城市规划设计研究院等单位开展北京城市空间发展战略研究，"从京津冀地区乃至全国的范围，研究城市的功能和产业发展定位，就区域交通等重大基础设施建设、城镇的布局、生态环境保护等内容与相邻省市进行了多层

---

❶ 国家发展与改革委员会. 京津冀都市圈区域规划工作方案（修改稿）[R]. 2005-01；长江三角洲地区区域规划工作方案（修改稿）[R]. 2005-01.

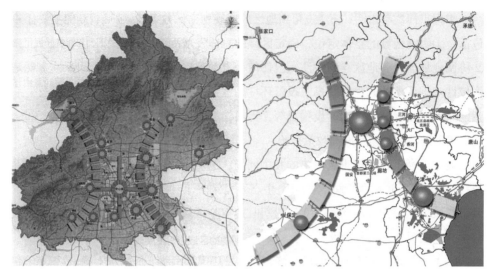

图 4-10　北京市域空间发展战略综合方案：两轴—两带—多中心

资料来源：北京市规划委员会 . 北京城市空间发展战略研究 [R]. 2003.

次的协调。"[1] 该研究提出北京市域空间发展战略：完善"两轴"、发展"两带"、建设"多中心"，形成"两轴—两带—多中心"的城市空间新格局（图 4-10）。

2005 年初，建设部《关于加强城市总体规划修编和审批工作的通知》（建规〔2005〕2 号）要求，"各地在修编城市总体规划前，要对原总体规划实施情况进行认真总结，针对存在的问题和面临的新情况，着眼城市的发展目标和发展可能，从土地、水、能源和环境等城市长远的发展保障出发，组织空间发展战略研究，前瞻性地研究城市的定位和空间布局等战略问题"。这样，城市空间发展战略规划成为总体规划前期研究工作的一部分，以加强和突出城市总体规划的前瞻性、战略性和综合性。

自 2006 年 4 月 1 日起施行的建设部新《城市规划编制办法》第十二条要求，"城市人民政府提出编制城市总体规划前，应当……依据全国城镇体系规划和省域城镇体系规划，着眼区域统筹和城乡统筹，对城市的定位、发展目标、城市功能和空间布局等战略问题进行前瞻性研究，作为城市总体规划编制的工作基础"。城市规划研究已经从传统的城市规划区向更加突出区域统筹和全市域城乡统筹转变。

（2）从单个城市发展空间战略规划向城市群发展战略转变

城镇化进程的快速推进要求城市与周围地区整体协调发展，经过一段时期的探索，前述城市发展空间战略规划或概念规划开始自觉地与区域协调发展规划结合起来，从单个城市的发展战略转向城镇群的发展战略规划。城市群发展战略注重城镇

❶ 汪光焘 . 科学修编城市总体规划，促进城市健康持续发展——在全国城市总体规划修编工作会议上的讲话 [J]. 城市规划，2005，29（2）：9–14.

群的协同发展，打破行政区划限制，加强城市间的分工协作和优势互补，在更高水平上集约利用资源，实现重大基础设施的区域共享，突破了以往以单个城市为基础的城镇空间结构体系的构架。例如，《山东半岛城市群总体规划》适应市场经济的要求，打破行政区域封锁，建立以共同发展为目标，以相同或互补的禀赋要素为基础的经济区经济，从发挥山东半岛整体优势出发，从宏观层面上研究区域整体发展，具有重大影响的若干战略问题，提出经济国际化、城市化、可持续发展、经济结构调整、城市空间组织、建立贯穿城市群的综合交通走廊等一些带有超前性、引导性和政策性的宏观战略（图4-11）。

又如《珠江三角洲城镇群协调发展规划》，从抓城市规划转到抓区域整合的城镇体系规划，寻求城镇密集地区协调发展的有效机制和途径。以中央政府为主导，地方政府参与，建立以编制城市群的区域协调发展规划，协调和解决重大问题为主要职责的常设或非常设协作组织。以各行业、各部门、各地区的广泛协调为基础，在城镇群整体发展战略的指导下，规划对区域内生态环境的保护、资源的开发利用、

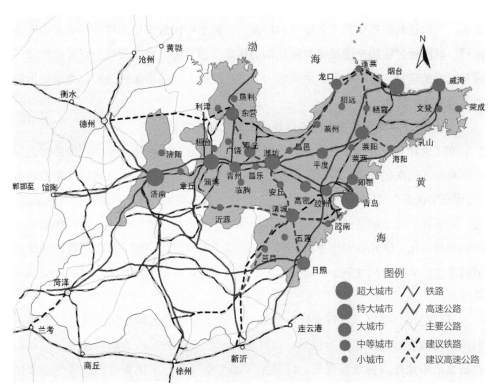

图 4-11　山东半岛交通与城市规模等级体系示意图

山东半岛城市群将包括济南、青岛、烟台、淄博、潍坊、威海、东营、日照 8 个设区城市和 22 个县级市。2002 年，山东半岛城市群面积 7.3 万 km²，人口 3900 万，国内生产总值 7013 亿元，分别占全省的 46.6%、42.9% 和占全省 66.5%，具有明显的区位优势和良好的发展基础，是山东省经济发展的中坚。山东省委、省政府提出以青岛为核心，加快建设半岛城市群。

资料来源：周一星，杨焕彩.山东半岛城市群发展战略研究 [M].北京：中国建筑工业出版社，2004：39.

重大基础设施的建设等，提出了明确的发展策略。规划从经济增长指标、人文建设、资源消耗、环境代价四方面综合分析入手，提出要解决四大问题，即各城市不能各自为政，必须协调发展；市政公用基础设施共享，交通设施协调规划；通过地方立法来加强地方整治力度；监管、调控、协调、领导四个方面相结合❶。

此外，一些省的发改委也开展省内重点地区的城市群规划工作，例如河南中原城市群规划、湖南省长株潭城市群区域规划（2005年）等。

（3）编制《全国城镇体系规划》

1990年颁布实施的《中华人民共和国城市规划法》首次提出"全国城镇体系规划"的概念，建设部有责任组织编制"全国城镇体系规划"，指导全国城镇的发展和跨区域的协调。1994年建设部城市规划司第一次提出该项规划的工作计划和工作框架，提出在市场经济条件下确定国家城市化的战略和未来城镇的发展重点，1997年"全国城镇体系规划"正式启动。2005年4月"科学发展观"为规划编制提供了新的指导思想，全国城镇体系规划再次启动（图4-12）。2005年9月，胡锦涛在中央政治局第25次学习会的总结讲话中提出，我国要走健康城镇化的道路，加快全国城镇体系规划编制工作。规划编制根据国际政治经济发展的新形势、国家未来的产业政策、人口迁移的趋势和不同地区的特点，分析了中国城镇化的特征和未来发展的路径，试图通过新的全国城镇空间结构的构建，指导国家产业布局、资源保护和区域基础设施建设。在内容和成果构成上，重视城镇发展前提条件分析，力求突出规划的公共政策属性。

（4）《京津冀地区城乡空间发展规划研究二期报告》

在《京津冀地区城乡空间发展规划研究》出版之后，清华大学课题组继续关注京津冀地区的变化并进行持续的研究。面对急剧发展的形势和区域规划工作的新需求，课题组认为在"科学发展观"的指引下，地区空间战略发展规划应走入更高的境界，将一期研究中提出的京津冀地区发展的原则性、理念性、方向性、战略性问题进行深化和具体化。研究特别注重将区域研究落实于城乡大地空间，以首都地区和新畿辅的观念，采用批判性整合的研究方法，努力实现良好的人居环境与理想社会的共同缔造。

研究提出，要以"首都地区"的观念，塑造合理的区域空间结构：以京津两大城市为核心的京津走廊为枢轴，以环渤海湾的大滨海地区为新兴发展带，以山前城镇密集地区为传统发展带，以环京津的生态屏障与文化廊道为山区生态文化带，共同构筑京津冀地区"一轴三带"的空间发展骨架，提高首都地区的区域竞争力，

---

❶ 汪光焘. 科学修编城市总体规划，促进城市健康持续发展——在全国城市总体规划修编工作会议上的讲话 [J]. 城市规划, 2005, 29 (2): 9-14.

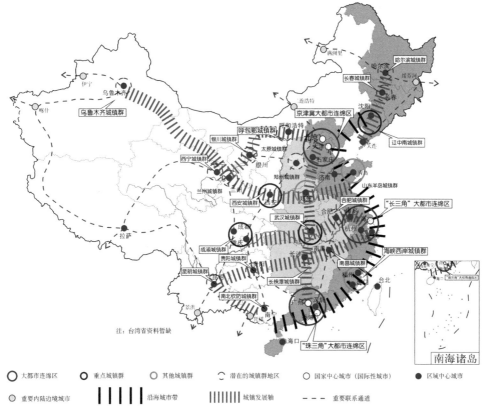

图 4-12　全国城镇空间结构规划图（征求意见稿，2005）

城镇空间发展策略是全国城镇体系规划的核心内容。规划提出"一带七轴多中心"的空间结构，全面带动不同地区协调发展。"一带"指沿海城镇带，"七轴"指京呼包银、陇海兰新、长江沿线、沪瑞四条东西向轴带和京广（部分京九）、哈大、北部湾三条南北向轴带，"多中心"指京津冀、长江三角洲、珠江三角洲三个都市连绵区和武汉、成渝、辽中、关中、山东半岛、郑州、长株潭、海峡西岸城镇群。其中武汉、关中、辽中、成渝属于重点扶持的城镇群，旨在带动华中、西北、东北、西南地区的经济发展。

资料来源：全国城镇体系规划纲要（2005—2020 年）（征求意见稿）[R]. 2005–09.

注：本图由中国地图出版社绘制并授权使用。

推动京津冀地区的均衡发展。以中小城市为核心，推动县域经济发展，扶持中小企业，形成"若干产业集群"，带动社会主义新农村建设，改变"发达的中心城市，落后的腹地"的状况，提高首都地区的社会和谐力（图 4-13）。相应地，要建设和完善区域综合交通体系；继承和发扬文化传统，创建良好的人居环境，以及进一步开展政府间合作与非政府间协作，开展区域空间结构合作规划，以战略项目为突破口开展区域合作，加强地区规划的检讨与督察，以学术共识推进区域协调行动等建议。

4.3.3　重视国土规划和国土资源管理工作

随着我国社会主义市场经济体制的建立和不断完善，各级政府对作为宏观调控与管理有效手段的国土规划也提出了更高的要求，赋予其新的内涵。

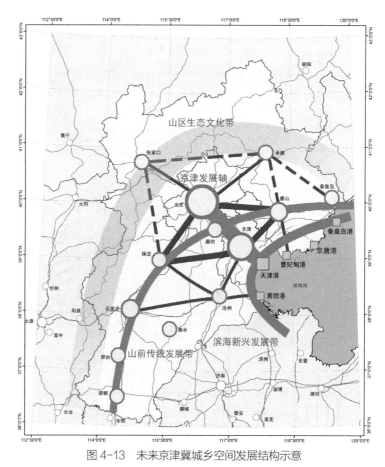

图 4-13　未来京津冀城乡空间发展结构示意

资料来源：吴良镛，等 . 京津冀地区城乡空间发展规划研究二期报告 [M]. 北京：
清华大学出版社，2006.

（1）从国家战略高度开展国土综合规划的要求

　　根据前一阶段各地区经济社会发展过程中，在国土资源开发利用、治理与保护方面出现的问题，特别是空间布局失控，以及经济社会发展同人口、资源、环境关系失调，2002 年 3 月 10 日，江泽民在中央人口资源环境工作座谈会上提出，要高度重视国土资源规划的编制工作，做到科学规划、严格实施，不断完善国土资源规划体系❶。在 2003 年 3 月召开的中央人口资源环境工作座谈会上，温家宝总理明确要求："要建立、完善国土资源规划体系，充实规划的科学基础，提高其法律地位。国土资源规划作为国家和地区的高层次、综合性规划，要给予高度重视，使其发挥主导、协调整个国土资源开发利用和保护的'龙头'作用。"2003 年 8 月 31 日，鹿心社在天津国土规划专家座谈会上指出："在经济全球化和我国加入世界贸易组织的新形势下，国家的粮食安全、石油安全和生态安全等已引起各方关注，所有这些安全都离

❶　江泽民 . 实现经济社会和人口资源环境协调发展 [M]// 江泽民文选（第三卷）. 北京：人民出版社，2006：464.

不开国土资源的支撑和保障，客观上要求从国家战略高度对国土进行综合规划。"❶
2003 年 10 月 14 日，中共十六届三中全会通过《中共中央关于完善社会主义市场经济体制若干问题的决定》，提出"五个统筹"的要求，客观上要求进一步加强国土规划工作，充分发挥国土规划的统筹协调作用。

（2）新一轮国土规划试点

为进一步推进和搞好国土规划，2001 年 8 月，国土资源部发出了《关于国土规划试点工作有关问题的通知》（国土资发〔2001〕259 号），决定在天津市和深圳市开展国土规划试点工作。这是自 20 世纪 80 年代中期以来，我国第二次开始编制综合性国土规划，也是国家行政机构调整以后国土规划工作的新尝试，希望通过编制两市的国土规划，积累经验，以探索市场经济体制下国土规划工作的新路子。天津市国土规划以可持续发展为主线，提出国土规划的六个目标：充满活力的经济国土、区域合作的开放国土、城乡一体的均衡国土、生态文明的绿色国土、继承创新的文化国土、保障有力的安全国土。规划将全市划分为五个一级区：都市协调发展区、中部城市化促进发展区、南部城市化发展区、北部生态协调发展区、海洋经济生态协调发展区；规划提出"三横三纵""三个绿心"的国土开发利用空间结构，以及都市区—新城—新市镇— 一般城市四级城市体系等级规模结构（图 4-14）。2002 年 7 月 5 日，国土资源部在大连召开了全国国土规划工作会议，要求加强国土规划试点工作，学习国外的经验，坚持走可持续发展的道路；认识国土规划的功能，指导城市规划、

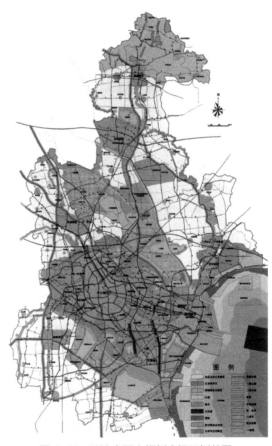

图 4-14 天津市国土规划空间区划总图
资料来源：师武军 . 面向可持续发展的国土规划 [J].
北京规划建设，2005，（5）：39.

❶ 鹿心社 . 做好国土规划工作 为我国经济社会可持续发展服务——在天津国土规划专家座谈会上的讲话 [J]. 国土资源通讯，2003（11）：33-37.

资源开发规划、生态保护规划，把国土规划变成高层次规划；加强适合国情的中国式国土规划的理论和思维创新。

2003年6月，国土资源部又发出《关于在新疆、辽宁开展国土规划试点工作的通知》（国土资发2003〔178〕号文），决定在辽宁、新疆开展国土规划试点，要求借鉴天津、深圳的经验，做好国土规划工作。2004年9月，广东省正式呈文申请国土规划试点，2004年12月，广东省正式被批复纳入国土规划试点。随后，国土资源部围绕国家重大战略部署，启动全国国土总体规划纲要编制研究。此外，重点区域国土规划试点工作也正在酝酿之中。2006年6月，由国土资源部和中科院地理所牵头组织的"新一轮全国国土规划前期研究"在北京召开规划前期研究成果汇报暨专家咨询研讨会，认为目前我国国土开发与建设布局空间无序现象比较严重，面临着国土安全和资源保障危机，因此，迫切需要政府加强对地域空间的管理和调控，有效解决我国当前经济社会发展的突出矛盾，重新塑造"国土"，构建国土开发新格局。

总体看来，新一轮国土规划试点认识到国土具有双重含义，除了国土的资源价值外（国土作为一定的资源参与到社会经济活动中去，从而实现其资源价值），还认识到国土的空间价值，即国土规划配置的不仅仅是土地资源本身，更重要的是在配置相应的空间，任何经济活动都要依附于一定的空间之上，并可以在时间维度上发生转换。国土规划的主要任务是协调经济社会发展与资源环境之间的关系，在地域空间上保障可持续发展目标的实现。

（3）土地利用总体规划修编

2004年3月10日，胡锦涛主席在中央人口资源环境工作座谈会上的讲话指出："搞好新一轮土地利用规划的修编工作，充分发挥土地利用规划和供应政策在宏观调控中的作用。"2005年6月4日，国务院办公厅转发国土资源部《关于做好土地利用总体规划修编前期工作意见的通知》（国办发〔2005〕32号，以下简称《通知》），指出："在新形势下，为了全面落实科学发展观、改变传统的土地利用模式，要以严格保护耕地为前提，以严格控制建设用地为重点，以节约和集约利用土地为核心，开展规划实施评价、基础调查、资料搜集、课题研究和政策建议的论证等规划修编前期工作，为进行土地利用总体规划的修编打好基础。"国土资源部在《通知》中要求深入研究并解决规划修编中土地利用的重大问题，包括如何加强耕地和基本农田保护、如何促进节约和集约利用土地、如何优化城乡用地结构和布局、如何统筹区域土地利用、如何协调土地利用与生态环境建设、如何强化规划管理保障措施等问题。2005年7月12日，曾培炎副总理在全国土地利用总体规划修编前期工作座谈会上的讲话中指出："加强和改进土地宏观管理，实现由项目管理为主向规划管制和计划调控为主转变。"

相应地，2004 年，12 个县级、14 个市（地）级和 2 个省级土地利用总体规划修编试点有序推进❶。希望为规划成果编制提供基本依据、指导地方开展规划修编工作的《全国土地利用总体规划纲要（2005—2020 年）》（以下简称《纲要》）修编工作也已经启动，2006 年 6 月 29 日举行的土地规划部际联席会议第二次全体会议决定，《纲要（送审稿）》将在进一步修改完善后正式报国务院审批。

4.4　改革开放以来区域规划的特征与问题

4.4.1　市场机制对区域规划的影响加大

改革开放以来，市场经济体制逐渐完善，市场对资源配置越来越发挥基础性的影响，区域规划受市场的影响加大。

第一，20 世纪 80 年代，随着以经济建设为中心的社会主义现代化逐步开展，必然要带来大规模的国土开发，国土整治与开发规划应运而生。进入 20 世纪 90 年代以来，随着社会主义市场经济的逐步建立和政府职能的转变，依托计划经济体制编制的国土规划发展亦进入低谷，所起的作用有限。

第二，随着市场经济的进一步发育，企业自主经营权增大，资金来源多元化，生产要素从过去的计划配置越来越多地走向依靠市场配置，国民经济和社会发展计划从过去的主导地位转化为指导性的规划。主管发展规划部门对投资和建设项目的审批权明显弱化，从过去不重视空间规划转变为将空间规划列为工作重点，特别是将区域规划作为宏观调控的重要手段。

第三，社会主义市场经济条件的城市规划也遵从市场规律，规划研究领域从传统的城市物质空间扩展到城市经济区、城镇体系和城市群。1992 年，赵士修在无锡召开的全国城市规划工作座谈会上提出，城市规划将不完全是计划的继续和具体化，城市作为经济和各项活动的载体，将日益按照市场机制来运作❷。

简言之，市场经济条件下，区域规划日益成为重要的政府行为和公共干预手段。

4.4.2　空间规划引起重视，但尚不成熟

邹德慈总结改革开放以来规划的发展，认为最大的启示是空间规划的重要性：

城市与区域经济的协调和可持续发展，人与自然的协调，与资源、环境的协调，城市与乡村的统筹和协调，宜人居住环境的创造，交通运输网络的构建，历史文化名城的保护……无不需要从空间规划上予以解决。过去以项目为中心的计划，以目标、

---

❶　国土资源部 . 2004 年中国国土资源公报 [R]. 2005–04–15.

❷　转引自：王凯 . 从国土看我国城镇空间发展研究 [D/OL]. 北京：清华大学，2006. http://etds.lib.tsinghua.edu.cn/Thesis/Thesis/ThesisSearch/Search_DataDetails.aspx?dbcode=ETDQH&dbid=7&sysid=149228.

规模、速度为主要内容的计划，以部门分割为特征的计划，都将综合到空间规划上来，以空间的协调为核心。这种变化，现在已经开始，虽然要克服许多困难和障碍，要经历一个比较长的过程，但是它的方向是无可怀疑的。❶

毋庸讳言，空间规划尚处于不成熟的阶段，还有很大的发展空间。

4.4.3 政府区域规划职能形成部门分置局面

随着社会主义市场经济体制的建立与完善，区域规划逐步成为宏观调控的手段之一，类型多样、时空尺度不同的区域规划与研究工作此起彼伏，互补并进。其中，国家在主要职能部门层面基本上形成了有部门特色的规划形式，如国家建设部门的城市地区规划与城镇体系规划，国土资源部门的土地利用规划，以及发展与计划部门的区域发展规划。这些部门的规划之间既有分工，也有交叉和重复。相应地，从中央到地方也存在不同空间层次的区域规划与研究工作。就时间尺度而言，既有近期的（5年），也有中长期的（10–15年），甚至更长时间的。

总体上看，从中华人民共和国成立以来，政府中规划职能的设置逐步从统一走向分化与分置，即三年经济恢复时期，统一规划；"一五"计划期间，规划与计划走向分离；"大跃进"至"文革"期间，规划被干扰；改革开放以来，规划职能分置❷。

4.4.4 区域空间规划体系尚未形成

固然，政府区域规划职能的分置局面与中国政府职能按行业、分部门管理，以及部门权力制衡的传统管理模式有一定的关系，同时也说明中国空间规划发展尚处于初级阶段，还没有形成规范的、综合协调的区域空间规划体系：

一方面，与编制区域空间规划相关的部门之间（"条条"）尚缺乏明确的职责分工，引发了对区域规划空间的争夺。由于政府体系内纵向权力划分不明晰，建设部、国土资源部和国家发改委等都从主管职能出发，从全国到省到市到县到乡，自上而下，层层编制各种规划，对于具体的空间地域来说，则出现了内容重复甚至相互矛盾、彼此冲突的不同形式的区域规划，"神仙打架，凡人遭殃"，区域规划政出多门，地方无所适从（图4–15）。胡序威指出：

部门间相互争夺区域规划空间的现象，尽管名目不一，各有侧重，但其内容多大同小异，导致大量工作重复，资源浪费，各搞各的，互不协调，甚至各不认账，严重影响规划的科学性、实用性和权威性。❸

如何综合地认识国家经济计划、国土规划和城市规划三者的内在联系，并妥善

---

❶ 邹德慈．走向主动式的城市规划——对我国城市规划问题的几点思考[J]．城市规划，2005，29（2）：20–22．
❷ 石楠．试论城市规划社会功能的影响因素[J]．城市规划，2005，29（8）：9–18．
❸ 胡序威．中国区域规划的演变与展望[J]．地理学报，2006，6（61）：588．

图4-15 《瞭望新闻周刊》文章：规划编制的"三国演义"

资料来源：王军，唐敏.规划编制的"三国演义"[N].瞭望新闻周刊，2005-11-07.

地加以处理，已经成为制约我国空间规划协调发展的一个关键问题。

另一方面，行政区域之间（"块块"）难以协调。随着地方发展经济的积极性被调动起来，不同行政区之间不是从有利于社会整体发展出发，而是考虑地方利益得失，各自为政，空间发展难以协调，甚至以邻为壑。陈为邦指出：

> 国内城市之间的发展，在一定范围内，只要是跨了行政区，就很难协调。不少城市之间，产业结构雷同，基础设施重复建设，在争夺外来项目上，恶性竞争，内耗巨大，这种状况很不合理。……现在是"行政区经济"，是各自为政的经济，不改变不行。在用市场机制来调控的同时，国家应当干预，应当协调。❶

地方政府抓规划越来越具体入微，出现"诸侯规划"❷，中央与地方、城市政府与市辖区政府之间的矛盾也越来越显现出来。

总体看来，从中央到地方，尚没有建立起完备的、权威的、统一的区域规划管理体制，区域层面的规划管理权分别由从中央到地方的不同部门把持，形成了从上到下的"纵向条条分割"和地区与地区之间的"横向块块分割"的局面❸。面对新的发展形势，必须从全局的高度，对现有的区域规划体系等进行必要的改革（表4-2）。

---

❶ 陈为邦.城市思想与城市化[J].城市发展研究，2003，10（3）：1-8.
❷ 吴良镛，吴唯佳，武廷海.论世界与中国城市化的大趋势和江苏省城市化道路[J].科技导报，2003（2）：3-6.
❸ 王晓东.对区域规划工作的几点思考——由美国新泽西州域规划工作引发的几点感悟[J].城市规划，2004，28（4）：66.

市场经济条件下中国区域规划功能分置的格局 表4-2

部门	规划体系	调控机制
国家发展与改革委员会	国民经济与社会发展五年规划及远景目标规划	通过各行业发展规划和计划的统筹，统一安排五年内各类重大开发建设项目的建设时序和投资规模
国土资源部	• 土地利用总体规划 • 土地开发整理规划	划拨土地，控制用地指标，保护耕地
建设部	• 城镇体系规划	指导城市与村镇规划的编制与审批
	• 城市规划	核发选址意见书，建设用地规划许可证，建设工程规划许可证，对建设项目实施规划许可制度
	• 村镇规划	直接指导和安排镇、乡村的各类开发建设活动
交通部/铁道部/国家民航总局	公路、水运、铁路、民用航空基础设施建设规划	直接指导、安排和落实交通基础设施建设的实施
水利部	水利基础设施建设规划	直接指导、安排和落实水利基础设施建设的实施
信息产业部	信息通信基础设施规划	直接安排和落实生态通信基础设施建设的实施
环境保护局	• 环境保护规划 • 污染防治规划 • 生态保护规划	直接指导、安排和落实环境保护建设的实施

资料来源：根据王晓东"中央政府各部门制定的规划的比较分析"修改，其中环境保护部分为作者所加。见：王晓东. 对区域规划工作的几点思考——由美国新泽西州域规划工作引发的几点感悟 [J]. 城市规划，2004，28（4）：65-69.

第 5 章

中国近现代区域规划演进的
环境、形式与内容

第5章
中国近现代区域规划演进的环境、形式与内容

本章从整体上考察中国近现代区域规划发展环境的变迁，以及规划形式与内容的变化，总结中国近现代区域规划发展的基本规律，努力为当前及未来区域规划发展提供参考与启示。其中，规划环境的变迁主要从两个方面来认识，一是中国与世界关系的变化，二是经济体制从社会主义计划经济向社会主义市场经济的转型。

5.1　中国与世界

1644 年，中国封建社会进入清王朝统治时期，清朝的统治开始是强大而有力的，康熙、雍正、乾隆三代达到全盛时期（1662—1795 年），可是好景不长，乾隆以后中国封建社会开始进入衰世。差不多同时，1640 年，英国发生了资产阶级革命，欧洲社会开始迅速地摆脱封建制度的桎梏，向近现代资本主义制度快速迈进。18 世纪60 年代英国爆发了第一次工业革命，接着美、法、德等国也先后开始了工业革命，西方国家由此步入工业化社会。《共产党宣言》曾十分清楚地描述了资本主义工业化进程可能带来的全球性影响：资本主义开拓了世界市场，一切国家的生产和消费都成为世界性的了，它将一切民族都卷入工业文明中，迫使一切民族采用新的生产方式，"过去那种地方的和民族的自给自足和闭关自守状态，被各民族的各方面的互相往来和各方面的互相依赖所代替了"❶，中国发展也注定要成为世界历史的一部分。如前所述，鸦片战争爆发后，国内区域规划的发展进程长期受到外部环境的影响与制约。

---

❶ （德）马克思，（德）恩格斯. 马克思恩格斯选集（第 1 卷）[M]. 北京：人民出版社，1972：255.

近现代中国社会从被迫开放转为被迫封闭，再到主动开放与融入世界，在很大程度上影响了中国区域规划思想与实践的发展格局与态势。

5.1.1 被迫开放（1840—1949年）

从鸦片战争到第一次世界大战前夕（1840—1914年），中国被迫开启国门，并且越开越大，从独立的封建大国演变为半殖民地半封建的弱国；第一次世界大战爆发后，列强在中国抢夺势力范围的活动基本平息下来，但是来自日本方面的压力却在上升，到第二次世界大战时期，大片国土已经沦为日本的殖民地，直到1945年抗日战争胜利与1949年中华人民共和国成立，中国才最终结束了被迫"开放"的局面。从1840年到1949年，中国在与世界的关系中扮演一个被动的角色，中国区域规划只能在被动的局面中寻求主动，明显带有强制性特征。具体说来：

甲午中日战争之后，帝国主义列强在中国划分势力范围，并相应地在势力范围中投资设厂、修路采矿。在外力的压迫与刺激下，清政府开始改变对民间工商业的政策，先进的知识分子觉醒起来，在地方开始自谋发展道路。其中，张謇领导下的南通及苏北沿海区域开发就是近代中国区域现代化的一个样板，也是当时最杰出的区域规划实践。

1911年，辛亥革命结束了中国长达2000多年的封建王朝统治，社会进入民国时期，但是军阀内乱造成政权分裂，经济凋敝。第一次世界大战后，孙中山迫切希望利用资本主义国家的资金与技术，发展中国实业，建立全国统一市场，构成共同繁荣的经济发展格局，因此制定"实业计划"。由于我国根本无条件从事大规模经济建设，加之帝国主义国家的投资以侵略为目的，不可能着眼于中国的发展与壮大，因此，在相当长的时期内"实业计划"都没有得以实施的外部环境。

1937年，日本侵华战争全面爆发，日本迅速占领了中国东北和沿海较为发达的地区，企图迅速征服中国。大面积国土已经沦陷，中国的国势降到了百年来的最低点。区域发展关系国家存亡，区域规划也注定要以特殊的形式表现出来，满足救亡图存的需要。日本认识到中国区域发展不平衡对于中国开展抗战不利的一面，以为摧毁或控制了沪、宁及东南沿海这些中国的经济、政治和文化的中心地带，就会导致整个中国经济与政治局面的瘫痪和溃散，迅速控制中国；但是，他们没有想到在特定历史条件下，在广大的中西部和东部的山岳地带这两个不同的抗日战场上，国共两党都艰难地生存，并且都进行伟大的区域建设活动，为最终赢得这场史无前例的战争创造了必需的财富和物质基础。

1946—1949年，中国进入解放战争时期，这是中国两条现代化道路的大决战，实际上也是"二战"后资本主义与社会主义两个阵营"冷战"在中国的反映。在规划实践上，由于战争的原因，战后重建计划一直没有能够实施的外部环境。

5.1.2 被迫封闭（1949—1972 年）

1949 年起，中国开始在百余年战争的废墟上进行大规模的现代化建设。然而，中华人民共和国成立初期，就受到以新崛起的美国为首的西方国家的封锁，中国与苏联建立友好联盟，采取"一边倒"的政策，倒向强大的、先进的苏联为首的社会主义阵营，对以美国为首的资本主义阵营则长期处于针锋相对的封闭状态。20 世纪 60 年代中苏关系公开破裂后，苏联又从北边对中国实行军事威胁和经济封锁，直到 1971 年恢复中国在联合国的席位，及 1972 年中美关系开始解冻，中国一直被迫处于相对封闭的状态，被排斥在国际统一市场之外。

在 20 世纪 50 年代，中苏关系融洽，考虑到政治和国防因素，中国经济布局"远离沿海，背靠苏联"。"一五"计划期间（1953—1957 年）建设的项目，特别是苏联援建的"156"项重点项目主要配置在东北地区、西北地区和华北地区，经济重心明显北移（表 5-1）。"二五"计划时期（1958—1962 年），项目布局实际上仍然强调政治与国防原则 [1]。

"一五"计划时期重点工业项目的大区分布 [2]　　　　表 5-1

地区	实际正式施工项目数（个）	占实际正式施工项目数的百分比（%）
东北区	56	37.3
西北区	33	22.0
华北区	27	18.0
中南区	18	12.0
西南区	11	7.3
华东区	5	3.4

20 世纪 60 年代初至 70 年代初，中苏关系恶化，苏联撤出对中国的技术、设备、材料等供应，中国建设特别是军事建设出现困难，同时中美关系也越来越紧张，产业的区域布局被迫采取两项重大决策：一是突击进行"三线"建设，二是进一步强调建立独立的地区工业体系。"三五"计划时期（1966—1970 年）与"四五"计划（1971—1975 年）前期，中国的生产力布局集中力量进行大规模的"三线"建设。"四五"时期，由于中苏两国发生武装冲突，抵御苏联的军事威胁成为重点，除原来的沿海一线地区外，出现了针对苏联的"三北地区"（东北、华北、西北地区）一线概念，原来作为三线的华北、西北部分地区的建设项目，也需要向更靠内的地区迁移，甘肃乌鞘岭以

---

[1]　"二五"计划明确规定工业布局的原则是，"在全国各个地区适当分布工业的生产力，使工业接近原料、燃料的产区和消费地区，适合于巩固国防的条件，并逐步地改变这种不合理的状态，提高落后地区的水平"。

[2]　"一五"时期苏联援建的 156 项工程中，实际正式施工的共有 150 项。见：董志凯，吴江. 新中国工业的奠基石——156 项建设研究（1950—2000）[M]. 广州：广东经济出版社，2004：152-153.

西和宁夏银川以北被视为"反修前沿地区",不再作为大三线地区。

总之,1949—1972 年,世界处于"冷战"时期,中国被迫封闭,区域规划发展从属于国防安全目标,先后将全国划分为"沿海"与"内地","一线""二线"与"三线"地区,国家的发展重点在内地和三线地区。无论是与美国的对抗,还是与苏联的决裂,都不是因为愿意封闭,反对开放,只是因为不愿意再让中华民族重新回到半殖民地、殖民地式的被迫"开放"的境地。因此,尽管在 20 世纪 60 年代中国出现了短暂的、极为不利的"封闭"状态,但是在经济建设上一直坚持"独立自主,自力更生",这为后来中国向世界的主动积极开放奠定了坚实的基础。

5.1.3 主动开放与融入世界(1972 年以来)

20 世纪 70 年代,随着国际政治关系朝积极方向调整,世界进入一个时代主题转换的时期,中国开始步入与世界各国平等交往的主动开放阶段。尽管 20 世纪 70 年代中期,又出现短暂的封闭,并造成极大的损失,但是主动开放的大势已经不可逆转。1979 年中国开始实行对外开放政策,稳步走上正常的、健康的发展轨道。

20 世纪 70 年代初,区域规划与发展政策出现大调整,国家的建设重点开始东移,产业布局开始遵循经济原则,促进经济发展,改善人民生活,增强社会稳定。1973 年起,国家分两批引进 47 个重要成套项目,其中 24 个布局于东部沿海,12 个布局于中部地区,11 个布局于西部地区。东部沿海项目分布较为集中,主要是辽宁中部、京津唐地区、长江三角洲及长江中下游沿岸地区和山东半岛,在西部地区又主要集中在四川盆地的南部(图 5-1)。

1979—1983 年,中国陆续设立了深圳、珠海、汕头、厦门等 4 个经济特区。1984 年,中共中央作出《关于经济体制改革的决定》,并把对外开放和发展对外经济关系提到战略高度,为制定沿海地区外向型经济政策奠定了基础。1984—1991 年,沿海地区对外开放进入推广阶段,海南岛和 14 个港口城市、长三角、珠三角、厦漳泉三角地区、山东半岛、辽东半岛、河北沿海、浦东等都成为对外开放地区。1992 年对外开放又从沿海地区向广大内地推进,扩大到沿边、沿江和内陆地区,国家先后开放了 13 个沿边城市、8 个长江沿岸城市和 18 个以内陆城市为主的省会城市,并对三峡库区实施特殊的优惠政策,中国全方位对外开放的格局基本形成。

与前 30 年(1949—1978 年)不同的是,这一时期中国社会是全面开放的;与再前 110 年(1840—1949 年)不同的是,这一时期中华民族是完全独立的。在独立、开放的条件下进行社会主义现代化建设,中国人对自己的前途充满自信,中国区域发展呈现新的格局,区域规划也出现新的局面。从区域规划思想看,这一时期的区域观念对中国发展产生富有成效的推动:一是区域突破,即充分利用沿海地区的优势,面向国际市场,参与国际交换和国际竞争,大力发展开放型经济。选择易于以

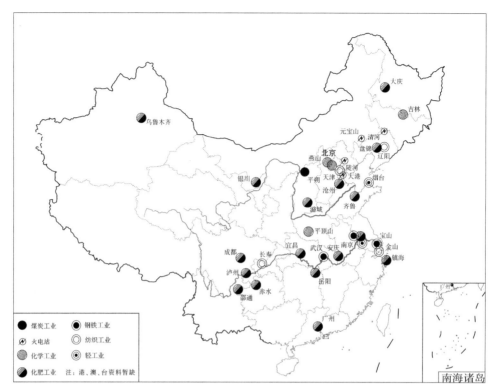

图 5-1　20 世纪 70 年代重大引进工业项目分布图

资料来源：陆大道 . 中国工业分布图集 [M]. 北京：中国科学院 / 国家计划委员会地理研究所，1987.

注：本图由中国地图出版社绘制并授权使用。

外促内的局部地区（东南沿海地区特别是毗邻香港的深圳和珠江三角洲）做起，先行一步，既利于打破僵局，又利于规避风险，探索路子。二是以外促内，即引进先进经验，诱发改革和发展，打破自给自足、故步自封的状态。开放为改革灌注活力，改革为开放创造条件，结果，国际化在相当程度上影响了中国区域发展的格局。

总之，中国与世界的关系是中国近现代区域规划的最基本的背景。中国近现代区域规划发展，无论从哪个方面说，我们都可以从中国与世界的关系中寻找到种种影子。从鸦片战争以来的 170 多年中，中国在世界史中的地位和作用改变了，区域规划发展与社会变革、经济发展、技术进步、观念更新、文化融合乃至社会主义在中国的确立和当今中国的世界地位重塑一样，也在发展之中。中国已经成为世界的中国，世界影响中国，中国也影响世界，对区域规划来说，同样如此。

5.2　计划与市场

所谓计划，是指国家（政府）对整个经济、社会活动的指导、干预和调控，在市场经济条件下也就是宏观调控的总和。第一次世界大战后，由于种种原因，世界上一些重要国家都十分重视计划的作用，先后采取了不同方式，对本国经济发展进行宏观调控和干预。当时，中国正值国民政府时期，国难当头，要巩固国防，必须迅速实现工业化。在中国实现工业化过程中应该采取什么经济制度问题上，主张"统制经济"——政府干预经济的观点，被越来越普遍地接受。热心国民经济建设者希望通过"统制经济"，以国家资本逐渐控制生产、金融、贸易。然而，国民政府的努力遭到了在割据格局中已经发展壮大的地方势力的有力抵制，国民政府实际能够有效控制的地区仅仅是江苏、浙江、上海、安徽、广东、湖北，区域规划与建设，包括首都计划、国家交通基础设施规划与建设等，主要集中于此。后来，随着中央控制地区的不断扩大，区域规划与建设才逐渐地向内陆地区渗透。

第二次世界大战后，资本主义国家迅速恢复了市场经济，中华人民共和国则走上了高度集中的计划经济道路，并经历着建立社会主义计划经济，以及从计划到市场的经济体制转型的过程，客观上，对区域规划发展也产生深层的影响，兹分而述之。

5.2.1 高度集中的计划经济体制（1949—1978年）

从1949年到1978年，期间除了1949—1952年为国民经济恢复时期和1961—1965年为国民经济调整时期外，中国编制了5个"五年计划"，规定全国重大建设项目、生产力布局和国民经济重要比例关系等，确定国民经济发展远景的方向和目标。在中央集中控制的计划经济体制下，中央决定投资重点，采用行政的方式实施资源与要素的空间配置，所谓区域发展只是国家的发展及其在地方的布局，地方并不具备发展的权力和能力，更缺乏发展的积极性。相应地，在中华人民共和国成立后相当长的一段时期内，区域规划从属于国民经济发展计划，主要体现中央的意愿，根据指令性计划配置资源和布局生产力，保障城乡建设在空间上有序开展，也就是通常所说的，区域规划是国民经济发展计划的具体化和补充。

在社会主义国家建立的初期，计划经济对中国经济发展的特点与布局状况的形成曾经起着决定性作用。但是，20世纪60年代后，随着经济发展的规模日益扩大，社会主义经济的运转也日趋复杂，计划经济效率低下的弊端就十分明显地暴露出来。1979年3月8日，陈云在"计划与市场问题"提纲中指出：

六十年来，无论苏联和中国计划工作制度中出现的主要缺点：只有"有计划按比例"这一条，没有在社会主义制度下还必须有市场调节这一条。所谓市场调节，就是按价值规律调节，在经济生活的某些方面可以用"无政府""盲目"生产的办法来加以调节。

在今后经济的调整和体制的改革中，实际上计划经济和市场调节这两种经济的比例的调整，将占重要地位。不一定计划经济部分愈增加，市场调节部分所占绝对

数额就愈缩小，可能是都相应地增加。**❶**

1982 年，陈云用"笼子"和"鸟"的关系形容国家宏观计划控制和放开市场的关系 **❷**。

5.2.2 从计划向市场转型（1979—1991 年）

中共十一届三中全会以后，中国开始恢复国民经济和社会发展秩序，同时探索计划与市场关系，改革传统的计划经济体制。1984 年 10 月 20 日，中共十二届三中全会通过《中共中央关于经济体制改革的决定》，中国经济管理开始从传统的"条条"为主转向"块块"为主。权力下放，激发了地方活力，使中国经济产生深刻的变化。然而，由于一度还是行政分权、分权不当，或分权过甚，地方积极性很快演变成地方盲目性，地方诸侯势力膨胀，阻碍独立企业和统一市场的建立，削弱中央的宏观调控能力，资源无法自由流动，空间资源配置效率下降。

在从计划经济向市场经济转型的过程中，区域规划也在进行艰难的改革，努力在计划体制内探索区域空间治理的有效形式。国土规划的兴衰可以说是这一过程的缩影：从 1981 年开始，国土规划兴起，其主要内容实际上是计划经济条件下的自然资源开发、生产布局和环境整治，以资源为导向，以生产力布局为中心，正如国务院国发〔1985〕44 号文件指出的："国土规划是国民经济和社会发展计划的重要组成部分，对于合理开发利用资源，提高宏观经济效益，保持生态平衡等具有重要的指导作用，也是加强长期计划的一项重要内容。"1989 年以来，国土规划则经历着从以资源为导向到以市场为导向的转型，1989 年 9 月 28 日国家计委计国土〔1989〕198 号文《国家计委关于加强省级国土规划工作的通知》即指出，"国土规划要按照计划经济与市场调节相结合和进一步改革开放的要求，立足当地，放眼全国经济发展状况以及国际市场状况，避免封闭式地自成体系。"20 世纪 90 年代中期，随着社会主义市场经济的逐步建立和政府职能的转变，国土规划和管理职能摇摆不定，国土规划发展进入低谷。

5.2.3 社会主义市场经济体制的建立与完善（1992 年以来）

1992 年，中共十四大明确提出我国经济体制改革的目标是建立"社会主义市场经济"体制。据此，十四届三中全会通过了《关于建立社会主义市场经济体制若干问题的决定》。与以往 15 年的改革战略有着明显不同的是，中央政府第一次勾画了（虽然是粗略地）一个有中国特色的市场经济的基本框架和综合同步的经济转轨的

---

❶ 陈云. 计划与市场问题 [M]// 陈云文选（1956—1985 年）. 北京：人民出版社，1986：220–223.

❷ 这个被西方学者称为"鸟笼经济"的思想，曾在国内外引起很大反响和争论。陈云. 实现党的十二大制定的战略目标的若干问题 [M]// 陈云文选（1956—1985 年）. 北京：人民出版社，1986：285–287.

改革蓝图，改革者将注意力由分权化转向在市场的基础上寻求分权与集权的平衡，即在"放"的基础上实行新型宏观管理，加强中央权威，反对诸侯政治和诸侯经济。这与转轨前计划经济条件下高度集权的管理有着根本的不同：一是中央调控的基础不同，它以数年的对下放权、中央和地方适当分权为基础，是一种以"放"为前提的中央调控，而不是计划经济条件下中央集中大部分资源要素，基本不对下放权的中央调控；二是中央调控的手段不同，它实行以经济手段、法律手段为主要内容的间接调控，而不是计划经济条件下以行政干预为主，对人、财、物力等资源要素实行的直接调控。

在此背景下，中国区域规划发展也开始转到为建立社会主义市场经济体制总目标服务，强调以市场配置资源为基础，重视地区经济的协调发展。在市场经济体制下，市场是资源配置的主体，政府主要靠法律、政策和规划对经济活动或资源配置进行引导，规划的宏观性、整体性、综合性和规范性比较强，日益成为政府调控经济活动的重要手段。在各种规划手段中，以空间管制或土地用途管制为基本实施手段的区域规划，已越来越多地被中国政府所运用。

可以说，1992年以来，作为国家重要干预手段，努力把计划优势同市场优势结合起来的区域规划理论正在逐步形成。当前我国区域规划工作面临的中心问题是，如何在新形势下对中华人民共和国成立以来传统区域规划的体制、理念、内容和方法进行系统的改革和创新，使之能够更好地适应社会主义市场经济发展的需要。

5.3 区域规划形式与内容的变迁

随着中国经济社会发展从封闭向开放的推进，从计划经济向市场经济的转型，区域规划所面对的任务和需要解决的问题也发生变化，规划内容与形式也有所差异。

5.3.1 区域规划实践的不同类型

区域规划产生于实践，是调节区域经济社会发展的一个手段，在不同的社会环境下，中国区域规划呈现出种种不同形态，内容各有侧重。

（1）江河流域规划

流域是一个自然地理单元，很早就作为区域规划实践的内容和对象，流域规划取得了一定的成就，如河流整治、农业灌溉工程等。孙中山的"实业计划"将流域规划纳入国家长期发展计划，提出治理江河、开发水道、整治航道、发展灌溉等重要规划。到20世纪40年代末，国内已经初步形成了包括现代调查方法、设计技术和规划方法在内的江河流域规划。

中华人民共和国成立后，统筹研究流域范围各项开发治理任务的水利规划得到全面开展，20 世纪 50 年代中期到 50 年代末，中国在吸取一些国家理论和经验基础上，对中国七大江河及一些重要河流都先后编制提出了流域综合规划，形成了适合中国情况的规划途径和方法。20 世纪 80 年代以来，人们对防洪的认识，已不再局限于保障人民生活、生产安全，更从国土整治、维护人类和自然的生态、环境的高度，把防洪规划纳入国家防治重大自然灾害的长远规划之中，在原规划基础上，开展调查研究，全面补充修订各大江河的综合规划，并成为国土整治规划的重要组成部分。

（2）自然区划

自然区划的目的是了解自然现象的区域组合、差异及其发展规律，为国家与区域建设服务。按照经济发展水平和需求的变化，近现代中国的自然区划工作大致以 1950 年为界，分为两个阶段，其前为自然区划工作的近代起步阶段，其后则为自然区划工作的全面发展时期 ❶。

在 20 世纪 20—30 年代，中国便开始区划的研究工作，是世界上较早开展现代区划研究的国家之一。1929 年竺可桢发表的《中国气候区域论》标志着我国现代自然地域划分研究的开始 ❷；黄秉维于 1940 年首次对我国植被进行了区划；李旭旦于 1947 年发表的《中国地理区域之划分》在当时已达到了较高的研究水平。20 世纪 50 年代以后，随着国民经济建设事业的迅速发展，国家迫切需要开展区划工作，因地制宜地发展工农业及其他建设事业，曾经先后组织三次较大力量开展全国综合自然区划的研究和方案的拟定，其中 20 世纪后半叶开始的我国区划研究主要服务于农业生产，20 世纪 80 年代起兼顾为农业生产与经济发展服务，20 世纪 90 年代起区划的目的则转向为可持续发展服务。20 世纪末至今，区划工作正步入自然和人文相结合的综合区划研究阶段。

（3）以工业为主体的地区建设综合规划

"一五"计划期间（1953—1957 年），中国开始进行大规模资源开发和工业基地建设，提出综合布局问题，在实践中形成了联合选厂、成组布局等方法，"使选择厂址、制定城市规划，部署厂外工程、安排区域性的供电网以及规划建筑基地等工作互相配合，避免矛盾，以便把这些工作做得更快和更好。"❸ 可以说，工业建设与城市建设为中国现代区域规划产生奠定了基础。

结合"一五"计划和"二五"计划期间的社会主义现代化建设实践，中央作出了很多关于加强区域规划的正确决定和指示。例如，1956 年 5 月国务院通过的《关于加强新工业区和新工业城市建设工作几个问题的决定》，提出了"要迅速开展区域规划工作"；1959 年，陈云主持二届建委工作时，曾指出"工业布局是基本建设中

❶ 郑度，等.中国区划工作的回顾与展望 [J].地理研究，2005，24（3）：331.

❷ 竺可桢.中国气候区域论 [J].地理杂志，1930，3（2）：1–14.

❸ 张振和.加强新工业区和新工业城市建设的准备工作 [N].人民日报，1956–05–31（2）.

的一个至关重要的问题"，"必须充分注意工农结合和城乡结合的要求"；1964 年周恩来总结大庆矿区建设经验，提出了"工农结合、城乡结合、有利生产、方便生活"的十六字方针。所谓区域规划，实际上是"以工业为主体的地区建设综合规划"❶，它通过国家指令性计划和重大项目的区域布局政策来实施，对合理配置工业和新城镇起了重要的指导作用。

（4）区域经济建设布局

在"二五"计划的前三年（1958—1960 年），客观上的新情况与新任务要求区域规划对国民经济发挥更大的积极作用：①促进国民经济的具体实现，使区域规划成为生产力配置的重要环节；②使"条条"规划在一个区域中统一起来。也就是使各专业部门的规划的矛盾统一起来，并且相互促进；③为城市规划创造条件和提供发展远景的依据。❷

国民经济各部门都在"大跃进"，工业遍地开花，新的工业中心和新的矿区建立起来了，要求区域规划工作必须打破陈规，多快好省地开展工作。换言之，区域规划工作根据国民经济"大跃进"的需要，以多快好省的办法解决我国许多省区的生产分布问题，促进经济发展。区域规划是合理地分布各地区生产力的重要方法，是一个地区范围内整个经济建设的战略布置。

（5）国土综合开发整治规划

编制实施国土规划，是许多国家统筹协调区域经济发展的重要经验。一些发达国家早在 20 世纪 30 年代初，就组织开展了国土规划的编制实施。如美国的田纳西河流域综合开发整治、德国的空间计划等。20 世纪 60 年代以来，日本已编制实施了 5 轮全国综合开发计划。到 20 世纪 80 年代初，中国区域规划工作也转移到以国土综合开发整治为中心的国土规划上来。1990 年 10 月 6 日至 11 日，国家计委在河北省保定市召开了全国国土工作座谈会，总结、交流九年来开展国土工作的经验，研究在治理整顿和深化改革中如何进一步搞好国土工作，促进国民经济长期持续、稳定、协调地发展。座谈会认为：

人口、资源、环境问题是互相关联、交织在一起的，与生产力的地域布局密切相关。要协调好人口、资源、环境的关系，必须重视地域的规划。通过地域性的规划，围绕地区产业结构和产业布局，做出远近结合的安排，以达到生产各要素协调发展。❸

区域规划从注重资源开发利用转向注重开发、利用与保护相结合，由主要追求

❶ 陆大道. 对我国区域规划有关问题的初步探讨 [M]// 中国地理学会经济地理专业委员会. 工业布局与城市规划（中国地理学会 1978 年经济地理专业学术会议文集）. 北京：科学出版社，1981.
❷ 建筑科学研究院区域规划与城市规划研究室. 区域规划编制理论与方法的初步研究 [M]. 北京：建筑工程出版社，1958.
❸ 国家计委关于印发《全国国土工作座谈会会议纪要》的通知 [EB].（1990—11—13）.

经济发展目标转向经济社会同人口、资源、生态环境多目标持续协调发展，规划重点从产业规划转向协调地区经济社会建设的空间布局规划 ❶。

（6）城镇体系布局规划

城镇体系布局规划是改革开放后比较有成效的区域规划实践内容之一。在中华人民共和国成立后相当长的时期内，中央把城市建设笼统地划为非生产性建设，采取"先生产、后生活"的方针，使城市基础设施远远落后于生产发展和人民生活提高的需要，城市建设比例失调和建设混乱。从区域的角度看，城乡差距比较大，城乡经济联系不紧密。中共十一届三中全会后，经济体制改革逐步确立了城市在国民经济和人民生活中的重要地位，城市建设也有了正确的方针指导。发挥中心城市在地域组织中的作用涉及各级城镇的职能和规模问题，因此如何组织和协调同一经济区内的城镇体系就成为十分重要的内容，迫切需要在充分研究城镇化的基础上，开展城镇体系规划以及城镇的合理布局规划。

（7）大城市地区规划／城镇群规划

由于各城市都想尽快地发展自己，城市之间在分工协作、基础设施建设、资源开发利用和环境保护等方面往往存在着不少矛盾，需要在较大区域范围内进行城市间的整合协调。为此有不少省市由建设部门组织跨行政区的城市群规划（如珠三角城市群、山东半岛城市群）或都市圈规划（如南京都市圈、徐州都市圈、京津冀都市圈等）。这类规划不仅要协调城市之间的关系，还要协调城乡之间、地区之间、经济社会发展与人口、资源、环境之间的各种空间关系，具有较全面的区域规划性质。为了适应城市规划向实质性区域规划发展的形势，国家住房和城乡建设部以《城乡规划法》替代《城市规划法》。

（8）国民经济与社会发展区域规划

从 20 世纪 50 年代以来，国家计划（与发展）部门编制了十一个"五年计划（规划）"，对国民经济发展，特别是产业规模与结构进行总体安排。尽管从"六五"计划开始，国家就在经济计划中增加了社会发展的内容，对社会发展的各个方面特别是强调了人民生活的改善、劳动就业、环境保护等方面，也进行计划安排，但是总体上看，这些计划（规划）主要是区域经济发展规划。随后，国家发改委开展京津冀都市圈与长三角区域规划试点，"从宏观的、长远和空间的视角，统筹协调经济社会发展与人口增长、资源开发和环境保护之间的关系。重点是协调解决规划区内各地区共同关注，任何一方都又难以解决的关系到区域可持续发展的重大问题。"❷ 区域经济社会发展规划转向经济社会与空间规划相结合。

---

❶ 毛汉英，方创琳 . 我国新一轮国土规划编制的基本构想 [J]. 地理研究，2002，21（3）：267–274.
❷ 国家发展和改革委员会 . 京津冀都市圈区域规划（2006—2010 年）：征求意见稿 [R]. 2006–08：2.

从根本上讲，区域规划是生产力水平与社会认识水平的体现，在长期的经济建设中，上述规划实践活动与区域规划关系密切，效果显著，实际上也构成了中国近现代区域规划中的几个不同的类型传统。

5.3.2　区域规划进步与中国道路探索

自从中国现代化被迫艰难起步之后，中国人一直在寻找合乎中国国情的道路。基于中国独特的发展环境与空间发展的客观情况，探索中国区域规划发展之路，也是中国区域规划历程中最突出、最重要的问题。上述种种形式的区域规划，就是在特定的经济社会条件下，为了满足现代化需要在空间发展领域进行的制度创新。从这种创新和演变过程我们可以得到有益的启示。

（1）区域规划进步离不开对外来经验的借鉴

鸦片战争之后，中国在西方列强的逼迫下被动地打开了国门，一些思想先进的中国人开始面向世界来探索中国道路。由于长期的闭关自守，开始这种人极少，在最初 20 年，只有林则徐、魏源、洪仁玕等人，屈指可数。19 世纪 60 年代后，主张学习西方的思想逐渐汇成一股潮流。从区域规划发展看，自 19 世纪末至 20 世纪中期，西方现代规划思想，尤其是经过外国专家和归国留学生导入中国的物质规划，直接影响了国民政府时期的南京"首都计划"，以及战后上海、武汉等大城市地区规划的制定。当时，中国区域规划与世界先进思想是一致的，可惜由于政治、经济等条件的局限，很多规划无法得到实施。

中华人民共和国成立后的"一五"期间，苏联政府向中国派来一批规划专家，介绍苏联开展经济区划与区域规划的经验，规划内容主要是围绕资源开发和主要工业企业的布局，以及城镇居民点和各项大型公用工程建设进行综合规划[1]。可以说，1956—1960 年间，中国区域规划的大发展，主要是引进原苏联的区域规划[2]。尽管存在着不够结合中国国情的问题，但总的看来，该时期的各版规划仍为以后城市和工作区的发展打下了良好的基础。

1978 年改革开放后，中央领导人在出访西欧考察时，发现西欧国家特别重视国土整治工作。1981 年，中共中央书记处作出了关于"搞好我国的国土整治"的决定。1985—1987 年间，我国又参照日本的经验，编制了《全国国土总体规划纲要》。与此同时，许多省区都开展了一直延续到 1991 年的全省和地市一级的国土规划，在全国范围出现了国土规划的高潮，发挥区域规划对空间资源利用的调控作用。

当然，借鉴外国先进的规划理论与经验不是全盘照搬，而是结合中国的具体条

---

[1] 张器先.我国第二批区域规划试点工作追记 [M]// 中国城市规划学会.五十年回眸——新中国的城市规划.北京：商务印书馆，1999：49.

[2] 胡序威.中国区域规划的演变与展望 [J].地理学报，2006，61（6）：585-592.

件，经过消化与吸收，努力将外来的东西变为自己本土的东西。1956 年 4 月，毛泽东发表《论十大关系》的讲话，初步总结了我国社会主义建设的经验，提出了探索适合我国国情的社会主义建设道路的任务，这对后来的经济建设和继续探索产生了深远的影响，将区域规划编制理论与方法研究列入《1956—1967 年科学技术发展远景规划》，这在相当程度上也与苏联经验在中国不完全适合有关；1982 年 9 月，邓小平在中共十二大开幕词中强调："我们的现代化建设，必须从中国的实际出发，无论是革命还是建设，都要学习和借鉴外国经验。但是，照抄照搬别国经验、别国模式，从来不能得到成功，这方面我们有过不少教训。把马克思主义的普遍真理同我国具体实际结合起来，走自己的路，建设有中国特色的社会主义，这就是我们总结长期历史经验得出的基本结论。"[1] 这些经验对于区域规划发展来说，同样适用。简言之，"借鉴国外经验，建立中国特色的区域规划体制"[2]。

（2）自觉总结自身实践的经验与教训

区域规划是国家空间治理的重要手段，是国家或地方应对外部环境变化的战略选择，它整合了经济、社会和环境方面，并落实到空间上。尽管到目前为止，我们做得还不是很成功，但是不可否认，中国现代化实践为区域规划提供了空前丰硕的发展机遇，已经取得了不可低估的重要成果与经验。中国必须根据自己的情况，研究发展自己的理论，这是巨大的挑战，但成就也将是巨大的[3]。例如：

①对张謇区域现代化实践与区域规划思想发掘与再认识，进一步厘清中国近现代区域规划在世界规划史上的地位。

②对孙中山区域规划思想的研究，探讨全国性的国土开发规划设想与现代化思想的关联，及其与世界先进规划思想的关系。

③ 20 世纪 50—60 年代，独特的区域规划实践以我国丰富的社会主义建设实践为基础而产生，尽管实践时间较短，尚处于初步摸索阶段，但是其独特的经验和教训有待进一步总结和认识。从 1949 年后我国区域规划的形成和发展来看，区域规划工作孕育于联合选厂与城市规划，继之以新工业与城镇居民点综合安排，后来则以省内经济区为单位研究地区经济发展方向和经济建设战略部署问题，区域规划逐步有了明确的任务和目的，研究内容更加广泛，通过实践将理论与方法逐渐地系统完善起来，其研究范围已经大大超出了单纯的经济计划、产业布局或城市规划，再加上当时国家经济建设的迫切需要，区域规划作为一门独立学科的条件基本具备了。1960 年冬，在长春市召开的经济地理学术讨论会集中讨论了区域规划的理论与方法问题。在学习苏联经验以及中国规划实践的基础上，1961 年，中华人民共和国第一

[1] 邓小平.邓小平文选（第三卷）[M].北京：人民出版社，1993：2-3.

[2] 崔功豪.借鉴国外经验，建立中国特色的区域规划体制[J].国外城市规划，2000（2）：1+7.

[3] 梁鹤年教授与作者的通信。

部高校通用规划教材《城乡规划》❶ 编成，该书在内容上不仅包括传统的城市规划，还回顾了 20 世纪 50 年代后期区域规划的作用，包括郊区规划等。

④对经济转型时期区域规划探索的研究。进入 20 世纪 80 年代，几乎所有实行计划经济的国家都开始了步履维艰的经济体制改革。改革的目标基本上是向市场经济过渡，即市场趋向的经济体制改革，在改革的过程中，苏联、东欧国家在彻底否定计划经济的同时彻底否定了社会主义，掀起私有化的浪潮，改变了国家的性质。有所不同的是，中国区域规划兼收并蓄，形成有中国特色的社会主义市场经济，取得了巨大的成就，区域规划工作也积累了别具一格的经验，成为国际区域规划"马赛克景观"中璀璨的一部分。

⑤对区域城镇体系规划的研究。1984 年以来，城镇体系规划作为城市规划与国土规划的重要组成部分不断发展。但是，作为城市规划的组成部分，城镇体系规划"只具有陪衬性质，规划内容往往缺乏深度和精度"；作为国土规划的组成部分，城镇体系规划只是"具有区域性的专项规划，尚未具有综合区域规划性质"❷。1996 年国土规划停顿后，城镇体系规划的内容开始增加和深化，逐渐具有统筹城乡、区域、经济与社会、人与自然协调发展的功能，开始向区域规划方向发展。全国各省几乎都开展了具有区域规划性质的城镇体系规划，以及类似的城镇群规划、大城市地区规划等，形成了新时期中国区域规划发展的又一次高潮。这是中国区域规划演变的历史延续，更是在富有成效的规划实践基础上的独特创造，具有鲜明的中国特色❸。

然而，与对国外实践和经验的研究与认识相比，我们似乎"知彼"有余，"知己"不足，亟需在丰富的实践基础上，总结历史经验，提高对中国区域规划的认识，并努力上升到理论高度。

（3）中国区域规划发展面临巨大的创新空间

穷则变，变则通，通则久。鸦片战争以来，中国人民经过 170 多年坚持不懈的努力，特别是经过抗日战争的胜利、解放战争的胜利、改革开放的胜利，基本实现民族独立、国家独立和国家繁荣。中国近现代区域规划也在此过程中不断摸索，博采众长，逐渐形成中国式的混合型规划，成为世界规划文化的一部分。

发展地看，中国区域规划前有路径依赖，后有创新空间。一方面，未来中国发展面临着在日益全球化的世界里，能否坚持以社会主义现代化建设的基本需求为依据，开拓未来，这决定着中国区域规划的前途。作为社会主义宏观调节手段的区域规划改革必行，但改革的方向不同于东欧式全面接轨的"革命"，而是在重视自己

❶ "城乡规划"教材选编小组. 城乡规划 [M]. 北京：中国工业出版社，1961.
❷ 胡序威. 中国区域规划的演变与展望 [J]. 地理学报，2006，61（6）：586.
❸ 胡序威认为，"在国外有城镇体系研究，却很少听说有城镇体系规划，编制城镇体系规划也可以算是我国主创。"见：胡序威. 中国区域规划的演变与展望 [J]. 地理学报，2006，61（6）：586.

传统规划文化的前提下，吸纳外来规划文化中积极活跃的部分，有效地建立和发展中国自己的区域规划文化，建立适合中国国情的区域空间规划体系。中国已经不是世界的一个被动因素，而是世界的一个积极因素，作为国际社会中的一员，将为世界的发展作出自己的贡献，为世界区域规划的进步提供一些独特经验。另一方面，在中国内部，中央工作繁多，宏观调控责任重大，同时中央又不能管死，以致地方自由创新与批判反馈的空间不足。区域规划的发展将在协调中央、地方、企业（利益群体）之间的关系方面承担关键角色。

5.4 走向综合的区域空间规划

毋庸置疑，中国近现代区域规划实践在取得重大成就的同时也有挫折和失败的方面，特别是由于区域规划实践多是分散进行的，因此难免顾此失彼，甚至各自为政，许多重大问题没有得到解决，以至于造成很大的浪费，留下后患，受到惩罚。客观上，中国近现代区域规划发展呼唤综合的区域空间规划。

5.4.1 中国近现代区域规划表现出强烈的综合取向

中国区域规划有不同的类型，但是中国区域规划思想与实践一开始就带有明显的综合取向，这与西方经过实践的教训而走向综合有着明显的不同。例如，张謇的区域现代化实验追求实业、教育、慈善的综合发展；孙中山的《建国方略》包括物质、社会、心理三个方面，物质建设（实业规划）包括交通、工商等诸多方面；中华人民共和国成立后，联合选厂包含经济、地理、工程等多个部门；"一五"计划后期与"二五"计划初期，经济地理、城市建设与规划部门合作开展区域规划；改革开放后的国土规划寻求人口、资源、环境与发展的统一，1996年以来城镇体系规划的发展也从城市扩展到包含区域生态、基础设施等方面；等等。

由于特定的社会经济环境，不同时期区域规划的内容有所侧重，但是随着形势的发展，也在走向综合。例如，中华人民共和国成立早期的区域规划侧重于工业、城镇布局和经济效益，改革开放后编制的国土规划和城镇体系规划已开始重视资源、环境问题和生态效益。新时期的区域规划应随着时代的进步而不断充实和完善，以科学的发展观为指导，搞好经济与社会、人与自然，以及区域间、城乡间更全面的统筹规划协调，体现以人为本，增加有关社会公平、社会就业、社会服务、缓解社会矛盾、构建和谐社会、营造良好的人居环境和社会文化环境等方面的规划内容。

5.4.2 历史经验证明空间规划的重要性

综合性是区域规划的基本特性之一，这里所说的综合，不是简单的汇总，而是统筹考虑经济、社会与资源、环境等各种因素，通过对地域空间的综合协调，妥善解决彼此间的矛盾，使过度开发、重复建设、浪费资源、破坏环境的行为得到抑制，并促进重点地区发展、国土均衡开发、资源综合利用和生态环境建设。

早在 1981 年，陈为邦就尖锐地指出了计划经济时期长期严重忽视计划的空间布局问题，建议：①尽快开展国土规划、区域规划，并使国土规划、区域规划和城市规划形成一个体系，全面负责全国、地区和城市的布局工作；②国土规划、区域规划和城市规划，必须和国家计划紧密结合，并逐步融为一体；③确立城市规划的综合地位❶。

改革开放四十多年来，中国开展了国土规划的实践和探索，进一步加强了城市规划工作，计划的布局也加强，但是这些规划并没有在空间上综合起来。2003 年 8 月 31 日，鹿心社在天津国土规划专家座谈会上指出：

我们讲发展，是指经济社会与人口、资源、环境的协调发展，是全面、协调、可持续的发展。可持续发展的核心，就是经济社会发展与人口、资源、环境的协调。这种协调，不仅要体现在发展规模、速度和产业结构上，而且应当落实到国土空间上。❷

梁鹤年在中国城市规划年会上指出，"规划工作者的权力和能力都在空间组织上。经济、社会、文化分析如果不回到空间，是没有规划意义的。不认识经济、社会、文化的规划是无知的规划，不能回到空间的规划是无能的规划。演绎经济、社会、文化的空间意义才是务实的规划。"❸ 对区域规划来说，也是如此。而要实现区域规划在空间上的综合协调，关键要处理好中央与地方、区域之间、城乡之间、产业之间，以及开发与保护、市场竞争与非市场竞争、效率与公平等一系列重要关系，这将直接影响到中国未来区域空间规划体系的建立与完善（详见第 6 章）。

5.4.3 开展综合的区域空间规划

中国位于欧亚大陆东部、太平洋西岸，地理格局上具有一定的封闭性。在中国内部，自然环境的空间差异，即三大自然区、三个地势阶梯及地理位置、水土资源的东西差异，基本决定了中国国土资源的开发程度、经济水平、工业实力的东西差异。经过数千年的发展，直到 20 世纪 30 年代，中国人口和经济发展的绝大部分仍集中在"瑷珲—腾冲线"以东的东南部分（图 5-2）。

20 世纪 50 年代以后，中国开始快速发展，不过从发展规模看，"一五"计划时期，156 项重点工程项目涉及的地域范围仍然较小，区域规划主要在少数限额以上

❶ 陈为邦. 谈谈城市规划和国家计划的关系 [M]// 国家建委，中国社会科学院基本建设经济研究所. 基建调研：1981（总 73）. 转引自：陈为邦. 城市探索 [M]. 北京：知识产权出版社，中国水利水电出版社，2004：302-307.

❷ 鹿心社. 做好国土规划工作 为我经济社会可持续发展服务——在天津国土规划专家座谈会上的讲话 [J]. 国土资源通讯，2003（11）：33-37.

❸ 梁鹤年. 抄袭与学习 [J]. 城市规划，2005，29（11）：18-22.

图 5-2　20 世纪 30 年代中国重要城市及人口分布图

自黑龙江之瑷珲（今爱辉）向西南作一直线，至云南之腾冲为至，分全国为东南与西北两部：则此东南部之面积计 400 万 km²，约占全国面积之 36%；西北部之面积计 700 万 km²，约占全国面积之 64%。惟人口之分布，东南部计 44000 万，约占总人口之 96%；西北部之人口，仅 1800 万，约占总人口之 4%。

　　资料来源：丁文江，翁文灏，曾世英，方俊.中国分省新图：第五版 [M].上海：申报馆，1948.

　　注：原图绘制时我国台湾为日本所侵占，统计资料不全。本图由中国地图出版社绘制并授权使用。

项目集中的地区进行，指导重点建设地区建设；"二五"计划时期，项目建设在更广泛的地区内进行，在一般的地区也同样需要区域规划发挥对建设的指导作用，然而，由于生产力水平的限制，国土开发强度有限（图 5-3）。

　　1985 年完成的第一次《全国国土总体规划纲要》确定了未来综合开发的 16 片重点地区，分别为：属于经济发达区的京津唐地区、辽中南地区、长江三角洲、珠江三角洲；属于以资源开发为主地区的以山西为中心的能源基地、红水河水电矿产开发区、以兰州为中心的黄河上游水能和有色冶金区、两淮地区、攀西—六盘水开发区；为充分发挥长江"黄金水道"作用、发展两岸经济并联结东、中、西部的以武汉为中心的长江中游沿岸地区、重庆—宜昌长江沿岸地区；此外还包括胶东半岛及黄河口、闽南三角地区、海南岛、哈尔滨—长春地区和乌鲁木齐—乌苏—克拉玛依地区❶。总体上看，国土开发密度仍然很疏（图 5-4）。

❶　国家计委国土局.关于《全国国土总体规划纲要》（征求意见稿）的简要说明 [EB/OL].[1985-12-27]（2019-12-04）.
　　http://www.cre.org.cn/zl/gtxllz/zgxl/15067.html.

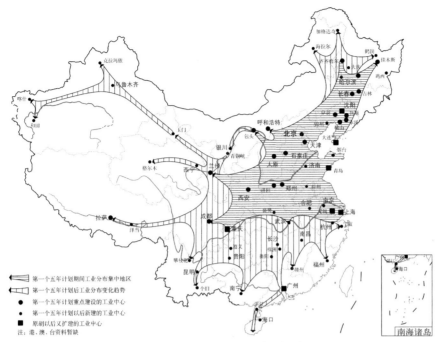

图 5-3　中国工业布局的空间推进

原图为胡焕庸所作，他指出，在第一个五年计划期间，中国的工业部署主要是在华北和东南地区；而第二个五年计划开始向西南、西北发展。

资料来源：陈述彭.地学的探索：第五卷·城市化·区域发展 [M].北京：科学出版社，2003：125.

注：本图由中国地图出版社绘制并授权使用。

图 5-4　重点开发地区位置示意图

资料来源：城乡建设环境保护部 / 国家计划委员会城市规划局 . 2000 年全国城镇发展布局战略要点附图（送审稿）[R]. 1986-02.

注：本图由中国地图出版社绘制并授权使用。

从总体上看，20 世纪 80 年代以来中国开始进入快速、大规模建设时期。在世界近现代史上，能与中国这样的大规模快速发展相提并论的可能只有 18—19 世纪时期欧洲的工业革命、19 世纪后期美国崛起及其西部开发、"二战"后德国和日本的经济奇迹。随着空间开发的不断推进，中国逐步从"疏的世界"演变为"密的世界"，这在铁路、公路交通运输设施的建设的速度与规模上，体现得尤为明显。

铁路建设上，1949 年，我国铁路的通车里程还不到 2.2 万 km，而到 2006 年底，铁路已覆盖全国各省、自治区、直辖市。随着《中长期铁路网规划》开始实施，新一轮大规模铁路建设即将到来，2020 年我国铁路营业里程将达到 10 万 km（图 5-5）。

在公路建设上，1949 年我国公路的通车里程仅为 8 万 km，到 2002 年底全国公路里程已经达到 176 万 km。到 2004 年底，全国高速公路通车里程接近 3.4 万 km，居世界第二位。高速公路建设从最初连接主要城市，转向大规模跨省贯通，在经济发达地区和城市带开始进入网络化的关键阶段（图 5-6、表 5-2）。

中国地域广袤，建设之端，千头万绪，随着经济社会的快速发展，国土开发利用从疏到密，区域开发强度加大，速度加快，剧烈地改变了地域空间格局，同时，政治环境较计划经济时代也发生了深刻的变化，资源配置方式及管理模式、政府职能等也都发生了深刻的变化，越来越需要通过综合的区域空间规划，合理配置空间资源，对空间进行规划和管理，协调人口、资源、环境与经济和社会发展关系。

综上所述，中国区域规划发展总的趋势是从部门的专项规划走向综合的空间规划，我们要自觉地突出综合性，强化空间性。突出综合性要求将人口、资源、环境、经济与社会协调发展视为市场经济体制下的区域规划的主线，编制多目标空间发展规划；强化区域规划的空间性，要求统筹考虑国土资源的保护和合理利用、国土综合整治、区域分工与地区经济空间结构的合理布局，加强空间约束和指导，充分发挥区域规划在调整经济结构、转变经济增长方式和建设良好的人居环境等方面的调控作用。只有这样，才能继续发挥区域规划的空间治理功能，保证国家与城乡建设的可持续发展。

我国公路基础设施增长情况

表 5-2

公路设施 年度	公路总里程（万 km）	公路网密度（按国土面积计算）（km/10^2km^2）	高速公路里程（km）
1949 年	8	—	—
1978 年	89	9.3	—
1987 年	98	—	18.3
1990 年	103	—	522
2000 年	140	—	16314
2002 年	176	18.3	25130

数据来源：据交通部规划研究院《国家高速公路网规划》整理，2004 年 9 月

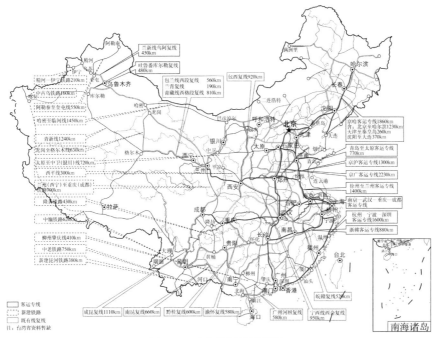

图 5-5　中长期铁路网规划

由京沪、京哈、沿海、京九、京广、大湛、包柳、兰昆"八纵"和京兰（藏）、煤运北、煤运南、陆桥、宁西、沿江、沪昆（成）、西南出海"八横"组成的"八纵八横"铁路运输通道基本形成。一个横贯东西、沟通南北、干支结合的具有相当规模的铁路运输网络已经形成并逐步趋于完善。

资料来源：铁道部. 中长期铁路网规划 [R].

注：本图由中国地图出版社绘制并授权使用。

图 5-6　国家高速公路网布局方案

国家高速公路网规划在全国范围内形成"首都连接省会、省会彼此相通、连接主要地市、覆盖重要县市"的高速公路网络。国家高速公路网布局方案采用放射线和纵横网格相结合的形式，由 7 条北京放射线、9 条纵向路线和 18 条横向路线组成，总规模约 8.5 万 km，其中主线 6.8 万 km，地区环线、联络线等其他路线约 1.7 万 km。

资料来源：交通部规划研究院. 国家高速公路网规划 [R]. 2004–09.

注：本图由中国地图出版社绘制并授权使用。

第 6 章

中国区域空间规划体系展望

第6章
中国区域空间规划体系展望

本章旨在展望未来一段时期内中国区域规划发展的可能前景，主要包括探索区域规划功能与规划体系变化的趋向，以及如何建立与未来发展相适应的区域空间规划体系。

6.1　新形势下区域规划功能及规划体系变化的趋向

改革开放以来，特别是 20 世纪 90 年代以后，中国区域发展的内外部环境发生很大变化，区域规划在实现空间治理、应对外部环境变化的同时，其功能亦开始发生嬗变。从未来一段时期内中国与世界、计划与市场关系等规划环境变化，以及区域的发展要求来看，我们可以把握区域规划的基本功能及规划体系变化的大致趋向。

6.1.1　区域规划是提高区域竞争力、参与世界经济循环的战略措施

从世界发展形势看，伴随经济全球化的发展，资本控制能力和商品链在不断向全球或超国家层次"上调"的同时，生产能力和产业竞争力则不断向地方或区域层次"下调"。在此背景下，国家与城市的发展越来越仰仗区域竞争力的提升，区域规划也成为促进区域竞争力提升的积极而重要的措施之一。从 20 世纪 90 年代开始，世界范围内特别是欧盟国家兴起了新一轮区域规划高潮，无不体现了着眼于世界经济循环、提高区域竞争力的广阔视野。

从中国与世界关系看，随着全球化向纵深发展，中国城市与区域发展受世界市场的影响要比以往任何时候都明显。因此，区域规划将越来越成为区域管理与自主决策的

工具，其核心问题是建立应对外部变化和不确定性的框架，突出区域整体竞争力的塑造，而不是追求区域发展细微之处的确定性和精确性 ❶。这与传统的区域规划主要根据本地区的条件，进行区域内生产力布局和资源平衡，为区域发展服务，有着很大的不同。

6.1.2 区域规划是国家对经济建设进行宏观调控的重要手段

中国是一个多民族、地域差异大的国家，历史经验表明，国家的长治久安总是离不开中央集权及其有效的空间治理，在目前情况下及未来相当长的时期内，为了实现跨越式发展和区域的协调发展，我们仍然要充分重视国家的宏观调控职能，适当集中财力、物力支持重点地区的发展和安排一些关系长远发展的重大项目，特别是通过区域规划，统筹安排重点区域和重大项目，协调区域发展问题。

从计划与市场的关系看，随着社会主义市场经济体制的初步建立与逐步完善，市场将对资源配置发挥基础性作用。同时，市场又带来许多自身无法解决的问题，如实现社会公平和减少经济发展的外部性，这就需要"以社会主义去补充市场经济"，或者说"国家利用政府本身的运作去带动整个市场经济"❷，其中一个重要方面就是，通过制定种种"空间准入"的区域规则对土地空间资源进行有效配置，引导土地利用和空间发展的规划，与财政税收、计划调控、土地使用制度等手段一起组成政府调控市场、引导经济的公共干预体系。

6.1.3 区域规划是建设美好的人居环境的技术保障

根据中国现代化建设的设想，中国在21世纪前20年内的发展目标是"全面建设小康社会"。从区域内部发展看，规划必须在科学发展观的指导下，实现区域经济、社会、环境等方面的区域整体协调发展，建设美好的人居环境。2005年3月25日，吴良镛在国家发改委区域规划研讨班（宁波）上作题为《区域规划与人居环境创造》的演讲，建议从人居环境科学的角度，进一步推进区域规划工作，从而将科学发展观落实到空间发展，主要是树立：①空间的整体观念和相互协调观念；②以人为本的和谐社会观念；③自然生态的保护、治理与发展观念；④文化生态的保护、发展与复兴观念。❸ 可以说，这是未来区域规划与建设的大趋势，与传统的认为"区域规划是对一定地区内国民经济各项基本建设的布局进行总体规划，是国民经济长远计划（规划）的补充和具体落实"相比，无疑增加了时代的新要求。同时，这与国际

❶ 刘卫东,陆大道.新时期我国区域空间规划的方法论探讨——以"西部开发重点区域规划前期研究"为例[J].地理学报，2005，60（6）：894-902.
❷ 梁鹤年."经世济民"经济对自由经济的超越[J].前线，2018（1）：37-39.
❸ 2005年3月25日吴良镛在国家发改委区域规划研讨班（宁波）上的讲话。见：吴良镛.区域规划与人居环境创造[J].城市发展研究，2005，12（4）：1-6.

上"新区域主义"提倡平衡经济发展与环境的、社会的目标，关注经济发展更关注城市设计、物质规划、场所创造、公平的区域规划潮流也是合拍的 ❶。

6.1.4 从更高层次把握规划体系的变化趋势

近现代中国区域规划发展已经取得了很大的成就，并且努力在发展中进行探索，但是在新形势下仍然存在种种问题，未能全然适应，特别是国民经济和社会发展规划（计划）、城乡规划、国土资源规划及各专项规划（交通、水利、环境保护等）四大类规划并置，矛盾重重。随着中国与世界经济的相互联系和影响日益加深，以及社会主义市场经济体制逐步完善，健全区域规划体系成为改革深化过程中不可回避、关系国家发展的一个重大问题。

目前，不同的部门规划正在逐步完善的社会主义市场经济体制和更加开放的发展环境下进行改革探索，依据各自内在的逻辑进行自我完善。例如，国民经济和社会发展中长期规划正在朝着完善发展目标与强化空间指导性的方向发展，城乡建设部门和国土资源部门的规划在强化空间资源配置和发挥空间管制作用的基础上朝着增强规划的综合性、战略性方向演变。无疑，这些完善与改进措施体现了规划本身的演进要求，但是如何从更高层次把握空间规划体系的变化趋势，从根本上理顺空间规划体系，保证空间发展的长期性、战略性、综合性，而不是各部门规划追求自成体系，这是中国区域规划体系改革中首先要考虑的一个战略问题。

（1）以灵活的创新精神解决复杂多变的问题

改革开放以来，中国大规模的快速发展常常令人感到困惑，对于发展过程中的问题，其中包括区域规划，分析起来结果似乎往往不容乐观。然而，中国发展的事实却是屡屡在荆棘丛生的险境中创造奇迹，其原因之一就是中国发展具有足够的灵活性，随时进行着自我调整，似乎在一个又一个新矛盾中化解了原有的矛盾。有人贬之为"实用主义"，但是必须承认的是，迄今为止这种"中国模式"仍然行之有效。实际上，中国实践是在以灵活的创新精神应对纷繁的局面，解决多变的问题。这是中国过去成功的经验，也是中国未来发展的基本原则。区域规划体系问题也不例外，必须以灵活的创新精神解决复杂多变的问题。

（2）突出促进可持续发展主题

完善区域规划体系的一个基本出发点就是促进可持续发展，在科学发展观指导下，进一步明确发展目标，丰富和充实发展内涵，完善发展条件支撑，强化发展动力，完善发展政策。区域规划是政府各职能部门协调形成的综合性政策框架，是政府对

❶ WHEELER S M. The new regionalism: key characteristics of an emerging movement [J]. Journal of the American Planning Association, 2002, 69 (3): 267-278.

空间发展意图的表达与政策指向。从技术的角度看，区域规划主要包括三个相互关联的系列：一是侧重于区域对外竞争力和对外发展地位提高的"发展型"规划，二是侧重于区域内部空间协调和保证系统稳定的"结构型"规划，三是侧重于空间资源要素配置的"保障型"规划。结合目前的区域规划体系的具体情况，可以说，国民经济和社会发展中长期规划主要是增强对区域发展竞争能力的指导，城乡建设规划主要是突出区域空间结构的调整和优化，土地利用总体规划主要是提高对区域空间发展的基础支撑能力。

（3）目标明确，步骤稳妥

区域规划改革涉及方方面面，问题长期积累变化，十分复杂；在改革过程中，会遇到各种难以预料的困难，需要谨慎从事，有计划、有步骤地进行。仇保兴在探讨城市规划体系改革时指出：

应注意规划变革不能突变，作为一种体制改革必定存在"路径依赖"和很强的反抗力，这说明城市规划体系的改革必定要渐进式进行，目标要明确，但步骤要稳妥，不停地寻求自我适应、自我调节完善。❶

对区域空间规划体系改革来说，也是如此。

所谓"目标明确"，就是在政府职权范围内，形成与职能相适应、层次合理、分工明确、有机衔接、统一协调、实施有效的区域空间规划体系，确立区域规划在国家规划体系中的基础地位。长期以来，我国在规划体系方面存在严重的缺失，即比较重视以部门和行业为主的专业规划，如城市规划、土地利用规划、交通与水利等基础设施规划、工业行业规划以及环境保护与生态建设规划等，许多专项规划还以国家立法作为保障。相比之下，综合规划严重滞后，在国家层面和地区只有经济社会发展的五年规划和年度计划。然而，这类规划中涉及区域协调发展的内容很少，并且大多数是原则性的，可操作性不强，难以对各类专项规划在空间布局上进行有效的协调，由此产生了一系列矛盾和区域问题。在"非常规"的发展条件下，如果仍然以一般的方式照章办事，其结果将是非常危险的。应该实事求是，抓住大好发展机遇，不断突破陈规，开拓进取，确立区域规划在国家规划体系中的基础地位，将其作为经济社会发展规划的重要补充和具体落实，对其他专项规划的空间布局起统领和指导作用。

所谓"步骤稳妥"，就是努力在现有的制度框架下、现有的规划权力和能力基础上，通过整合、提升和完善，寻找解决问题的可行途径，稳步推进，而不是另起炉灶，另搞一套。区域规划改革是对习惯观念和一般做法的突破，是一种创造，是对因循守旧的挑战，这将是一个长期性的工作，我们要积极地、持续地对区域空间规

---

❶　仇保兴.中国城市化进程中城市规划变革 [M]. 上海：同济大学出版社，2005：123.

划进行多种探索，逐步改进，不断有所进展，而不是企求一蹴而就。要根据区域的任务和需要（发展目标），以问题为导向，抓住一些关键的、重点问题，在有条件的地区和部门率先开展工作，以局部的突破与进展，推动整个体系的改进，不能强求齐头并进。客观上，在一定时期内不同类型的区域规划将继续维持分头编制的局面，因此要特别注重沟通与协调。

6.2 转变部门规划思想，开展横向合作

政府各职能部门编制的规划都是国家规划体系的重要组成部分，代表着政府对某一领域发展的政策意图，经国务院或国务院授权部门批准后，都应当切实贯彻实施。然而，由于一些专项规划的部门色彩较浓，规划内容往往重点放在本部门或本系统问题的解决上。事实上，对一个具体区域来说，社会、经济、环境等不同部门的政策或规划最终都必须在空间上加以"落实"，因此区域规划离不开部门之间的合作，进行空间上的协调与整合。政府体系内所有与空间发展相关的横向部门都应该认识到空间规划的重要性，树立空间规划观念，相互之间进行功能性调整，在每一个政策层面（主要是中央与省）不同部门之间建立协调机制，开展合作，"防止国家政策部门化"。

6.2.1 国民经济与社会发展规划体系要突出区域规划及其相应的区域政策

发展规划，是政府对国民经济和社会中长期发展在时间和空间上所做的战略谋划和具体部署，是政府履行经济调节、市场监管、社会管理和公共服务职责的重要依据。一般认为，发展规划具有显露信息、协调政策和有效配置公共资源等基本功能。然而，面对国民经济与社会发展的形势与趋势，目前发展规划的长期指导性与空间指导性都显得较为薄弱。五年规划还只是纲要，真正的长期规划（十年以上）还未编制与实施,这直接导致了需要以国民经济和社会发展规划"为依据"或者必须与其"相协调"的同级其他规划，如城市总体规划与土地利用总体规划缺乏必要的引导与基础，因此需要强化发展规划对空间发展的指导性，将国民经济和社会发展的目标与任务同空间结构的调整与完善、空间资源的配置与优化更紧密地结合起来。

（1）突出区域规划，增强空间调控

目前，我国空间开发秩序无序导致的空间结构失衡已十分严重，存在城乡和地区发展失衡、地下水超采导致地面沉降、超载放牧带来草原沙化、山地林地湿地过度开垦带来石漠化和水土流失、滥设开发区带来耕地锐减、资源大规模跨区域调动、上亿人口常年大流动、城市无限"摊大饼"等种种问题，必须在国民经济和社会发

展调节中加入空间调控的内容，特别是通过区域规划，促进人口与经济的分布在各个区域之间的均衡，并与资源环境的承载能力相适应。

正如胡序威指出的：

应该承认，我国多年来形成的规划体系，存在着发展规划和空间规划两大系列（图6-1）。国民经济和社会发展规划、国家和地区经济社会发展战略或产业发展战略等，属发展规划系列；全国国土规划、区域规划、城市规划、土地利用规划等，属空间规划系列。发展规划对空间规划具有导向作用，会涉及空间发展方向的内容，但不可能取代具体的空间规划。

随着市场经济的发育，发展规划的指导性比重增大，主要就发展的方向、速度、结构和布局等提出一些原则性、政策性的规划要求及某些非指令性的规划指标，其内容相对有所虚化，而空间规划的约束性任务加重，要求逐步将空间约束最终落实到土地。因而使我国规划体系的工作重点开始向空间规划倾斜。❶

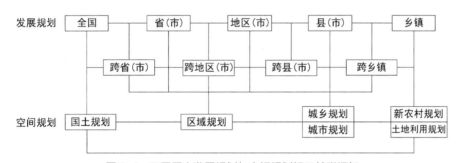

图6-1 不同层次发展规划与空间规划相互关联框架

资料来源：胡序威.中国区域规划的演变与展望[J].地理学报，2006，61（6）：589.

然而，目前区域发展规划编制有条例而无法律依据，如何将突出区域规划落到实处？从增强区域规划的实效来说，主要包括两个方面的工作：一是突出与区域规划相应的区域政策，二是把城乡规划、土地利用规划的任务落在实处。

（2）保证区域规划的实施，突出相应的区域政策

区域政策是政府根据区域差异和区域规划而制定的促使资源在空间的优化配置、控制区域间差距扩大、协调区际之间关系的一系列政策的总和。区域政策的突出特点是以区域为作用对象，纠正市场机制在资源空间配置方面的不足，目标是改善经济活动的空间分布，实现资源在空间的优化配置和控制区域差距的过分扩大，推动区域经济协调发展，以实现国民经济的健康成长和社会公平的合理实现。我国的宏观调控手段，确立了以计划、财政、银行等综合职能部门为主体，国民经济和社会发展计划、财政政策和金融政策为主要内容的宏观经济政策体系，并制定和实

---

❶ 胡序威.中国区域规划的演变与展望[J].地理学报，2006，61（6）：589-590.

施了国家产业政策，促进了国民经济持续、快速、健康发展。但是与此同时，我国地区间发展不平衡的问题却越来越突出，适应新体制的地区增长方式和分工格局尚未形成，相应的地区经济管理和调控体系也尚未建立。国家的区域政策主要是针对特殊地区的专门政策，如沿海开放政策、扶贫政策、少数民族地区政策，在较长时期内还没有形成完善的区域经济政策体系，缺乏各项区域经济政策的相互衔接和配合。因此，必须加强和完善现有的区域政策，逐步完善国家宏观调控体系，保证区域规划目标的实现。

（3）把城乡规划、土地利用规划的任务落在实处

目前，相对于国家总体规划来说，城乡规划和土地利用规划一般是在全国国土规划和重点地区的区域规划编制的前提下而编制的"专项规划"。但是，城乡规划和土地利用规划都是一定区域范围内的"综合性规划"，都属于地域规划（空间规划）的类型，因此在进行国家总体规划与重点地区区域规划时，需要住房和城乡建设部及自然资源部等部门较大程度的参与，在规划内容上需要考虑城乡规划、土地利用规划具体任务之落实。

以北京市为例，《北京城市总体规划修编（2004—2020年）》确定城市规划区范围为北京市全部行政区域，在城市规划区范围内实行城乡统一的规划管理。覆盖全市域的城市总体规划，实际上就是区域规划。北京市国民经济和社会发展五年规划编制充分体现城市总体规划的精神，通过对五年经济社会发展规划的各项安排，把总体规划的任务落在实处，同时也把产业布局落到实处。

6.2.2 城市规划体系要加强区域战略问题研究

城乡规划是指各级人民政府为了实现城市和乡村的经济社会发展目标，协调城乡空间布局和各项建设的综合部署的规划，是规范城乡各项建设活动、保障社会发展整体利益、促进可持续发展的准则。然而，事实上的城乡规划缺乏从区域空间层次自上而下式的发展规划来指导城市规划的编制，公共性与综合性不足。为适应社会主义市场经济体制逐步完善条件下，中国城市大规模快速发展以及社会主义新农村建设的需要，城市规划体系要加强区域战略问题研究，重视宏观政策指导下的区域发展。

（1）加强区域战略问题研究，完善城镇体系规划

城乡规划要突破"总体规划—详细规划"两阶段编制体系，在较高区域层次针对特定需要展开多种形式的区域规划研究，如已经开展的《京津冀城乡空间发展战略规划研究》《珠江三角洲城镇群协调发展规划研究》《山东半岛城镇群发展战略研究》等。

在目前的法律体系下，特别要加强城镇体系规划工作。区域城镇体系规划"应尽快摆脱城市总体规划附属的地位，在强化区域战略问题研究、提高规划目标设置

合理性、揭示问题针对性、区域空间布局前瞻性和管制政策与文本的有效性等方面进行改革，发挥该规划协调上下层次规划的衔接、重大基础设施布局综合指导、协调大中小城市和各类集镇及开发园区的空间布局、管制禁止开发和限制开发的区域、保护生态资源、协调重大开发建设项目定点和统筹城市之间的竞争与合作等六方面功能。"❶

（2）做好与土地利用总体规划、国民经济和社会发展规划的衔接

建设部《关于加强城市总体规划修编和审批工作的通知》（2005年）要求："完善城市总体规划与土地利用总体规划修编工作的协调机制。城市总体规划的修编必须与土地利用总体规划的修编相互协调，在城市规划区内，城市建设用地的安排，必须符合城市总体规划确定的用地布局和发展方向；城市总体规划中建设用地的规模、范围与土地利用总体规划确定的城市建设用地规模、范围应一致。"

各地区在依据城市总体规划编制近期建设规划时，要注意与国民经济和社会发展规划的衔接，保证城市总体规划阶段目标落到实处，发挥规划对近期建设的综合指导和调控作用。

6.2.3 国土规划体系要加强对各项用地供需的综合协调功能

国土规划是对国土进行高层次、战略性协调、起统领作用的规划，协调经济社会与资源环境、区域之间的全面、协调和可持续发展，包括对国土的重大整治和生态环境建设等，因此，它是具有战略性、综合性和地域性的地域空间综合协调规划。

（1）加强土地利用规划对各项用地供需的综合协调功能

各类地域空间规划最终都要落实到土地，在适当地区制定土地利用规划是区域发展政策的一种最深入的形式。土地利用规划是国土规划空间布局的具体化，是实现土地用途管制的基础。随着国民经济和社会发展区域规划、城镇体系规划等相关区域规划的加强，国土规划工作主要突出编制详细的土地利用规划，加强国土规划对各项用地供需的综合协调功能。土地利用规划不能只局限于部门的耕地保护规划，必须加强对国民经济和社会发展的各项用地进行供需之间的综合协调。

（2）加强战略性的国土整治内容

国土规划要考虑近期经济活动，但是不能局限于此，必须加强更长期的国土整治设想。国土整治是展望未来的工作，着眼于长期的可持续发展，一项真正的国土整治政策的结果应该是确定中长期的国家景观变化，更准确地说，要把国家的景观按较为理想的愿望逐步改变。土地利用规划需要以高层次的国土区域规划为依据，而不能本末倒置，以土地利用规划来限制或替代国土、区域与城市规划。相应地，

❶ 仇保兴. 中国城市化进程中城市规划变革 [M]. 上海：同济大学出版社，2005：266–267.

国土（区域）规划工作要与土地利用规划密切结合在一起，既有利于提高土地利用规划的科学性，也有利于国土区域规划的实施和落实。

总之，通过"横向合作"，建立合理的协调和制衡机制，可以形成整体的区域规划与空间政策，这具有特别重要的意义，因为它超过了社会、经济、环境等单方面的影响，而具有全局性的甚至决定全局的战略性影响，各独立运作的部门政策也因此有可能产生新的价值。这与传统的那种认为区域规划从属于经济社会发展计划，是经济社会发展计划在空间上的被动的"落实"明显不同。

6.3 明确区域规划编制与实施的主体，开展纵向合作

区域规划的落实必须与具体地区的发展政策结合起来，这离不开不同层面的空间发展主体之间的合作，即"纵向合作"。不同的政策部门将相互联系的公共权力组合成综合的政策框架，以区域规划的形式，整体地交给下一级地方政府，对地方发展进行引导与调控，这明显不同于传统的那种若干专业部门自上而下的专项政策管理。

6.3.1 明确的区域规划编制与实施主体：以省与县为依托

开展纵向合作的前提条件就是明确不同层次的区域规划编制与实施的主体。与其他形式的规划相比，目前区域规划最特别之处，可以说首先是缺乏明确的编制与实施主体，难以确定权利和责任，最终难免落得"纸上画画，墙上挂挂"的局面。明确区域规划编制与实施的主体，将直接关系到中国区域规划体系改革的实效。

明确区域规划编制与实施的主体，实际上，就是合理划分空间的层次，确定各层次规划的主要内容，明确上下层次规划相互之间的衔接关系，其核心就是将区域规划体系与政府行政管理体系及其管理权限挂起钩来，而这个问题又与行政区划直接相关。

行政区划是对一个国家实行行政管理区域的分级划分和调整，是国家行政管理的重要组成部分，决定着行政管理层次的确定。《宪法》第三十条规定我国的行政区域划分为省（自治区、直辖市）、县（自治县、市）、乡（民族乡、镇）3级，在设立自治州的地方为4级。然而，实际上随着地市机构改革、地区行政公署不断地由虚变实、"市带县"体制的进行，大多数地方已形成省（自治区）、地级市（自治州）、县（自治县、市辖区、县级市）、乡（民族乡、镇）4级制；若加上实际上客观存在的副省级、副地级、副县级，多达7—8个层级。因此，改革和完善现行的行政区划体系是当前政治体制改革的重要一环和突破口，已经势在必行。当然，如何改革与完善行政区划体系，这是一个十分复杂的问题。不过，大势是明朗的，简言之，就是"缩省并县，省县直辖"（图6-2）。浦善新指出：

图6-2 行政区划与管理层次构架改革设想：从（a）到（b）

由于一级行政区面积大，人口多，难以直辖县、市，不可避免地要在省、县之间增加一个中间层次。如果要减少地市这一级行政管理层次，就必须适当划小省区。与传统的体制相比，省直辖的县的数量增加了，似乎难以顾及这么多的县，其实对省来说，应该"有所为有所不为"，放弃那些不适合社会主义市场经济体制的权力，主要管理好应该好好负责的部分。

资料来源：浦善新.中国行政区划改革浅议[EB].（2004–08–27）.

纵观我国几千年行政区划沿革史，合理地吸收世界大多数国家地方政区设置的成功经验，展望社会经济发展趋势对行政管理的影响，我们认为，适当划小省区，逐步撤销地区、自治州和区公所，实行省级单位直接管辖市县、市县直接领导乡镇的体制，是革除现行行政区划弊端的根本出路。

解决地方行政层次多的问题，出路只有划小省区，撤销中间层次。也只有这样，才能在客观上促使机构的精简，迫使各级政府实行宏观指导，把应属企业的一切权力下放给企业，使企业真正成为相对独立、自负盈亏的经济实体，充分发挥企业的积极性和创造性，逐步实现政企分开，从体制上保证"国家政治生活的民主化、经济管理的民主化、整个社会生活的民主化，促进现代化建设事业的顺利发展"。❶

有鉴于此，我们可以认为，省与县是区域空间规划体系中的两个最基本的层面。实际上，这在区域经济规划中已经有所体现，2005年10月22日国务院《关于加强国民经济和社会发展规划编制工作的若干意见》（国发〔2005〕33号）即提出："建立三级三类规划管理体系。国民经济和社会发展规划按行政层级分为国家级规划、省（区、市）级规划、市县级规划；按对象和功能类别分为总体规划、专项规划、区域规划。"这里的区域规划"以跨行政区的特定区域国民经济和社会发展为对象"，实际上就是区域经济规划，在空间层次上包括国家、省、县三个层面。

6.3.2 区域规划的两种基本类型

按照上述行政区演进的趋势判断，我们可以将传统的区域规划的空间对象重新定义为跨行政区和不跨行政区两种基本类型（图6-3）。

---

❶ 浦善新.中国行政区划改革浅议[EB].（2004–08–27）.

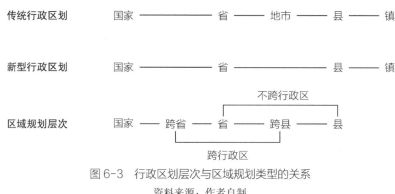

图6-3　行政区划层次与区域规划类型的关系

资料来源：作者自制

（1）跨行政区的区域规划

所谓"跨行政区"，是指在行政区域上规划范围跨省或者省内跨县。这类地区不属于单一的行政区管辖，往往容易导致空间资源的不合理开发、重复建设、生态环境破坏，以及建设项目空间布局失控等，因此也是最需要通过区域规划进行引导和调控的地区。就区域经济规划来说，现在迫切需要的是跨行政区这一类型的规划，"国家对经济社会发展联系紧密的地区、有较强辐射能力和带动作用的特大城市为依托的城市群地区、国家总体规划确定的重点开发或保护区域等，编制跨省（区、市）的区域规划"。❶

至于省内跨县（市）地区，比较著名的如江苏苏锡常地区、湖南长株潭地区、山东半岛、河西走廊、塔里木河流域、河南中原城市群等，都处在一省范围之内，兼跨数县（市）（图6-4、图6-5）。更为一般的跨县类型可能与传统的"市带县"范围相当或略有变化，它们往往可以组成较为完整的"城市—区域"单元，可能是单中心的，也可能是双中心、多中心的，与国外的大都市区范围相当，也是一种重要的类型区域。

一般说来，跨行政区的区域规划由上一层次的行政部门组织编制与实施。跨省区域规划由国务院或责成有关职能部门牵头组织，跨县区域规划由省级政府或责成有关职能部门牵头组织。

（2）不跨行政区的区域规划

省、县都是开展区域规划的基本空间层次。所谓"不跨行政区"，是指区域规划的范围与省级或县级行政区范围相吻合，或者从属于省级或县级行政区特定区域的范围。

以省域为范围的区域规划，实际上就是省域规划。在国家对区域发展进行宏观调控过程中，省域规划具有重要意义。中央一直重视省域层次的规划工作，2001年温家宝副总理指出："要认真抓好省域城镇体系规划编制工作，强化省域城镇体系

---

❶　2005年10月22日国务院《关于加强国民经济和社会发展规划编制工作的若干意见》（国发〔2005〕33号）。

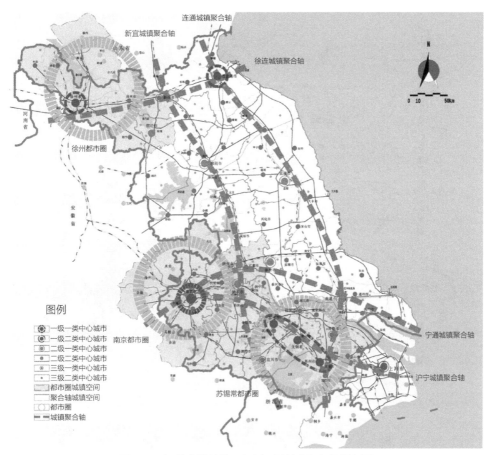

图 6-4　江苏省城镇体系规划：城镇空间组织规划图

在《江苏城镇体系规划》中，苏锡常城市圈规划、南京都市圈规划、徐州都市圈规划都属于跨行政区规划。
其中，南京都市圈规划、徐州都市圈规划，从严格意义上讲，属于跨省的区域规划。

资料来源：江苏省人民政府 . 江苏省城镇体系规划（2001—2020）[R]. 2002.

规划对全省（自治区）城乡建设和发展的指导作用"；"要高度重视跨省的区域规划
工作……有条件的地区可先试点"❶。2005 年 7 月 12 日，曾培炎副总理在全国土地
利用总体规划修编前期工作座谈会上的讲话中指出："要特别保护耕地特别是基本
农田。……'十·五'时期建设占有耕地，只能在省级行政区域内实现占补平衡"。
2005 年 7 月 21 日，建设部仇保兴副部长在城市总体规划修编工作会议的总结讲话
中指出："城市总体规划与土地利用规划这两个规划，既要强调规模上的协调，更
要强调布局上的协调，只有空间布局上的协调才可以把建设用地、基本农田协调起
来。……我们主张在省一级统一协调比较好，因为省以下的土地是统一管理的，在
这个层次上进行协调比较有意义。"❷

❶ 温家宝 . 关于城市规划建设管理的几个问题 [N]. 人民日报，2001-07-25.

❷ 仇保兴 . 关于城市总体规划修编的几个问题 [M]// 和谐与创新——快速城镇化进程中的问题、危机与对策 . 北京：中
国建筑工业出版社，2006.

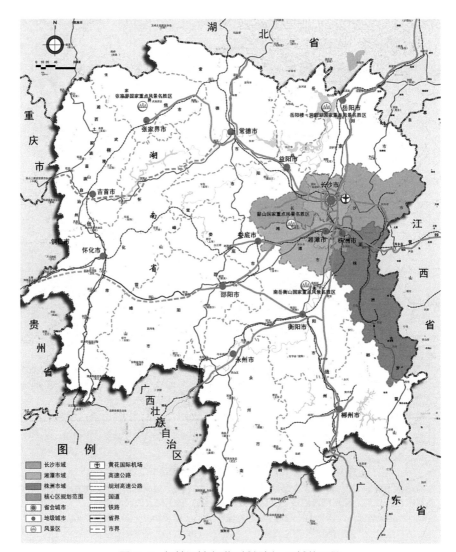

图 6-5　长株潭城市群区域规划：区域位置图

长株潭城市群包括长沙、株洲、湘潭三市市域范围，面积约为 2.8 万 km^2。长株潭城市群区域的规划、建设、管理由省政府统一领导和协调，具体工作由省人民政府指定的主管部门承担，由其负责协调和构建各级各类规划相互衔接、相互补充、相互影响的有机体系，发挥规划对市场主体的引导作用和政府行为的规范约束作用。

资料来源：湖南省发展和改革委员会，中国城市规划设计研究院. 长株潭城市群区域规划 [R]. 2005-03.

省域规划实际上与跨县的区域规划类似，可以当作跨县规划的一个特例（即跨越了一个省所有的县）。有所不同的是，省域规划由省政府组织编制，必须报国务院或有关职能部门审批。

以县为范围的区域规划，实际上就是县域规划。县是中国社会经济的基础，同时又是政治组织，2000 多年来县级行政区的数量变化不大，一直维持在 1000—1500 个左右。县级行政区是我国实施宏观行政和经济管理的相对完整的基本地域单元，是宏观和微观经济的结合部，在我国社会经济发展和区域城乡协调发展中扮演着重要的角色。2003年10月14日十六届三中全会议通过《中共中央关于完善社会主义市场经济体制若干问题的决定》，提出"要大力发展县域经济"，县域规划对于指导县域经济发展有着重要的现实和理论意义。县域规划由县政府负责编制与实施，报省级人民政府批准。

6.3.3 明确的职权划分，保障在获得权力的同时承担相应的责任

一级政府，一级规划，一级事权。明确的职权划分，才能保障各空间层次之间在获得权力的同时承担相应的责任。中央政府为国家利益负责，省级政府为省的利益负责，市、县政府为各自的利益负责。局部利益不得影响整体利益，在这个前提条件下，地方各级政府有自主权。因此，必须明确各层次、各部门规划之间的相互关系，并将区域空间规划体系与政府行政管理体系挂起钩来，增强空间规划及其管理的权威性。

2003年10月《中共中央关于完善社会主义市场经济体制若干问题的决定》提出"合理划分中央和地方经济社会事务的管理责权"：

①按照中央统一领导、充分发挥地方主动性积极性的原则，明确中央和地方对经济调节、市场监管、社会管理、公共服务方面的管理责权。

②属于全国性和跨省（自治区、直辖市）的事务，由中央管理，以保证国家法制统一、政令统一和市场统一。

③属于面向本行政区域的地方性事务，由地方管理，以提高工作效率、降低管理成本、增强行政活力。

④属于中央和地方共同管理的事务，要区别不同情况，明确各自的管理范围，分清主次责任。

对于具体的区域规划来说，我们也可以按照这个基本精神来处理：一方面，中央政府通过区域规划以及相应的投资或空间发展政策，对区域间平衡发展进行宏观调控，关注涉及国家整体的、长期的利益问题（如自然资源与环境的保护、文化遗产的保护与利用等）；另一方面，国家将区域发展交与地方，只是通过国家政策在各地方层次上的"地域化"，对地方的空间发展行为进行监督和审查，不再直接干预地方的事务，提高地方政府发展的积极性和主动性（图6-6）。

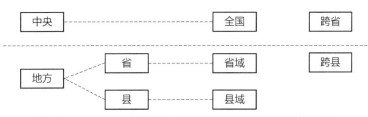

图6-6 中央与地方的经济社会事务的管理责权划分的基本框架

资料来源：作者自制

6.4　因势利导，注重实效，不断推进区域规划体制改革

6.4.1　横向合作与纵向合作相结合

区域规划的空间范围较大，一个成功的区域规划对地方和区域层面合作的依赖程度远远高于其他政策领域，这必然要求区域空间发展在合作途径上有所创新。参考《欧盟空间发展展望》，本书建议以区域空间规划为主线，分别在国家、省、县三大层次上开展横向合作，在一定程度上减少政府部门之间（"条条"）职能交叉对地方发展的负面影响；加强在国家、省、县三大层次之间的纵向合作，减少不同行政区域之间（"块块"）在空间发展上难以协调的矛盾。这样，区域规划成为协调各部门之间公共政策的综合性框架、传递不同层次的空间发展政策的载体或模块（图6-7）。

6.4.2　"三规合作"与"三规合一"相结合

"三规合一"还是"三规合作"，这是国家规划体系改革中存在的两种观点。一般认为，在国家管理层面，理顺我国空间规划管理体制出路有两条：一是"三规合一"，即实行空间规划的统一管理，将空间规划职能统一到一个主管部门之下；二是"三规合作"，即在多头管理的现行体制下，通过建立统一的空间规划体系，明确各部门相应的事权范围，避免规划内容上的交叉和空间上的重叠，也就是要对国土规划、区域规划、城市规划各管到哪一个空间层次以及规划的主要内容进行必要的明确。何去何从？综合分析改革方案的合理性与可行性，两种做法都有一定的合理性，同时又都失之偏颇。

从理论上讲，迅速建立统一的空间规划部门，编制统一的空间规划，可以实施整体的空间发展政策，一劳永逸。但是，从现实可行性看，空间规划权力部门分置，

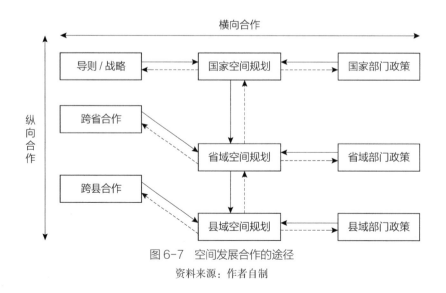

图6-7　空间发展合作的途径

资料来源：作者自制

集中与分散相结合，这是在中国政治框架下的既定事实，在中央集权的基础上，不同部门的规划各有侧重，相互牵制，具有一定的权力制衡的色彩，在短时期内这种格局难以打破；相反，努力促进涉及空间发展的不同规划部门积极开展合作，相互协调，比较符合实际。历史经验表明，中华人民共和国成立后，"一五"计划期间，区域规划成功开展使有关部门联合起来，共同合作，尽管当时经济基础仍然十分薄弱，但是建设投资省，建设周期短，投产后经济效益较好；改革开放后，国家重视国土整治与规划，这是一项十分复杂的综合性工作，最初国家国土规划管理机构设在国家建委，建委撤销后又转到国家计委，在国土规划高潮时期管理机构甚至曾属国家计委和建设部双重领导，无论国家建委还是国家计委，都是综合性管理部门，由综合性部门抓综合性规划较为顺手❶。在我国目前的空间规划系列中，管理问题较多、工作基础较弱的环节实际上正是全国和区域层次的空间规划，尤其是跨省市和跨县市的区域规划，而不是市县层次的规划。

因此，规划改革的关键是加强全国和区域层面上的空间规划，在规划管理上，可以分部门进行，明确分工，但是在规划编制上，必须联合起来，统一协调。只有联合编制、经过中央认可的区域规划，不同的部门才相互"认账"，并根据明确的部门分工，真正加以落实。同时，建立规范的区域编制体系，可以纠正当前地方以发展为名义出现的形形色色的"圈地"规划。

全国或区域空间规划内容设想

全国或区域空间规划强调采取整体的途径，对国家或区域建设的、经济的与社会的规划进行整合。这并不是说国家或区域空间规划对建设、经济、社会、环境等方面无所不包，而是努力寻求经济发展与环境、社会目标之间的平衡，在空间上进行整合。从发展趋势看，国家或区域空间规划的内容主要包括空间结构规划、战略项目选择以及发展条件改进三个方面的内容。

空间结构规划努力将社会、经济、环境等方面在空间地域上整合起来，为国家或区域发展提供综合的空间框架，保证发展具有长远的效益，不同类型的行动之间能够协同，提高区域的功能。通过具体资料调查和评估性质的工作，揭示区域空间布局和发展的可能性，在总体上指出实现这些可能性的途径和方案。识别战略方向、关注长期的且有深远意义的选择、整合区域资源、实现区域协调及调控，以及增强工作的预见性、创造性和驾驭全局的能力，都是空间结构规划的重要内容与基本要求。

---

❶ 胡序威. 我国区域规划的发展态势与面临问题 [J]. 城市规划，2002，26（2）：23–26.

战略项目选择（规划）是指规划或选择一些具体的战略项目，不仅能解决国家或区域发展中的首要问题，而且有助于发挥区域的潜力，逐步实现长远的目标。国家或区域发展长远的战略干预必须转化为若干在短期内有限的财力、技术条件下可以实施的具体行动，迅速发挥影响，提高对区域发展的信任。为了有效地满足将来发展的需要，规划关注的重点不是去寻找"理想的终极蓝图"，提出一个详细的空间利用理想方案，而是选择若干"可能的实施途径"，力图解决具体问题；随着行动计划的滚动实施，区域空间发展逐步向"理想状态"逼近（注意，所谓"理想状态"，其本身也是动态变化的），从而真正地把理想与现实沟通起来。

发展条件改进是指在整体的空间规划基础上，形成广泛的、能够迅速发挥影响力的行动，为区域未来更可持续的发展打下基础。为了保证上述步骤有可能而且持续地实现，许多基础性的工作要做，例如，改进区域的财税管理以保证基础设施发展以及提供服务的可持续性，重新审视法律架构以有助于区域环境的改善，采取非常实用的方法来增加地方人力资源。

总之，从空间的视角审视国家或区域发展中的问题与机遇，可以提高所有项目的价值，通过区域空间规划，使其更加可持续，并且有助于总体的发展。

另外，三种规划并存，在国家与区域层面上问题不大，但是到了地方一级，特别是到了县一级，随着地域空间的变窄，规划问题变得较为集中和具体，三个规划之间的关系十分密切，客观上需要"三规合一"，更务实，成为最贴近人民、最具操作性的规划，没有必要再"分兵把守"。同时，三规合作，精简机构，一个部门负责，可以提高实效，改革的制度成本较低，可行性也较大，特别是那些有条件的县，完全可以根据社会主义市场经济体制和城乡统筹的要求，按照"小政府服务大社会"的行政模式，将县域规划直接转变为空间规划，加大县域范围内各种规划整合力度，通过县域国民经济和社会发展中长期规划、土地利用总体规划、城市总体规划之间的整合，城市总体规划与城镇体系规划之间的整合，通过用地平衡对各类建设布局进行调控，最终将国民经济、城镇体系、基础设施、土地利用、生态环境、公共服务等融为一体。

综上所述，在一段时期内，可能的做法是，在国家与省（直辖市、自治区）层面推进"三规合作"，在县（乃至地市）层面推进"三规合一"。

6.4.3 政府间合作与非政府间协作相结合

对于特定的区域来说，客观上空间发展上存在差异，地方之间的发展又相互依存，相互影响，因此必须寻求一种有效的区域治理（regional governance）机制，统筹中心城市与周围地区发展，统筹不同地区的发展；不能简单地寄希望于构建统一的区域政府，来提高区域发展效能。

区域治理要强调合作与协作。所谓合作，主要指通过地方政府的合作共同解决区域性问题。此前，地方政府彼此联系甚少，只是在遇到紧迫问题和上级政府的强制要求下，才不得不"联合"起来。现在，可以通过从部门或部分项目突破，从若干的条款入手，通过建立协调机制，共同解决一般的区域问题。所谓协作，主要指通过非政府间的协作与伙伴关系来解决区域问题。在一个分散化的、多中心的区域体系中，单一的政府很难有效地应对区域性挑战，相关方面的积极参与对区域性问题的成功解决至关重要，合作性行动比单纯的自上而下的指令方式可能更加有效和持久。

与规划体系相关的政府机构改革的建议

建议在政府机构改革中，在国家和省两级政府设立综合性的规划委员会，统一负责发展规划和空间规划的综合协调管理和实施。除承办原由发改委承担的有关经济社会发展中长期规划和长远发展战略的各项任务外，整合和充实空间规划力量，积极开展全国和区域空间规划，并与城市规划和土地利用规划密切衔接配套，加强对经济社会发展与人口、资源、环境在不同地域层次的空间综合协调。现由建设部门主持开展的全国和省域城镇体系规划及由国土部门主持开展的土地利用规划，均应共同参与全国和区域空间规划的综合协调，其规划管理机构可受各自主管部门和综合规划委员会双重领导（后者侧重于业务协调）。

开展跨行政区的区域规划，应在自愿、互利、合作的基础上成立由各方参加的区域协调委员会，根据共同关心的问题，组织规划的编制和实施。国家规划委员会对跨省市的区域规划，省规划委员会对跨县市的区域规划，主要起着推动组织、协调利益和监督实施的作用。

城市政府多设有综合性的规划机构主管城市空间规划，应将城市的发展规划也纳入其中。高度城镇化的城市型区域规划内容扩展到以城市群规划为主体的城乡一体化规划，需与土地利用规划密切配合。城镇化水平还不高的县域空间规划，应以土地利用规划为重点，统筹县域发展规划与城乡建设规划。土地利用规划愈靠近基层愈显示其重要性，可把高层次空间规划的各种用地控制指标落实到具体的土地。在社会主义新农村建设中，更应将大比例尺的土地利用规划图逐步从县域落实到乡镇。

资料来源：胡序威. 中国区域规划的演变与展望 [J]. 地理学报，2006，61（6）：590.

6.4.4 在推进政治文明的过程中不断改革区域规划体制

目前，国家的大政方针已经很明确，例如科学发展观、构建和谐社会等，关键是落实到具体的实践领域中。搞好规划协调，管好地域空间，对构建和谐社会、落实科学发展观具有重要意义。构建区域空间规划体系涉及政治架构、资源分配，以及所有权等诸多方面，必须建立健全区域规划的法规体系和技术规范体系，以及与区域空间规划相配套的政策体系，建立区域协调机制等，这些都是改革深化过程中不可回避、关系国家发展的重大问题。本章主要从学术和理论层面对区域空间规划体系进行初步思考，其最终效果如何，实有赖于部门之间的合作与协调，或者说政治文明的发扬（和谐社会首先是政府部门之间的和谐），特别是为了克服现阶段局限于部门、局限于地方、局限于任期的种种做法，必须在体制上作艰苦的工作。由于是初步思考，其中尚有诸多不完善之处，希望能在此基础上推进规划体制的研究，使中国区域规划研究与发展能真正上一个台阶。

2006 年以来
中国区域规划进展

第7章
2006年以来中国区域规划进展

　　中国近现代区域规划演进的历程揭示了"综合的区域空间规划"走向。2006年版《中国近现代区域规划》第5章结论指出："中国区域规划发展总的趋势是从部门的专项规划走向综合的空间规划，我们要自觉地突出综合性，强化空间性。突出综合性要求将人口、资源、环境、经济与社会协调发展视为市场经济体制下的区域规划的主线，编制多目标空间发展规划；强化区域规划的空间性，要求统筹考虑国土资源的保护和合理利用、国土综合整治、区域分工与地区经济空间结构的合理布局，加强空间约束和指导，充分发挥区域规划在调整经济结构、转变经济增长方式和建设良好的人居环境等方面的调控作用。只有这样，才能继续发挥区域规划的空间治理功能，保证国家与城乡建设的可持续发展。"❶

　　《中国近现代区域规划》第6章展望未来一段时期内中国区域规划发展的可能前景，主要包括探索区域规划功能与规划体系变化的趋向，以及如何建立与未来发展相适应的区域空间规划体系。《中国近现代区域规划》指出："未来中国区域规划发展面临巨大的创新空间，特别是建立适合中国国情的区域空间规划体系……中国近现代区域规划进步离不开对外来经验的借鉴，今天更需要的是自觉总结自身实践的经验与教训，并努力上升到理论高度。未来中国区域规划发展要在推进政治文明的过程中不断改革区域规划体制，特别是不同部门（国家发展与改革部门、建设部门、国土管理部门等）之间的横向合作与不同层次（国家、省、县）之间的纵向合作相结合，在国家与省（直辖市、自治区）层面的'三规合作'与县（市）层面的'三规合一'相结合，

---

❶ 原书第162页，本书第170页。

政府间合作与非政府间协作相结合，建立适合中国国情的区域空间规划体系。"❶

2006 年以来中国区域规划发展的事实已经证明了"综合的区域空间规划"宏观走向，并且随着党的十八大以来大力推进生态文明建设，推进国家治理体系和治理能力现代化，空间规划体系进行了系统性、整体性、重构性改革。2006 年以来，中国差不多经历了三个"五年规划"，即"十一五"规划（2006—2010 年）、"十二五"规划（2011—2015 年）、"十三五"规划（2016—2020 年）。本章进一步总结 2006 年来我国区域发展与区域规划的新进展，揭示走向综合的空间规划的区域规划实践与理论。

7.1 大规模快速区域发展与区域规划职能凸显

21 世纪以来，中国经历了大规模快速城镇化与跨区域交通建设，空间开发密度与强度进一步提升，社会主义市场经济体制下区域规划宏观调控职能凸显，城市群或重点地区的区域规划密集出台。

7.1.1 大规模快速城镇化

1980—2018 年，全国常住人口城镇化率由 19.39% 提高到 59.58%，在 38 年内提高了 40 个百分点，其中常住人口城镇化率于 2010—2011 年跨过 50%（图 7-1）。《国家人口发展规划（2016—2030 年）》预测，2030 年全国总人口达到 14.5 亿人左右，常住人口城镇化率达到 70%；顾朝林等对中国城镇化过程多情景模拟显示，到 2050 年，中国城镇化水平将达到 75% 左右，中国城镇化进入稳定和饱和状态❷。总体看来，1980—2050 年的 70 年间，中国将完成城镇化的起飞、快速成长和成熟过程，当前正处于城镇化进程的分水岭上。与英国 1801—1901 年经过 100 年时间实现城市化率从 20% 上升到 75% 相比，中国城镇化进程略快，国际社会普遍肯定中国城市发生的巨大变化，视之为中国发展的奇迹之一。

城镇化的快速推进，吸纳了大量农村劳动力转移就业，提高了城乡生产要素配置效率，推动了国民经济持续快速发展，带来了社会结构深刻变革，促进了城乡居民生活水平全面提升，取得的成就举世瞩目。同时，也要看到，我国城镇化在快速发展中也积累了不少突出矛盾和问题，《国家新型城镇化规划（2014—2020 年）》将

❶ 原书第 17-18 页，本书第 19-20 页。详细内容于 2007 年以 "新时期中国区域空间规划体系展望" 为题在《城市规划》发表，见：武廷海 . 新时期中国区域空间规划体系展望 [J]. 城市规划，2007，31（7）：39-46；后来收入《城市规划》杂志社编《三规合一：转型期规划编制与管理改革》，见：《城市规划》杂志社 . 三规合一：转型期规划编制与管理改革 [M]. 北京：中国建筑工业出版社，2014：9-19.

❷ 顾朝林，管卫华，刘合林 . 中国城镇化 2050：SD 模型与过程模拟 [J]. 中国科学：地球科学，2017，47（07）：818-832.

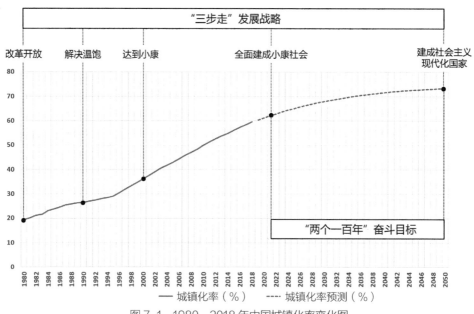

图 7-1　1980—2018 年中国城镇化率变化图

其总结为六个方面：大量农业转移人口难以融入城市社会，市民化进程滞后；"土地城镇化"快于人口城镇化，建设用地粗放低效；城镇空间分布和规模结构不合理，与资源环境承载能力不匹配；城市管理服务水平不高，"城市病"问题日益突出；自然历史文化遗产保护不力，城乡建设缺乏特色；体制机制不健全，阻碍了城镇化健康发展。有效解决城镇化快速发展中积累的突出矛盾和问题，是包括区域规划在内的规划体系所面临的时代任务（图 7-2）。

7.1.2　跨区域交通网络建设

中国地域辽阔，铁路是国民经济大动脉、关键基础设施和重大民生工程，是综合交通运输体系的骨干和主要交通方式之一，在我国经济社会发展中的地位和作用至关重要。2004 年国务院批准实施《中长期铁路网规划》以来，我国铁路发展成效显著，截至 2015 年底，全国铁路营业里程达到 12.1 万 km，其中高速铁路 1.9 万 km，跨区域快速通道基本形成，高速铁路逐步成网，对国家区域空间格局产生重要影响。根据《中长期铁路网规划》，到 2025 年，铁路网规模达到 17.5 万 km 左右，其中高速铁路 3.8 万 km 左右。展望到 2030 年，基本实现内外互联互通、区际多路畅通、省会高铁连通、地市快速通达、县域基本覆盖（图 7-3、图 7-4）。

国家公路（《中华人民共和国公路法》规定的国道）是综合交通运输体系的重要组成部分，包括普通国道和国家高速公路，普通国道网提供普遍的、非收费的交通基本公共服务，国家高速公路网提供高效、快捷的运输服务。截至 2011 年底，全国公

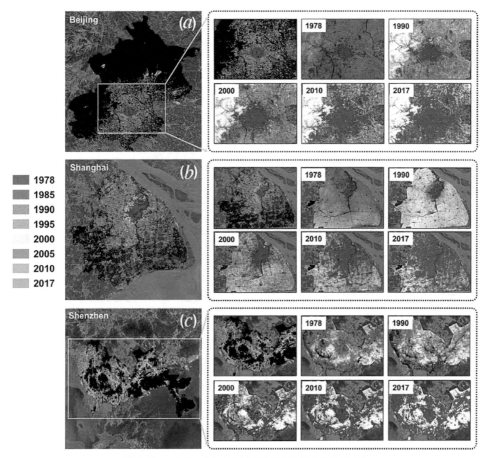

图7-2 1978—2017年中国城镇空间分布变化图
(*a*)北京; (*b*)上海; (*c*)深圳

资料来源: GONG P, LI X, ZHANG W. 40-Year (1978—2017) human settlement changes in China reflected by impervious surfaces from satellite remote sensing [J]. Science Bulletin, 2019 (64): 759.

路总里程达到410.6万km, 其中普通国道10.6万km, 国家高速公路6.4万km。根据《国家公路网规划(2013年—2030年)》, 国家公路网规划总规模40.1万km, 由普通国道和国家高速公路两个路网层次构成, 其中普通国道网总规模约26.5万km, 由12条首都放射线、47条北南纵线、60条东西横线和81条联络线组成; 国家高速公路网约11.8万km, 由7条首都放射线、11条北南纵线、18条东西横线, 以及地区环线、并行线、联络线等组成, 另规划远期展望线约1.8万km。规划到2030年, 国家干线公路网络将实现首都辐射省会、省际多路连通、地市高速通达、县县国道覆盖(图7-5、图7-6)。

可以说, 一百年前孙中山先生关于中国交通网络的宏伟设想已经成为现实。全国性与区域性交通设施特别是高铁等跨区域快速交通网络建设, 加强了区域内部及区域间的联系, 区域协调发展战略与区域规划日益重要。

图 7-3　中长期铁路网规划图

资料来源：国家发展改革委，交通运输部，中国铁路总公司 . 中长期铁路网规划 [R]. 2016.

注：本图由中国地图出版社绘制并授权使用。

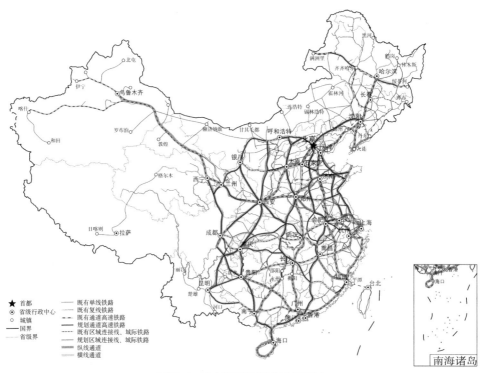

图 7-4　中长期高速铁路网规划图

资料来源：国家发展改革委，交通运输部，中国铁路总公司 . 中长期铁路网规划 [R]. 2016.

注：本图由中国地图出版社绘制并授权使用。

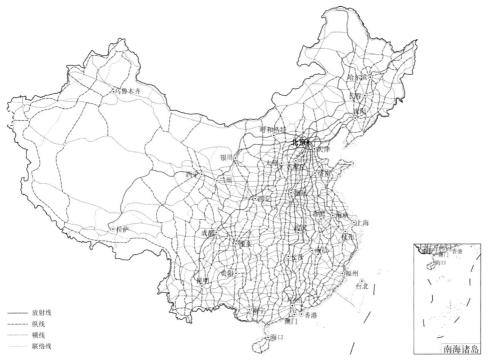

图 7-5　普通国道网布局方案图

资料来源：国家发展改革委.国家公路网规划（2013年—2030年）[R].

注：本图由中国地图出版社绘制并授权使用。

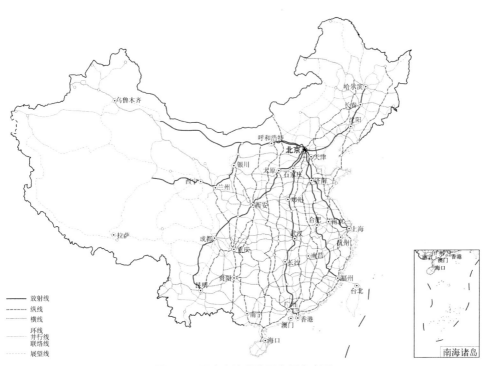

图 7-6　国家高速公路网布局方案图

资料来源：国家发展改革委.国家公路网规划（2013年—2030年）[R].

注：本图由中国地图出版社绘制并授权使用。

7.1.3 跨行政区的区域空间规划

我国地域广阔，自然条件和经济基础差异较大，随着城镇化的不断扩张与深入，区域要素流动的不断增强，过去基于单一行政区的规划已经逐渐不能满足区域发展要求，越来越多的流域治理、生态环境保护、经济合作与一体化等跨区域问题不断涌现，急需突破行政区划进行宏观协调。随着我国启动完善社会主义市场经济体制的全面改革进程，市场在资源配置中的作用从基础性上升到决定性，国民经济和社会发展规划的指导性、政策性不断增强，国家发改部门转向运用空间手段进行宏观调控，其中以跨行政区的经济区为对象编制的城市群或重点区域的多类型区域空间规划兴起（表7-1）。

城市群是我国新型城镇化的主体形态，也是拓展发展空间、释放发展潜力的重要载体，参与国际竞争合作的重要平台。2014年国家发展改革委办公厅发布《关于开展跨省级行政区城市群规划编制工作的通知》（发改办规划〔2014〕1066号）。2015年国务院批复长江中游城市群发展规划，2016年国务院批复成渝、哈长、长江三角洲城市群发展规划。长江三角洲城市群范围包括上海市、江苏省9市、浙江省8市和安徽省8市，国土面积21.17万 km^2，2014年地区生产总值12.67万亿元，

2005年以来我国出台的国家级区域规划　　　　　　　表7-1

跨省（自治区、直辖市）级行政区的特定区域的规划	城市群规划	长江中游城市群、长江三角洲城市群、成渝城市群、哈长城市群、珠江三角洲城市群、中原城市群、北部湾城市群
	区域发展与扶贫攻坚规划	武陵山片区、乌蒙山片区、秦巴山片区、滇桂黔石漠化片区、六盘山片区、燕山—太行山片区、吕梁山片区、大别山片区、罗霄山片区
	经济区规划	《关中—天水经济区发展规划》《山东半岛蓝色经济区发展规划》《海峡西岸经济区发展规划》《中原经济区规划（2012—2020年）》《珠江—西江经济带发展规划》《京津冀协同发展规划纲要》
	其他相关规划	《东北地区振兴规划》《促进中部地区崛起规划》《陕甘宁革命老区振兴规划》《丹江口库区及上游地区经济社会发展规划》《晋陕豫黄河金三角区域合作规划》《川陕革命老区振兴发展规划》
国家总体规划和主体功能区规划等国家层面规划确定的重点地区的规划		《广西北部湾经济区发展规划》《珠江三角洲地区改革发展规划纲要（2008—2020年）》《江苏沿海地区发展规划》《辽宁沿海经济带发展规划》《黄河三角洲高效生态经济区发展规划》《山东半岛蓝色经济区发展规划》《浙江海洋经济发展示范区规划》《河北沿海地区发展规划》《福建海峡蓝色经济试验区发展规划》
承担国家重大改革发展战略任务的特定区域的规划	新区规划	上海浦东新区、天津滨海新区、重庆两江新区、浙江舟山群岛新区、兰州新区、广东广州南沙新区、陕西西咸新区、贵州贵安新区、青岛西海岸新区、大连金普新区、四川天府新区、湖南湘江新区、南京江北新区、福州新区、云南滇中新区、哈尔滨新区、长春新区、江西赣江新区

续表

	综合配套改革试验方案	天津滨海新区综合配套改革试验区、重庆市和成都市全国统筹城乡综合配套改革试验区、武汉城市圈和长株潭城市群全国资源节约型和环境友好型社会建设综合配套改革试验区、山西省国家资源型经济转型综合配套改革试验区、云南省广西壮族自治区建设沿边金融综合改革试验区等
承担国家重大改革发展战略任务的特定区域的规划	自由贸易试验区总体方案	中国（上海）自由贸易试验区、广东自由贸易试验区、重庆自由贸易试验区、浙江自由贸易试验区、河南自由贸易试验区、湖北自由贸易试验区、陕西自由贸易试验区等
	其他相关规划	《中关村国家自主创新示范区发展规划纲要（2011—2020年)》《国家东中西区域合作示范区建设总体方案》《宁夏内陆开放型经济试验区规划》《川渝合作示范区（广安片区）建设总体方案》等

资料来源：李爱民．"十一五"以来我国区域规划的发展与评价 [J]. 中国软科学，2019（04）：98-108.

总人口1.5亿人，分别约占全国的2.2%、18.5%、11.0%。规划期为2016—2020年，远期展望到2030年，规划建设具有全球影响力的世界级城市群，构建适应资源环境承载能力的空间格局（图7-7）。

2016年11月国家发展改革委办公厅发布《关于加快城市群规划编制工作的通知》（发改办规划〔2016〕2526号），其中城市群规划包括：①跨省级行政区城市群规划，如珠三角、海峡两岸、关中平原、兰州—西宁、呼包鄂榆，由国家发展改革委会同有关部门负责编制，并报国务院批准后实施；②边疆地区城市群规划，如云南滇中、新疆天山北坡，由相关地区在国家发展改革委指导下编制，并报国家发展改革委批准；③省域内城市群规划，如山东半岛、黔中、宁夏沿黄、辽中南、山西中部，原则上由省级人民政府自行组织编制，国家发展改革委会同有关部门进行指导。这些城市群规划的主要任务包括：明确城市群空间范围和发展定位、优化城市群空间格局和城市功能分工、促进城市群产业转型升级、统筹城市群重大基础设施布局、提升城市群对外开放水平、强化城市群生态环境保护、创新城市群一体化发展体制机制。

为推进国家级区域规划管理工作规范化、制度化，加强国家级区域规划编制实施管理，落实区域发展总体战略，促进区域协调发展、可持续发展，2015年7月国家发展改革委印发《国家级区域规划管理暂行办法》（发改地区〔2015〕1521号）指出：

国家级区域规划是指以特定区域经济社会发展为对象编制的规划，是国家总体规划、重大国家战略在特定区域的细化落实，是国家指导特定区域发展、制定相关政策以及编制区域内省（自治区、直辖市）总体规划、专项规划的重要依据。

国家级区域规划的规划区域包括：（一）跨省（自治区、直辖市）级行政区的特定区域；（二）国家总体规划和主体功能区规划等国家层面规划确定的重点地区；（三）承担国家重大改革发展战略任务的特定区域。

国家级区域规划的规划期，根据规划区域特点和发展需要合理确定，原则上不少于五年。

国务院发展改革部门负责国家级区域规划的组织协调。

国家级区域规划由国务院发展改革部门会同国务院有关部门和区域内省（自治区、直辖市）人民政府组织编制。

通常，国家级区域规划要明确区域发展功能定位、区域布局、功能分区等定位布局，明确重点任务，包括区域重大基础设施建设、重大产业发展、创新驱动发展与区域创新体系建设、城乡建设与城乡协调发展、生态建设与环境保护、社会事业发展、国际国内区域开放合作、体制机制改革等。此外，要提出保障措施等。

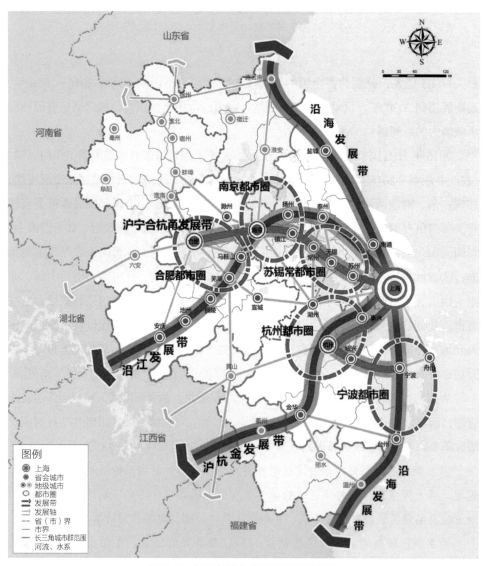

图 7-7　长三角城市群空间格局示意图

资料来源：国家发展与改革委员会. 长江三角洲城市群发展规划 [R]. 2016-06.

7.2　生态文明建设与多规合一的空间规划

21世纪以来，城镇化与经济社会快速发展积累了突出的矛盾和问题，凸显了我国资源环境方面的基本国情：一是资源环境瓶颈制约加剧，特别是环境承载能力已达到或接近上限；二是生态文明建设总体滞后于经济社会发展。面对人口、经济、资源环境之间的空间失衡，中央要求提出加快生态文明制度建设，并推动了相应的区域空间规划改革试点。

7.2.1　空间规划作为生态文明建设制度的组成部分

城镇化快速发展中积累的突出矛盾和问题，究其根本，是相当一段时期以来采取粗放的经济发展方式和社会治理方式所决定。事实证明，"粗放扩张、人地失衡、举债度日、破坏环境的老路不能再走了，也走不通了"。2013年4月25日，习近平在十八届中央政治局常委会会议上讲话指出："如果仍是粗放发展，即使实现了国内生产总值翻一番的目标，那污染又会是一种什么情况？届时资源环境恐怕完全承载不了。经济上去了，老百姓的幸福感大打折扣，甚至强烈的不满情绪上来了，那是什么形势？所以，我们不能把加强生态文明建设、加强生态环境保护、提倡绿色低碳生活方式等仅仅作为经济问题。这里面有很大的政治。"2013年11月中共十八届三中全会通过的《中共中央关于全面深化改革若干重大问题的决定》提出"加快生态文明制度建设"的要求，并强调"通过建立空间规划体系，划定生产、生活、生态空间开发管制界限，落实用途管制"。从此，空间规划正式从国家引导和控制城镇化的技术工具上升为生态文明建设基本制度的组成部分，成为治国理政的重要支撑，这也是中国空间规划概念的一个重要特征。

2015年4月中共中央、国务院印发《关于加快推进生态文明建设的意见》，2015年9月中共中央、国务院印发《生态文明体制改革总体方案》，进一步要求构建"以空间规划为基础，以用途管制为主要手段的国土空间开发保护制度"，构建"以空间治理和空间结构优化为主要内容，全国统一、相互衔接、分级管理的空间规划体系，着力解决空间性规划重叠冲突、部门职责交叉重复、地方规划朝令夕改等问题"。关于编制空间规划要求：

整合目前各部门分头编制的各类空间性规划，编制统一的空间规划，实现规划全覆盖。空间规划是国家空间发展的指南、可持续发展的空间蓝图，是各类开发建设活动的基本依据。空间规划分为国家、省、市县（设区的市空间规划范围为市辖区）三级。

显然，统一的空间规划，是针对各部门分头编制的各类空间性规划而言的，空间规划以空间治理和空间结构优化为主要内容，强调的是国家对空间的调控能力与管控作用，分为国家、省、市县三级。其中，省级空间规划属于区域规划的范畴。

7.2.2 "多规合一"的空间规划试点

不同部门根据职责开展规划工作并形成多种空间类规划，这本身无可厚非。问题的症结并不在多，而是这些空间类规划之间互不协调、互不衔接，规划职能部门分割、交叉重叠现象严重，加之地方权力频繁、随意修改规划，结果影响了空间治理的效率与发展的质量。做好规划协调工作，通过建立科学合理的空间规划体系，让有关规划互相衔接起来、协调起来，这是规划体系改革方向，也正是中央的要求所在。

2014年，国家发改委、国土部、环保部和住建部四部委联合下发《关于开展市县"多规合一"试点工作的通知》，提出在全国28个市县开展"多规合一"试点。这项试点要求按照资源环境承载能力，合理规划引导城市人口、产业、城镇、公共服务、基础设施、生态环境和社会管理等方面的发展方向与布局重点，探索整合相关规划的控制管制分区，划定城市开发边界、永久基本农田红线和生态保护红线，形成合力的城镇、农业和生态空间布局，探索完善经济社会、资源环境和控制管控措施。

2017年1月中共中央办公厅和国务院办公厅印发了《省级空间规划试点方案》，要求以主体功能区规划为基础，统筹各类空间性规划，推进"多规合一"的战略部署，深化规划体制改革与创新，建立健全统一衔接的空间规划任务，提升国家国土空间治理能力和效率，在市县"多规合一"试点工作基础上，制定省级空间规划试点方案。试点范围在海南、宁夏试点基础上，综合考虑地方现有工作基础和相关条件，将吉林、浙江、福建、江西、河南、广西、贵州等纳入试点范围，共9个省份。其中，福建、贵州、广西、湖北与浙江与国家发改委、国家测绘地理信息局合作，海南、宁夏、云南、江西与住房和城乡建设部合作，河南、陕西与国土资源部合作。试点省份也分别成立相应的组织机构，推进省级空间规划试点。

海南省是全国第一个开展省域空间规划的改革试点省份。海南省以省域空间规划为纲，对省域空间在发展目标、生态保护、开发布局、资源利用、设施布局等方面做出战略性和全局性的总体安排和部署；从省域空间资源统筹布局、制定空间保护与发展总体结构、划定生态红线、明确开发边界、确定资源利用底线等几个方面，进行探索实践，纲举目张地"管控、约束和指导"各类规划，形成统一的空间规划体系（图7-8）。2017年6月2日，全国首个省级规划委——海南省规划委员会成立，海南省域"多规合一"改革迈入新阶段。

7.2.3 国家规划主管机构改革与国土空间规划

2018年2月中共十九届三中全会通过的《深化党和国家机构改革方案》要求，组建自然资源部，"强化国土空间规划对各专项规划的指导约束作用，推进'多规合一'，实现土地利用规划、城乡规划等有机融合"。2018年3月在十三届全国人大一次会议批准通过了关于《国务院机构改革方案》，明确组建自然资源部，并将原国土资源部的规

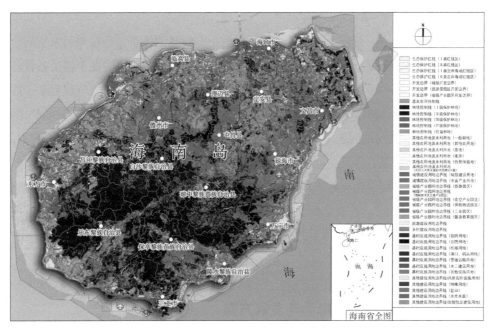

图 7-8 海南省空间类总体规划"一张蓝图"（2015—2030）

资料来源：http：//lr.hainan.gov.cn/xxgk_317/0200/0202/201903/t20190327_2479496.html

注：本图由中国地图出版社绘制并授权使用。

划职责、发改委的主体功能区规划职责和住建部的城乡规划管理职责整合，统一行使所有国土空间用途管制和生态保护修复职责，"强化国土空间规划对各专项规划的指导约束作用"，推进"多规合一"；负责建立空间规划体系并监督实施。规划主管机构改革举措表明，以国土空间用途管制为主要内容的国土空间规划将成为空间规划体系的核心。

值得注意的是，自然资源部设立国土空间用途管制司、国土空间规划局、国土空间生态修复司三个专职机构，在规划管理行政架构上突出了"国土空间规划"，《国务院机构改革方案》要求负责建立"空间规划体系"并监督实施。随着规划改革进程的推进，政策文件中出现了"空间类规划""空间规划""国土空间规划"，以及"空间规划体系""国土空间规划体系"诸多概念，厘清这些概念的内涵及其相互关系，对于统一认识并落实统一规划体系、建立国土空间规划体系并监督实施、加强城市规划建设管理工作等，都具有重要理论和现实意义。

2019年5月中共中央、国务院发布《关于建立国土空间规划体系并监督实施的若干意见》，其中对"国土空间规划"内容的表述与《生态文明体制改革总体方案》对"空间规划"内容的表述完全相同：

国土空间规划是国家空间发展的指南、可持续发展的空间蓝图，是各类开发保护建设活动的基本依据。

从文字表述看，"国土空间规划"与"空间规划"已经等同起来，所谓"国土空

间规划"就是"统一的空间规划"。❶

建立全国统一、权责清晰、科学高效的国土空间规划体系，是按照国家空间治理现代化的要求而进行的系统性、整体性、重构性改革，主要目的在于解决各级各类空间规划之间的矛盾，包括"规划类型过多、内容重叠冲突，审批流程复杂、周期过长，地方规划朝令夕改等问题"。显然，国土空间规划解决的是关于"规划"的问题（"多规"之间的问题），包括城市规划在内的空间类规划之间的矛盾得以解决。

值得指出的是，各类空间性规划曾经要解决的"老问题"并不会因为国土空间规划体系的建立而自动化解或消失，并且随着发展环境与要求的变化，正在或即将出现一些"新问题"。在建立国土空间规划体系并监督实施的过程中，必须针对这些新老问题，对国土空间规划体系进行进一步的深化与完善，真正做到"确保规划能用、管用、好用"。

7.3 中国区域规划的形势与发展方向

2006 年以来国家发展规划体系中的区域（空间）规划，以及（国土）空间规划体系中省市层面规划，共同构成了中国区域规划的基本形态；城市型地区的空间规划受到国家和地方的双重重视。中国区域规划的未来发展要自觉认识并重视综合的战略的区域空间规划。

7.3.1 区域空间规划的基本形态

2018 年 12 月中共中央、国务院发布《关于统一规划体系更好发挥国家发展规划战略导向作用的意见》要求："建立以国家发展规划为统领，以空间规划为基础，以专项规划、区域规划为支撑，由国家、省、市县各级规划共同组成，定位准确、边界清晰、功能互补、统一衔接的国家规划体系。"根据这种"三级四类"国家规划体系，区域规划有两种基本类型：一是国家规划体系的"区域规划"，可以分为国家级区域规划、省级区域规划，正如 7.1 节已经指出的，伴随大规模城镇化与跨区域交通网络建设而出现的大量跨省或跨市县行政区的城市群或重点地区的区域规划，就属于这一类；二是（国土）空间规划体系中，省、市县层面的"（国土）空间规划"实际上也属于区域规划的范畴，这类区域规划可以覆盖省、市县行政区全域或者局部。

---

❶ 如果说"国土空间规划"与"空间规划"还有什么微妙的不同，可能在于"国土空间规划"前面的"国土"二字特别强调国土空间规划的对象是具体的"国土"。2019 年 7 月 5 日国土资源部国土空间规划局组织召开"国土空间规划重点问题研讨会"，庄少勤总规划师在会议小结时指出：在国土上有具体的禀赋（地方性的自然和人文禀赋）、活动（人的生产和生活活动）、权益，而不是抽象的尺度、区位、边界所限定的"空间"；"国土"赋予"空间"以具体的内涵，"国土空间规划"强调是在具体的空间中而不是在抽象空间中做规划，这样规划才有价值。在此意义上说，将"空间规划"改称"国土空间规划"是有特定的、积极意义的，同时也说明"国土空间规划"是关于"国土空间"的"规划"。

2006年来的区域规划演进表明，一方面，为了"使市场在资源配置中起决定性作用"和"更好发挥政府作用"，空间规划从经济社会发展规划中分化出来并不断完善；另一方面，为了解决各级各类空间规划之间的矛盾，全国统一、权责清晰、科学高效的国土空间规划体系就此建立。空间规划特别是区域空间规划的凸显，成为作为政策干预空间发展的重要手段，标志着国家空间治理体系和治理能力现代化的实质性提升。在此框架下，根据具体的问题，区域规划可以呈现出具体的表现形态。

7.3.2　城市型地区的空间规划

20世纪90年代末以来，随着全球化向纵深推进与社会主义市场机制逐步完善，城市发展的区域化的特征明显，或者说城市与区域发展一体化、同城化的特征凸显，这对特大城市地区的规划带来新的要求。

2019年2月国家发展改革委《关于培育发展现代化都市圈的指导意见》（发改规划〔2019〕328号）指出：都市圈是城市群内部以超大特大城市或辐射带动功能强的大城市为中心、以1小时通勤圈为基本范围的城镇化空间形态。建设现代化都市圈是推进新型城镇化的重要手段，既有利于优化人口和经济的空间结构，又有利于激活有效投资和潜在消费需求，增强内生发展动力。要围绕提升都市圈发展质量和现代化水平，探索编制都市圈发展规划或重点领域专项规划；国家发展改革委会同有关部门要加强对都市圈规划编制的统筹指导，研究制定支持都市圈建设的政策措施。显然，都市圈是一种典型的城市地区（city region），其空间规模处于城市群与城市之间，既不能用区域规划的办法解决城市问题，也不能用城市规划的办法解决区域问题，《关于培育发展现代化都市圈的指导意见》要求"强化都市圈规划与城市群规划、城市规划的有机衔接，确保协调配合、同向发力"。

2019年5月《关于建立国土空间规划体系并监督实施的若干意见》要求一些城市的国土空间总体规划上报需报国务院审批："减少需报国务院审批的城市数量，直辖市、计划单列市、省会城市及国务院指定城市的国土空间总体规划由国务院审批。""需报国务院审批的城市国土空间总体规划，由市政府组织编制，经同级人大常委会审议后，由省级政府报国务院审批。"显然，这些名义上的"城市"，包括直辖市、计划单列市、省会城市及国务院指定城市，实际上都是城市型地区或城市化地区（city region/urbanized area），由党中央、国务院批复的《北京城市总体规划（2016年—2035年）》，由国务院批复的《上海市城市总体规划（2017—2035年）》《河北雄安新区总体规划（2018—2035年）》等，都是如此（图7-9、图7-10）。

7.3.3　综合的战略性区域空间规划

区域规划的价值，在于区域发展的经济的、社会的和环境的诸方面，在空间上

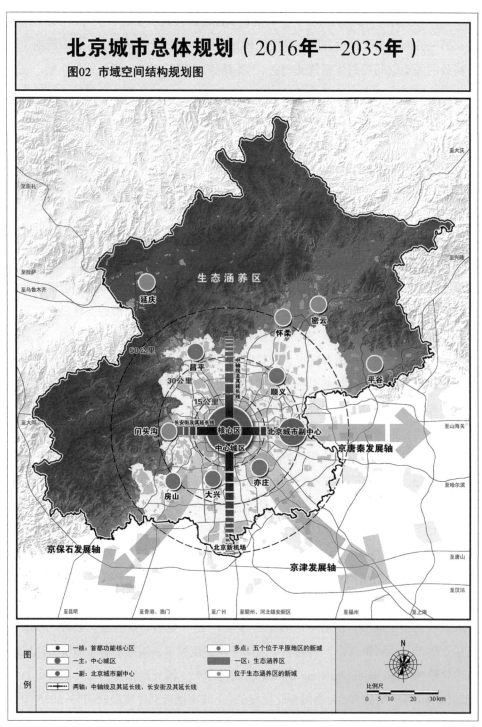

图 7-9　北京市域空间结构规划图

资料来源：http://ghzrzyw.beijing.gov.cn/picture/-1/180110163840005323.jpg

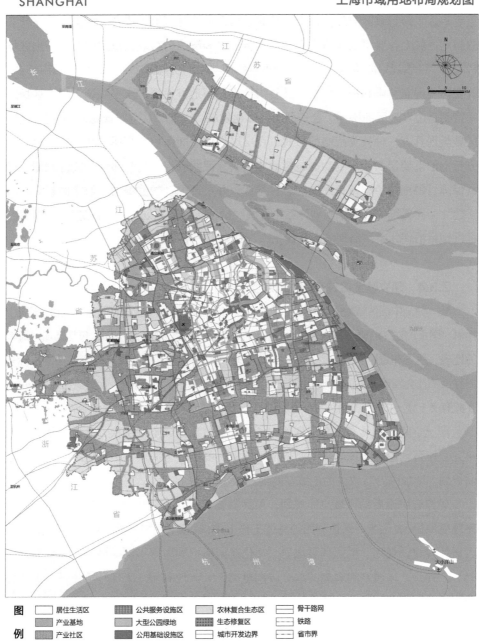

图 7-10　上海市城市总体规划图

资料来源：上海市人民政府.上海市城市总体规划（2017—2035年）图集[R].2018-01.

实现了协调与整合，因此超越了单纯的区域经济规划或区域环境规划。在此意义上说，区域规划是空间性的、综合性的规划，或者说综合的空间规划。

区域规划属于宏观层面的空间规划，强调空间发展的战略性与协调性，不同于一般市县层面的空间规划更注重实施性。区域规划的战略性体现在作为国家发展的重点地区、跨行政区且经济社会活动联系紧密的连片区域，或者承担重大战略任务的特定区域上，要贯彻实施重大区域战略，协调解决跨行政区重大问题，突出区域特色。❶区域规划的协调性可以分为垂直协调与水平协调两个方面，垂直协调体现在既要落实国家意志和战略需求，又要指导市县的地方发展；水平协调体现在区域之间特别是边界地区的协同、合作乃至一体化发展。因此，从空间规划体系的整体看，区域规划具有一种较为战略的形式，在层层规划之间区域规划属于从国家战略到地方行动的重要层面，主要功能包括战略引领、底线管控、优化布局、资源利用、公益保障、国土整治、特色发展等。自觉认识并重视综合的战略的区域空间规划，对于建立并完善统一的国家规划体系以及统一的国土空间规划体系，推进健康城镇化、推进国家治理体系与治理能力现代化，都具有十分重要的意义。

7.3.4 建立健全区域空间规划制度

建立健全中国区域空间规划制度是一个长期的规划实践与理论探索过程。胡序威先生提倡"国土规划"的概念，认为国土是指国家主权管辖范围的地域空间，包括陆域、海域的地表、地下和近地空域，既是资源，也是环境；相应地，国土规划的主要功能目标是搞好经济社会发展在不同地域空间与人口、资源、环境的综合协调，使其具有可持续性。在此意义上说，"国土规划"实际上就相当于"国土空间规划"，并且是综合性空间规划。

国土空间规划具有从全国到地方的不同地域范围或空间层次，县域是基本空间单元。所谓区域空间规划，主要是指不同地域范围或空间层次中那些跨行政区的空间规划，要加强跨行政区的区域空间规划工作。

经综合协调后的区域空间规划，最终都要落实到土地利用、人居环境建设、生态环境保护、文化遗产保护利用等具体工作上来，区域空间规划为区域土地利用规划、人居环境建设规划、生态环境规划、文化遗产保护利用等不同类型的专项规划提供指导。并且，区域空间规划的综合协调也离不开土地利用、人居环境建设、生态环境保护等专门部门的相合协作，不同部门要各司其职并拧成一股绳，积极推动区域空间规划制度的建立健全与完善。

---

❶ 20世纪90年代以来，欧洲大部分国家的空间规划经历着一个转变，即从以往的土地用途管制和项目建设为主的规划方法，转向为城市和区域发展制定积极的发展战略，以更为灵活的姿态应对未来发展的不确定性。随着欧洲国家对地方企业主义策略盛行所带来的行政管理破碎化和环境可持续发展等问题，战略空间规划兴起。见：Healey P. Collaborative planning in a stakeholder society [J]. The Town Planning Review，1998，69：1–21.

参考文献

中文著作

[1] 北京市城市建设档案馆.北京城市建设规划篇：第二卷·城市规划（上册）[M].1998.

[2] 北京市规划委员会.北京城市空间发展战略研究[R].2003.

[3] 薄一波.若干重大决策与事件的回顾[M].北京：中共中央党校出版社，1991.

[4] 蔡元培.黄河富源之利用·序[M]//崔士杰.黄河富源之利用.青岛：胶济铁路管理局，1935.

[5] 中国城市规划学会.五十年回眸——新中国的城市规划[M].北京：商务印书馆，1999.

[6] 曹清华，杜海娥.我国国土规划的回顾与前瞻[J].国土资源，2005，（11）：20-21.

[7] 曹言行.城市建设与国家工业化[M].北京：中华全国科学技术普及协会，1954.

[8] 中国城市规划学会.规划50年[M].北京：中国建筑工业出版社，2006.

[9] 陈东林.三线建设——备战时期的西部开发[M].北京：中共中央党校出版社，2003.

[10] 陈东林.三线建设：离我们最近的工业遗产[J].国家地理杂志，2006（6）.

[11] 陈锋.现代化理论视野中的城市规划——写在中国城市规划设计研究院成立50周年的时候[J].
城市规划，2004，28（12）：13-20+25.

[12] 陈福康.建筑科学要做技术革命的前锋[M].1956—1967年科学技术发展远景规划纲要（修正
草案）通俗讲话.北京：科学普及出版社，1958.

[13] 陈明，商静.区域规划的历程演变及未来发展趋势[J].城市发展研究，2015，22（12）：70-
76+83.

[14] 陈述彭.地学的探索：第五卷·城市化·区域发展[M].北京：科学出版社，2003.

[15] 陈为邦.城市思想与城市化[J].城市发展研究，2003，10（3）：1-8.

[16] 陈为邦.城市探索[M].北京：知识产权出版社，中国水利水电出版社，2004.

[17] 陈为邦.科学促进我国空间规划体系的建立——谈城市中几个规划的关系[J].现代城市，
2015，10（1）：1-4.

[18] 陈为邦.谈谈城市规划和国家计划的关系[M]//国家建委，中国社会科学院基本建设经济研究
所.基建调研：1981（总73）.

[19] 陈秀山，董继红，张帆.我国近年来密集推出的区域规划：特征、问题与取向[J].经济与管理
评论，2012（2）：5-12.

[20] 陈耀.国家级区域规划与区域经济新格局[J].中国发展观察，2010（3）：13-15.

[21] 陈云.陈云文选（1956—1985 年）[M].北京：人民出版社，1986.

[22] 陈真.中国近代工业史资料（第 1 辑）[M].北京：三联书店，1957.

[23] 《城市规划》杂志社.三规合一：转型期规划编制与管理改革 [M].北京：中国建筑工业出版社，2014.

[24] "城乡规划"教材选编小组选.城乡规划 [M].北京：中国工业出版社，1961.

[25] 城乡建设环境保护部城市规划局.区域与城市规划：波兰科学院院士萨伦巴教授等讲稿及文选 [M].城乡建设环境保护部城市规划局，1986.

[26] 重庆建筑工程学院，同济大学.区域规划概论 [M].北京：中国建筑工业出版社，1983.

[27] 崔功豪.借鉴国外经验，建立中国特色的区域规划体制 [J].国外城市规划，2000（2）：1+7.

[28] 崔功豪，魏清泉，陈宗兴.区域规划与分析 [M].北京：高等教育出版社，1999.

[29] 崔功豪，王兴平.当代区域规划导论 [M].南京：东南大学出版社，2006.

[30] 崔士杰.黄河富源之利用 [M].青岛：胶济铁路管理局，1935.

[31] 邓小平.邓小平文选（第三卷）[M].北京：人民出版社，1993.

[32] 邓野.联合政府与一党训政：1944—1946 年间国共政争 [M].北京：社会科学文献出版社，2003.

[33] 丁文江，翁文灏，曾世英.中国分省新图：第四版 [M].上海：申报馆，1939.

[34] 丁文江，翁文灏，曾世英，方俊.中国分省新图：第五版 [M].上海：申报馆，1948.

[35] 丁文江，曾世英.川广铁道路线初勘报告 [R].实业部地质调查所，国立北平研究院地质学研究所，1931.

[36] 董志凯，吴江.新中国工业的奠基石："156"项建设研究 [M].广州：广东经济出版社，2004.

[37] 杜宁睿.区域研究与规划 [M].武汉：武汉大学出版社，2004.

[38] 段娟.改革开放以来我国区域规划工作的历史演进与经验启示 [J].当代中国史研究，2014，21（06）：115.

[39] 段娟.近五年来我国战略性区域规划研究综述与展望 [J].区域经济评论，2014（6）：13-22.

[40] 范恒山.充分发挥区域政策作用，促进经济平稳较快发展 [J].宏观经济管理，2010，（5）：29-30.

[41] 樊杰.对新时期国土（区域）规划及其理论基础建设的思考 [J].地理科学进展，1998，17（4）：1-7.

[42] 方创琳.区域发展规划论 [M].北京：科学出版社，2000.

[43]　方创琳 . 我国新世纪区域发展规划的基本发展趋向 [J]. 地理科学，2000，20（1）：1–6.

[44]　傅作义 . 三年来我国水利建设的伟大成就 [N]. 人民日报，1952-09-26（2）.

[45]　戈登中尉 . 区域计划（Regional Planning）[J]. 市政评论，1946，8（9）：10–12.

[46]　顾朝林 . 论我国空间规划的过程和趋势 [J]. 城市与区域规划研究，2018（1）：60–73.

[47]　顾朝林，柴彦威，蔡建明 . 中国城市地理 [M]. 北京：商务印书馆，2002.

[48]　顾朝林，管卫华，刘合林 . 中国城镇化 2050：SD 模型与过程模拟 [J]. 中国科学： 地球科学，
　　　2017，47（07）：818–832.

[49]　广东省建设委员会，珠江三角洲经济区城市群规划组 . 珠江三角洲经济区城市群规划——协
　　　调与持续发展 [M]. 北京：中国建筑工业出版社，1996.

[50]　国都设计技术专员办事处 . 首都计画 [M]. 南京：国都设计技术专员办事处，1929.

[51]　国父实业计划研究会 . 国父实业计划研究报告 [M]. 重庆：国父实业计划研究会，1943.

[52]　国家发展与改革委员会 . 长江三角洲城市群发展规划 [R]. 2016-06.

[53]　国家发展和改革委员会 . 京津冀都市圈区域规划（2006—2010 年）：征求意见稿 [R]. 2006-
　　　08：2.

[54]　国家发展与改革委员会 . 京津冀都市圈区域规划工作方案（修改稿）[R]. 2005-01.

[55]　建筑工程部城市建设局 . 区域规划文集：第一集 [M]. 北京：建筑工程部，1960.

[56]　国家建设委员会召开全国基本建设会议讨论了设计、建筑、城市建设工作初步规划和基本措
　　　施 [N]. 人民日报，1956-03-08（1）.

[57]　郭剑鸣 . 试论卢作孚在民国乡村建设运动中的历史地位——兼谈民国两类乡建模式的比较 [J].
　　　四川大学学报（哲学社会科学版），2003，128（5）：103–108.

[58]　国土资源部 . 2004 年中国国土资源公报 [R]. 2005-04-15.

[59]　何建华，于建嵘 . 近二十年来民国乡村建设运动研究综述 [J]. 当代世界社会主义问题，2005，
　　　85（3）：32–39.

[60]　胡焕庸，李旭旦 . 两淮水利盐垦实录 [M]. 中央大学地理系，1935：185.

[61]　胡序威 . 一生无悔——地理与规划研究 [M]. 北京：商务印书馆，2019.

[62]　湖南省发展和改革委员会，中国城市规划设计研究院 . 长株潭城市群区域规划 [R]. 2005-03.

[63]　胡序威 . 健全地域空间规划体系 [J]. 城市与区域规划研究，2018（01）：93–96.

[64] 胡序威.区域规划的性质与类型 [M]// 胡序威.区域与城市研究.北京：科学出版社，1998：83.

[65] 中国城市规划设计研究院《市域规划编制方法与理论研究》课题组.市域规划编制方法与理论 [M].北京：中国建筑工业出版社，1992.

[66] 胡序威.我国区域规划的发展态势与面临问题 [J].城市规划，2002，26（2）：23–26.

[67] 胡序威.中国区域规划的演变与展望 [J].地理学报，2006，61（6）：585–592.

[68] 胡序威.中国城市和区域规划发展新趋势 [J].经济地理，1988，8（3）：161–165.

[69] 胡序威.中国工业布局与区域规划的经济地理研究 [M]// 区域与城市研究.北京：科学出版社，1998.

[70] 胡序威，陈汉欣，李文彦，杨树珍.积极开展我国经济区划与区域规划的研究 [J].经济地理，1981（1）：13–17.

[71] 黄秉绶.五十年来之中国工矿业 [M]// 中国通商银行.五十年来之中国经济（1896—1947 年）.台北：文海出版社，1948.

[72] 黄秉维.中国综合自然区划草案 [J].科学通报，1959，18：594–602.

[73] 建设委员会华北水利委员会.北方大港 [J].华北水利月刊，1929，2（9）.

[74] 建筑科学研究院区域规划与城市规划研究室.区域规划编制理论与方法的初步研究[M].北京：建筑工程出版社，1958.

[75] 江苏省人民政府.江苏省城镇体系规划（2001—2020）[R].2002.

[76] 姜义华.孙中山“实业计划”战略构想析评 [M]// 丁日初.近代中国（第 1 辑）.上海：上海社会科学出版社，1991.

[77] 江泽民.江泽民文选（第二卷）[M].北京：人民出版社，2006.

[78] 江泽民.江泽民文选（第一卷）[M].北京：人民出版社，2006.

[79] 江泽民.江泽民文选（第三卷）[M].北京：人民出版社，2006.

[80] 交通部拟交通方案 [M]// 中国第二历史档案馆.中华民国史档案资料汇编：第五辑第二编财政经济（十）.南京：江苏古籍出版社，1997.

[81] 经济部.西南西北工业建设规划 [R].1938.藏于中国第二历史档案馆.

[82] 经济建设大纲 [M]// 铁道部铁道年鉴编纂委员会.铁道年鉴：第一卷.上海汉文正楷印书局，1933.

[83] 京津唐地区国土规划纲要研究综合课题组.京津唐地区国土开发与整治的综合研究[R].
    1984–06.

[84] 抗战五年来之交通[M]// 中国第二历史档案馆.中华民国史档案资料汇编:第五辑·第二编·财
    政经济(十).南京:江苏古籍出版社,1997.

[85] 赖德霖,伍江,徐苏斌.中国近代建筑史(第一卷):门户开放——中国城市和建筑的西化与
    现代化[M].北京:中国建筑工业出版社,2016.

[86] 李爱民."十一五"以来我国区域规划的发展与评价[J].中国软科学,2019(04):98–108.

[87] 李百浩,郭建,陈维哲.近代中国人城市规划范型的历史研究(1860—1949)[M]// 贾珺.建
    筑史:第22辑.北京:清华大学出版社,2006.

[88] 李晓江.关于城市空间发展战略研究的思考[J].城市规划,2003,27(2):28–34.

[89] 李玉堂,李百浩.鲍鼎与武汉近现代城市规划[J].华中建筑,2000,18(2):128.

[90] 梁鹤年.抄袭与学习[J].城市规划,2005,29(11):18–22.

[91] 梁鹤年."经世济民"经济对自由经济的超越[J].前线,2018(1):37–39.

[92] 梁敏,卢晓平,陈秀山.主体功能区战略与区域规划相辅相成[N].上海证券报,2011–03–04.

[93] 梁漱溟.乡村建设理论[M]// 中国文化书院学术委员会.梁漱溟全集(第四卷).济南:山东人
    民出版社,1989.

[94] 梁思成.梁思成文集(四)[M].北京:中国建筑工业出版社,1986.

[95] 辽宁的设计编写小组.辽宁的设计[M].沈阳:辽宁人民出版社,1959.

[96] 林超.中国自然区划大纲(摘要)[J].地理学报,1954,20(4):395–418.

[97] 林家有.孙中山与中国近代化道路的研究[M].广州:广东教育出版社,1999.

[98] 林逸民.呈首都建设委员会文[M]// 国都设计技术专员办事处.首都计画.南京:国都设计技术
    专员办事处,1929.

[99] 刘健.从土地利用到资源管治,从地方管控到区域协调——法国空间规划体系的发展与演变[J].
    城乡规划,2018(6):40–47+66.

[100] 刘善建.国土开发整治与黄河流域规划[J].人民黄河,1989(1):13–18.

[101] 刘卫东,陆大道.新时期我国区域空间规划的方法论探讨——以"西部开发重点区域规划前
    期研究"为例[J].地理学报,2005,60(6):894–902.

[102] 刘云中，侯永志，兰宗敏．我国"国家战略性"区域规划的实施效果、存在问题和改进建议 [N]．中国经济时报，2013-02-01．

[103] 刘云中，侯永志，兰宗敏．我国"国家战略性"区域规划的主要特点 [N]．中国经济时报，2013-01-17．

[104] 陆大道．对我国区域规划有关问题的初步探讨 [C]// 中国地理学会经济地理专业委员会．工业布局与城市规划（中国地理学会 1978 年经济地理专业学术会议文集）．北京：科学出版社，1981．

[105] 陆大道．关于国土（整治）规划的类型与基本职能 [J]．经济地理，1984（1）：3-5．

[106] 陆大道．忽视区域规划危害甚多 [N]．人民日报，1979-03-10．

[107] 陆大道．中国工业分布图集 [M]．北京：中国科学院 / 国家计划委员会地理研究所，1987．

[108] 陆大道．中国区域发展的理论与实践 [M]．北京：科学出版社，2003．

[109] 卢绍稷．中国现代教育 [M]．上海：商务印书馆，1933．

[110] 鹿心社．做好国土规划工作　为我国经济社会可持续发展服务——在天津国土规划专家座谈会上的讲话 [J]．国土资源通讯，2003（11）：33-37．

[111] 鹿永建．我国国土开发整治工作全面展开 11 省、223 个地（市、州）已编制国土规划 [N]．人民日报，1991-02-22（4）．

[112] 卢毓骏．国父实业计划都市建设研究报告 [M]// 卢毓骏教授文集．台北：中国文化大学建筑及都市设计学系系友会，1988：94-109．

[113] 罗开富．中国自然地理分区草案 [J]．地理学报，1954，20（4）：379-394．

[114] 罗荣渠．现代化新论——世界与中国的现代化进程（增订版）[M]．北京：北京大学出版社，2004．

[115] 吕传廷．法定规划供给侧结构性改革的思考 [J]．城市规划学刊，2019（03）：1-2．

[116] 马凯．用新的发展观编制"十一五"规划 [N]．中国经济导报，2003-10-21．

[117] 毛汉英．新时期区域规划的理论、方法与实践 [J]．地域研究与开发，2005，24（6）：1-6．

[118] 毛汉英，方创琳．我国新一轮国土规划编制的基本构想 [J]．地理研究，2002，21（3）：267-275．

[119] 毛其智．未来城市研究与空间规划之路 [J]．城乡规划，2019，43（2）：96-98．

[120] 毛泽东 . 毛泽东选集（第二卷）[M]. 北京：人民出版社，1968.

[121] 毛泽东 . 毛泽东选集（第三卷）[M]. 北京：人民出版社，1968.

[122] 毛泽东 . 毛泽东选集（第四卷）[M]. 北京：人民出版社，1968.

[123] 米展成 . 武汉区域规划报告 [J]. 市政评论，1946，8（10）：10-12.

[124] 彭震伟 . 区域研究与区域规划 [M]. 上海：同济大学出版社，1998.

[125] 浦善新 . 中国行政区划改革浅议 [EB].（2004-08-27）.

[126] 青岛市档案馆 . 青岛地图通鉴 [M]. 济南：山东省地图出版社，2002.

[127] 清华大学建筑系城市规划教研室 . 对北京城市规划的几点设想 [J]. 建筑学报，1980，5：6-15.

[128] 仇保兴 . 关于城市总体规划修编的几个问题 [M]// 和谐与创新——快速城镇化进程中的问题、
危机与对策 . 北京：中国建筑工业出版社，2006.

[129] 仇保兴 . 中国城市化进程中城市规划变革 [M]. 上海：同济大学出版社，2005.

[130] 全国经济委员会 . 水利公路蚕棉 [M]// 中央党部国民经济计划委员会 . 十年来之中国经济建设：
上篇 . 南京：扶轮日报社，1937.

[131] 上海经济区城镇布局规划编制组 . 上海经济区城镇布局规划纲要（1985—2000 年）[R].
1986-03.

[132] 上海市都市计划委员会 . 大上海都市计划总图草案报告书 [R]. 1946-12.

[133] 上海市都市计划委员会 . 大上海都市计划总图草案报告书（二稿）[R]. 1948-02.

[134] 上海市人民政府 . 上海市城市总体规划（2017—2035 年）图集 [R]. 2018-01.

[135] 石楠 . 城乡规划学不能只属于工学门类 [J]. 城市规划学刊，2019（1）：3-5.

[136] 石楠 . 试论城市规划社会功能的影响因素 [J]. 城市规划，2005，29（8）：9-18.

[137] 师武军 . 面向可持续发展的国土规划 [J]. 北京规划建设，2005（5）：36-39.

[138] 施雅风 . 中国自然资源的考察研究 [M]//1956—1967 年科学技术发展远景规划纲要(修正草案)
通俗讲话 . 北京：科学普及出版社，1958.

[139] 宋家泰 . 宋家泰论文选集——城市—区域理论与实践 [M]. 北京：商务印书馆，2001.

[140] 宋家泰，顾朝林 . 城镇体系规划的理论与方法初探 [J]. 地理学报，1988，43（2）：100.

[141] 孙施文，石楠，吴唯佳，等 . 提升规划品质的规划教育 [J]. 城市规划，2019，43（3）：41-49.

[142] 孙中山 . 建国方略 · 实业计划 [M]// 孙中山全集（第六卷）. 北京：中华书局，1985.

[143] 唐凯.新形势催生规划工作新思路——致吴良镛教授的一封信 [J]. 城市规划，2004，28（2）：23-24.

[144] 唐山市人民政府.唐山恢复建设总体规划 [R]. 1976.

[145] 汤寿潜.危言：铁路第四十 [M]// 政协浙江省萧山市委员会文史工作委员会.汤寿潜史料专辑：萧山文史资料选辑（四）.萧山，1933.

[146] 滕代远.三年来人民铁道的成就 [N]. 人民日报，1952-09-30（3）.

[147] 田居俭.中国苏维埃区域社会变动史·序 [M]// 何友良.中国苏维埃区域社会变动史.北京：当代中国出版社，1996.

[148] 铁道部.铁道 [M]// 中央党部国民经济计划委员会.十年来之中国经济建设：上篇.南京：扶轮日报社，1937.

[149] 铁路建设计划概要 [M]// 国父实业计划研究会.国父实业计划研究报告.重庆：国父实业计划研究会，1943.

[150] 涂文学."湖北新政"与近代武汉的崛起 [J]. 江汉大学学报（社会科学版），2010，27（1）：71-77.

[151] 万里.在城市建设工作会议上的报告 [M]// 万里论城市建设.北京：中国城市出版社，1995.

[152] 汪光焘.科学修编城市总体规划，促进城市健康持续发展——在全国城市总体规划修编工作会议上的讲话 [J]. 城市规划，2005，29（2）：9-14.

[153] 王军，唐敏.规划编制的"三国演义" [N]. 瞭望新闻周刊，2005-11-07.

[154] 王凯.从国土看我国城镇空间发展研究 [D/OL]. 北京：清华大学，2006. http：//etds.lib.tsinghua.edu.cn/Thesis/Thesis/ThesisSearch/Search_DataDetails.aspx?dbcode=ETDQH&dbid=7&sysid=149228.

[155] 王克.都市计划之现趋势——地方计划（Regional Planning）[J]. 市政评论，1937，5（6）：21-22.

[156] 王晓东.对区域规划工作的几点思考——由美国新泽西州域规划工作引发的几点感悟 [J]. 城市规划，2004，28（4）：65-69.

[157] 魏后凯.论中国城市转型战略 [J]. 城市与区域规划研究，2011（1）：1-19.

[158] 温家宝.关于城市规划建设管理的几个问题 [N]. 人民日报，2001-07-25.

[159] 翁文灏. 建设与计划 [J]. 独立评论，1932（5）：8-12.

[160] 翁文灏. 经济建设与技术合作 [J]. 独立评论，1933，63：6-10.

[161] 翁文灏. 中国东南部进一步的建设（1947年2月3日在中央大学地理系讲演稿）[J]. 地理学报，1947，14（1）：1-3.

[162] 翁文灏. 我国工商经济的回顾与前瞻 [J]. 资源委员会公报，1943，5（2）：70-79.

[163] 翁文灏. 我国抗战期中经济政策 [J]. 经济部公报，1938，1（13）：51-52.

[164] 翁文灏. 中国经济建设的前瞻 [J]. 经济建设季刊，1942，创刊号.

[165] 翁文灏. 中国经济建设之轮廓 [J]. 资源委员会公报，1942，3（5）：60-67.

[166] 吴传钧，侯锋. 国土开发整治与规划 [M]. 南京：江苏教育出版社，1990.

[167] 吴良镛. 城市地区理论与中国沿海城市密集地区发展 [J]. 城市规划，2003，27（2）：12-16+60.

[168] 吴良镛. 区域规划与人居环境创造 [J]. 城市发展研究，2005，12（4）：1-6.

[169] 吴良镛. 张謇与南通"中国近代第一城" [J]. 城市规划，2003，27（7）：6-11.

[170] 吴良镛，等. 京津冀地区城乡空间发展规划研究 [M]. 北京：清华大学出版社，2002.

[171] 吴良镛，等. 京津冀地区城乡空间发展规划研究二期报告 [M]. 北京：清华大学出版社，2006.

[172] 吴良镛，等. 京津冀地区城乡空间发展规划研究三期报告 [M]. 北京：清华大学出版社，2013.

[173] 吴良镛，武廷海. 城市地区的空间秩序与协调发展：以上海及其周边地区为例 [J]. 城市规划，2002，26（12）：18-21.

[174] 吴良镛，武廷海. 从战略规划到行动计划——中国城市规划体制初论 [J]. 城市规划，2003，27（12）：13-17.

[175] 吴良镛，吴唯佳，武廷海. 论世界与中国城市化的大趋势和江苏省城市化道路 [J]. 科技导报，2003（2）：3-6.

[176] 吴洛山. 关于人民公社规划中几个问题的探讨 [J]. 建筑学报，1959（1）：2.

[177] 武廷海. 简论张謇的区域思想 [J]. 城市规划，2006，30（4）：17-22+28.

[178] 武廷海. 新时期中国区域空间规划体系展望 [J]. 城市规划，2007，31（7）：39-46.

[179] 武廷海，卢庆强，周文生，等. 论国土空间规划体系之构建 [J]. 城市与区域规划研究，2019，11（1）：1-12.

[180] 吴万齐. 开创区域规划工作的新局面 [J]. 建筑学报，1983（5）：1-6+81-82.

[181] 吴唯佳，郭磊贤，唐婧娴．德国国家规划体系 [J]．城市与区域规划研究，2019，11（1）：138-155.

[182] 吴唯佳，吴良镛，石楠，等．空间规划体系变革与学科发展 [J]．城市规划，2019，43（01）：17-24+74.

[183] 武月星．中国现代史地图集（1919—1949）[M]．北京：中国地图出版社，1999.

[184] 吴之凌．百年武汉规划图记 [M]．北京：中国建筑工业出版社，2009.

[185] 吴忠民．渐进模式与有效发展 [M]．北京：东方出版社，1999.

[186] 肖金成．区域规划：促进区域经济科学发展 [J]．中国发展观察，2010（3）：16-18.

[187] 许学强．突出重点 创出新意 [M]// 广东省建设委员会，珠江三角洲经济区城市群规划组．珠江三角洲经济区城市群规划——协调与持续发展．北京：中国建筑工业出版社，1996.

[188] 薛暮桥．三年来中国经济战线上的伟大胜利 [J]．学习，1952（7）．

[189] 薛毅．国民政府资源委员会研究 [M]．北京：社会科学文献出版社，2005.

[190] 严学熙．略论研究江苏近现代经济史的意义 [J]．南京大学学报（哲学社会科学），1983（2）：1-5.

[191] 杨保军．城市总体规划改革的回顾和展望 [J]．中国土地，2018（10）：9-13.

[192] 杨洁．对区域规划工作的回顾与展望 [J]．科技导报，1998（8）：58-61.

[193] 杨伟民．发展规划的理论和实践 [M]．北京：清华大学出版社，2010.

[194] 杨伟民．规划体制改革的理论探索 [M]．北京：中国物价出版社，2003.

[195] 杨伟民．生态文明建设的中国理念 [EB/OL]．（2019-02-01）[2019-07-17]．http：//www.chinadaily.com.cn/interface/toutiaonew/1078502/2019-02-01/cd_37434811.html.

[196] 杨吾扬，李彪，周宇，石光亮．县级市域规划的若干理论问题——以诸城市为例 [J]．地理学报，1989，44（3）：281-290.

[197] 尹稚．空间规划新框架下控规向何处去 [J]．城市规划学刊，2019（03）：2-3.

[198] 余伯流，凌步机．中央苏区史 [M]．南昌：江西人民出版社，2001.

[199] 曾菊新，刘传明．构建新时期的中国区域规划体系 [J]．学习与实践，2006（11）：23-27.

[200] 张兵．国家空间治理与空间规划 [M]// 中国城市规划学会学术工作委员会．理性规划 [M]．北京：中国建筑工业出版社，2017：37-45.

[201] 张謇研究中心，南通市图书馆．张謇全集：第 1 卷·政治 [M]．南京：江苏古籍出版社，1994.

[202] 张謇研究中心，南通市图书馆.张謇全集：第 2 卷·经济 [M].南京：江苏古籍出版社，1994.

[203] 张謇研究中心，南通市图书馆.张謇全集：第 3 卷·实业 [M].南京：江苏古籍出版社，1994.

[204] 张謇研究中心，南通市图书馆.张謇全集：第 4 卷·事业 [M].南京：江苏古籍出版社，1994.

[205] 张謇研究中心，南通市图书馆.张謇全集：第 5 卷·艺文（上）[M].南京：江苏古籍出版社，
1994.

[206] 张謇研究中心，南通市图书馆.张謇全集：第 6 卷·日记 [M].南京：江苏古籍出版社，1994.

[207] 张謇.吴淞商埠局督办就职宣言 [N].南通报，1921–02–22（4）.

[208] 章开沅.开拓者的足迹——张謇传稿 [M].北京：中华书局，1986.

[209] 章开沅，罗福惠.比较中的审视：中国早期现代化研究 [M].杭州：浙江人民出版社，1993.

[210] 章开沅，田彤.张謇与近代社会 [M].武昌：华中师范大学出版社，2001.

[211] 张器先.我国第二批区域规划试点工作追记 [M]// 中国城市规划学会.五十年回眸——新中国
的城市规划 [M].北京：商务印书馆，1999.

[212] 张勤.比区域规划更重要的是区域观念 [J].国外城市规划，2000（2）：2.

[213] 张松涛.晚清铁路路网规划思想研究 [D].桂林：广西师范大学，2003.

[214] 张孝若.南通张孝直先生传记 [M].上海：中华书局，1930.

[215] 张绪武.张謇 [M].北京：中华工商联合出版社，2004.

[216] 张永姣，方创琳.地域尺度重组下的我国城市与区域规划体系改革 [J].人文地理，2015，30
（5）：9–15.

[217] 张振和.加强新工业区和新工业城市建设的准备工作 [N].人民日报，1956–05–31（2）.

[218] 赵赟，满志敏，方书生.苏北沿海土地利用变化研究——以清末民初废灶兴垦为中心 [J].中国
历史地理论丛，2003，18（4）：102–111.

[219] 赵士修.我国城市规划两个“春天”的回忆 [M]// 中国城市规划学会.五十年回眸——新中国
的城市规划.北京：商务印书馆，1999.

[220] 赵锡清.我国城市规划工作三十年简记（1949—1982）.城市规划，1981（1）：43.

[221] 郑大华.民国乡村建设运动 [M].北京：社会科学文献出版社，2000.

[222] 郑度，等.中国区划工作的回顾与展望 [J].地理研究，2005，24（3）：331.

[223] 郑伟元.土地资源约束条件下的城乡统筹发展研究 [J].城市与区域规划研究，2008（1）：22–31.

[224] 政协江苏省大丰市委员会 . 盐韵大丰 [M]. 南京：凤凰出版社，2015.

[225] 中央档案馆 . 中共中央文件选集：第三册（1927）[M]. 北京：中共中央党校出版社，1982.

[226] 中共中央政治局 . 1956—1967 年全国农业发展纲要（草案）[R]. 北京，1956.

[227] 中国城市地图集编辑委员会 . 中国城市地图集 [M]. 北京：中国地图出版社，1994.

[228] 中国城市规划设计研究院，包头市城市规划局 . 包头市城市总体规划（2005—2020 年）[R].
2006.

[229] 中国城市设计研究院 . 海南省总体规划（2015—2030 年）[R]. 2016-04.

[230] 中国城市规划设计研究院 . 京津唐地区各城市的性质、功能、发展方向及其相互关系 [R].
1984.

[231] 中国城市规划设计研究院深圳分院，南海市城乡建设规划局 . 南海市城乡一体化规划 [R].
1996-06.

[232] 中国城市规划设计研究院《市域规划编制方法与理论研究》课题组 . 市域规划编制方法与理
论 [M]. 北京：中国建筑工业出版社，1992.

[233] 中国城市规划学会 . 中国城乡规划学学科史 [M]. 北京：中国科学技术出版社，2018.

[234] 中国城市规划学会 . 五十年回眸——新中国的城市规划 [M]. 北京：商务印书馆，1999.

[235] 中国工程师学会 . 三十年来之中国工程（中国工程师学会三十周年纪念刊）[M]. 中国工程师学
会南京总会及各地分会，1948.

[236] 中国国民党革命委员会中央宣传部 . 翁文灏论经济建设 [M]. 北京：团结出版社，1989.

[237] 中华人民共和国国家经济贸易委员会 . 中国工业五十年：第二部·社会主义工业化初步基础
建立时期的工业——从新民主主义社会到社会主义社会过渡时期的工业（1953—1957）·上卷 [M].
北京：中国经济出版社，2000.

[238] 周春山，谢文海，吴吉林 . 改革开放以来中国区域规划实践与理论回顾与展望 [J]. 地域研究与
开发，2017，36（1）：1-6.

[239] 周干峙 . 迎接城市规划的第三个春天 [J]. 城市规划，2002，26（1）：9-10.

[240] 周廷儒，施雅风，陈述彭 . 中国地形区划草案 [M]. 北京：科学出版社，1956.

[241] 周新国 . 中国近代化先驱：状元实业家张謇 [M]. 北京：社会科学文献出版社，2003.

[242] 周一星，杨焕彩 . 山东半岛城市群发展战略研究 [M]. 北京：中国建筑工业出版社，2004.

[243] 朱馥生 . 孙中山《实业计划》的铁道建设部分与汤寿潜《东南铁道大计划》的比较 [J]. 民国档案，1995（1）：71-74.

[244] 朱皆平 . 武汉区域规划初步研究报告 [M]. 武汉：湖北省政府武汉区域规划委员会，1946.

[245] 竺可桢 . 中国气候区域论 [J]. 地理杂志，1930，3（2）：1-14.

[246] 朱才斌，冀光恒 . 从规划体系看城市总体规划与土地利用规划 [J]. 规划师，2000，16（3）：11.

[247] 邹德慈 . 走向主动式的城市规划——对我国城市规划问题的几点思考 [J]. 城市规划，2005，29（2）：20-22.

翻译著作

[1] （苏）B. B. 弗拉基米罗夫 . 苏联区域规划设计手册 [M]. 王进益，韩振华，等译 . 北京：科学出版社，1991.

[2] （苏）国家建委国家民用建筑委员会，中央城市建设科学设计院 . 工业区区域规划原理 [M]. 中国科学院地理研究所，译 . 北京：中国建筑工业出版社，1979.

[3] （美）费正清，费维恺 . 剑桥中华民国史（1912—1949 年）[M]. 北京：中国社会科学出版社，1993.

[4] 冀朝鼎 . 中国历史上的基本经济区与水利事业的发展 [M]. 朱诗鳌，译 . 北京：中国社会科学出版社，1981.

[5] （英）彼得·霍尔 . 城市与区域规划 [M]. 邹德慈，金经元，译 . 北京：中国建筑工业出版社，1985.

[6] （美）吉尔伯特·罗兹曼 . 中国的现代化 [M]. 南京：江苏人民出版社，2010.

[7] （日）驹井德三 . 张謇关系事业调查报告书 [M]// 江苏省政协文史资料研究委员会 . 江苏文史资料选辑：第十辑 . 江苏人民出版社，1982：155.

[8] （德）马克思，恩格斯 . 马克思恩格斯选集（第 1 卷）[M]. 北京：人民出版社，1972.

[9] （英）尼格尔·泰勒 . 1945 年后西方城市规划理论的流变 [M]. 李白玉，陈贞，译 . 北京：中国建筑工业出版社，2006.

[10] （波兰）萨伦巴，等 . 区域与城市规划 [M]. 北京：城乡建设环境保护部城市规划局，1986.

[11] （苏）什基别里曼 . 有关区域规划方面的几个问题 [M]// 建筑工程部城市建设局 . 区域规划文集（第一集）. 北京：建筑工程部，1959.

[12] （苏）什基别里曼．在保定市关于区域规划问题的发言 [M]// 建筑工程部城市建设局．区域规划文集（第一集）．北京：建筑工程部，1959.

[13] （美）斯塔夫里阿诺斯．全球通史：1500 年以后的世界 [M]．吴象婴，梁赤民，译．上海：上海社会科学院出版社，1999.

英文著作

[1] BENNIS W，BENNE K，CHIN R. eds. The planning of change [M]. 4th ed. New York：Holt，Rinehart and Winston，Inc.，1985.

[2] BURNHAM D，BENNETT E. Plan of Chicago [M]. Chicago，IL：Commercial Club of Chicago，1909.

[3] CHI C T. Key economic areas in Chinese history，as revealed in the development of public works for water-control [M]. London：George Allen & Unwin，ltd.，1936.

[4] COOKE P. Theories of planning and spatial development [M]. London：Hutchinson，1983.

[5] DROR Y. The planning process：a facet design [M]//FALUDI A. ed. A reader in planning theory. Oxford：Pergamon Press，1976：323-343.

[6] FISHMAN R. The American planning tradition：culture and policy [M]. Washington，D.C.：Woodrow Wilson Center Press，2000.

[7] FRIEDMANN J. Planning in the public domain：from knowledge to action [M]. Princeton，NJ：Princeton University Press，1987.

[8] FRIEDMANN J. Regional planning and nation-building：an agenda for international research [J]. Economic Development and Cultural Change，1967，16（1）：119-129.

[9] FRIEDMANN J，WEAVER C. Territory and function：the evolution of regional planning [M]. Berkeley and Los Angeles：University of California Press，1979.

[10] GEDDES P. Cities in evolution：an introduction to the town planning movement [M]. London：Benn，1915.

[11] GONG P，LI X，ZHANG W. 40-Year（1978-2017）human settlement changes in China reflected by impervious surfaces from satellite remote sensing [J]. Science Bulletin，2019（64）：756-763.

[12] HALL P. Cities of tomorrow [M]. Oxford: Blackwell, 1996.

[13] HALL P. Urban and regional planning [M]. London and New York: Routledge, 2002.

[14] HEALEY P. Collaborative planning in a stakeholder society [J]. The Town Planning Review, 1998, 69: 1–21.

[15] HOWE F. The modern city and its problems [M]. New York: Charles Scribner's Sons, 1915.

[16] MARSHALL T, GLASSON J and HEADICAR P. Comtempary issues in regional planning [M]. Hampshire: Ashgate Publishing Limited, 2002.

[17] MUMFORD L. The culture of cities [M]. Harcourt: Brace & Company, 1938.

[18] Regional Plan Association. The regional plan of New York and its environs volume 1: the graphic regional plan [M]. New York, 1929.

[19] SIMMONDS R, HACK G. Global city regions: their emerging forms [M]. London and New York: Spon Press, 2000: 8.

[20] SUN Y S. The International Development of China [M]. New York: The Knickerbocker Press, 1922.

[21] WANNOP U. The regional imperative: regional planning and governance in Britain, Europe, and the United States [M]. London: Jessica Kingsley Publishers, 1995.

[22] WHEELER S M. The new regionalism: key characteristics of an emerging movement [J]. Journal of the American Planning Association, 2002, 69 (3): 267–278.

[23] WOLFFRAM D J. Town planning in the Netherlands and its administrative framework, 1900—1950 [M]// HEYEN E V. Jahrbuch für Europaische Verwaltungsgeschichte. Baden–Baden, 2003: 199–217.

后记

书稿终于改定，可以说点不得不说，而在书中又不好说的事了。

一

七年前，我毕业留校，为研究生开设"区域规划"课程。两年前，清华大学建筑学院和建筑与城市研究所的领导，吴良镛、左川、秦佑国、吴唯佳、毛其智等诸位教授，共同安排时间，派我到美国麻省理工学院"充电"。面对建筑图书馆（Rotch Library）的排排书架，我感叹规划著作何其多，同时也感叹有关中国区域规划的著作何其少，这里隐伏着我写作该书最早的动机。

中国区域规划渊源久远，几千年来中国高度发达的文明事实证明了区域规划成效显著。近现代以来，中国发展落后了，但并不意味着中国近现代区域规划就中断了，就没有新的创造了。宏观地看，中国近现代区域规划演进过程正是国家发展由衰败而复兴的过程。中华人民共和国成立以来，随着经济建设取得骄人的成就，中国人逐步摆脱鸦片战争以来一直压抑在心头的沉重挫折感，在文化上也开始自信与自强起来，开始回顾近现代的发展历程，对历史与传统进行再思考。这是触发我总结中国近现代区域规划发展的广阔的时代背景。

在美期间，麻省理工学院的毕西（Bish Sanyal）教授，多次提醒我要总结、介绍中国的实践与经验，在中国与世界、计划与市场等多元规划文化中加以解读；蒲可仁（Karen Polenske）教授专门介绍海外学者对中国区域规划研究的情况，并对该书的主题设想进行评论。他们的提醒与关照，进一步坚定了我写作的信心，在此感谢。

二

回到清华，正值吴良镛先生开展南通"中国近代第一城"研究，他嘱我梳理张謇的区域思想，并借与厚厚的六卷本《张謇全集》。这是一个艰辛而细致的工作，花去我 2005 年暑假的大部分时间，后来任务总算完成了，论文收录到《张謇与南通中国近代第一城》一书中（中国建筑工业出版社, 2006 年），简稿发表于《城市规划》（2006年第 4 期），英文稿被世界人居学会（WSE）2005 年年会收录（2005 年 9 月在日本召开，会议主题是全球化与地方特色）。这里要特别指出的是，此文的研究成果为我认识中国近代区域规划定下了一个非常重要的坐标。早在 20 世纪 80 年代中期，吴先生在《中国大百科全书》之"城市规划"主条目中曾提到近代康有为、张謇、孙中山对城市规划的贡献，将规划与社会发展、国家建设联系起来。通过对张謇区域思想的具体研究，我进一步体会到中国近现代区域规划发展与鸦片战争以来中国现代化发展历程紧密联系在一起，并较为自觉地把张謇的地区近代化思想与实践同区域规划结合起来。在研究张謇实业思想与实践的过程中，又顺理成章地联系到孙中山的实业计划（孙中山本人也提到过张謇对实业发展的贡献），于是我又开始研读孙中山《建国方略》中的相关内容，进而延伸至民国时期对"实业计划"实施及其成效的研究，一个较为连贯、完整的中国近代区域规划发展线索，也在点滴学习积累中逐步清晰和鲜活起来。

幸运的是，在上下求索的过程中，我读到北京大学罗荣渠教授的《现代化新论》（北京大学出版社, 2004 年增订本）一书，他对鸦片战争以来中国"现代化"的论述，为我梳理中国近现代区域规划发展提供了重要的理论指导，苦苦思索终有豁然贯通之感，受益匪浅。

2006 年春，清华大学建筑与城市研究所赴天津滨海新区调研，我向吴先生谈起关于中国近现代区域规划的认识与设想，他当下予以肯定，并鼓励趁年轻时的锐气，"成一家之言"。于是，本书的写作正式展开，我以"童言无忌"的心情大胆前行，数月来终成此模样。书稿初就，送吴先生指正，他又勉励有加，并拨冗作序。前辈的循循善诱和殷切期望难以言表，谨致谢忱！

三

规划是致用之学，由于功力尚浅，本人对中国近现代区域规划实践的了解有限。

写作期间，承蒙诸多规划同仁前辈不吝指导和帮助。明知难免挂一漏万，我仍然列举若干如下，以表感激之情。

几十年来，胡序威先生身体力行地呼吁开展区域规划，他关于区域规划的著述为我认识中华人民共和国成立后区域规划的发展定下了基调，并承蒙胡先生抽空审阅书稿，就有关章节提出具体的修改建议。前辈的道德文章，令人钦佩，并深感幸运。

2005年10月南通"第2届世界大城市带发展高层论坛"期间，梁鹤年先生就作者关于中国近现代区域规划的国际比较做出评论；2006年7月温哥华"第3届世界城市论坛"期间，梁先生又不吝专辟大半天时间，对社会主义与市场经济等问题做出十分精到的解答，并提供3篇未刊稿予以启发。梁先生不厌其烦，提携后辈之举，特此申谢。

中国城市规划设计研究院沈迟教授，在我开课之初即助以一臂之力，成书之时更是鼎力提供难得素材；蒋大卫总工以早年亲历湘中区域规划的体会，告知当时区域规划机构及研究情况；张文奇教授提供有关长江三角洲经济区规划材料，张启成教授提供京津唐国土规划城市建设研究的材料；长期以来，中国城市规划设计研究院王凯博士、北京大学曹广忠教授与我交流关于中国规划发展的认识，写作过程中王博士分享他关于空间规划研究的成果，曹教授指点书稿文字，并提供有关山东半岛城市群规划的材料；天津城市规划设计研究院总工霍兵博士提供天津国土规划材料，江苏省城市规划设计研究院高世华院长提供江苏省城镇体系规划材料，中国城市规划设计研究院朱才斌博士与许顺才教授对书稿提出修改建议，浙江省城市规划设计研究院沈德熙总工对区域空间结构与形态发表见解。对以上几位旧雨新知，我在此表示由衷的感谢。

建设部副部长仇保兴博士关心本书著述，并欣然赐序，他对中国规划体制等问题的深层分析于本书最后一部分尤有启发；建设部何兴华司长审阅书稿；国家发展与改革委员会孙广宣处长提供机会了解区域规划的新进展。对他们的关心我致以诚挚的谢意。

书中引述文章的作者，在此不一一注明，但都是必须感谢的。这些文章为本书思想的形成提供了基本的材料或片断，从中我也感受到前辈同仁追求规划真理的精神力量。

四

清华大学建筑与城市研究所是一个有着强烈的团队精神、催人奋进的集体，作为研究所的一份子，我感谢研究所同事多年来的团结合作与无私帮助。本书的写作过程也是思想前行的过程，每当我走得太远时，研究所同事们那种严谨而务实的作风总是将我拉回，避免偏离前进的方向。本书付梓之时，毛其智教授还专门评论，提示要点，特此致谢。

在前行的过程中，有山重水复的困顿，有峰回路转的惊喜，我对中国近现代区域规划的认识，也不知不觉地有所增益。回想蹒跚学步时，南京大学的宋家泰先生，硕士生导师郑弘毅教授、崔功豪教授、林炳耀教授、庄林德教授、邹怡教授等领我进入地理与规划之门，指引堂奥，今书稿初成，遥致谢意！

长期以来，美国加州州立大学北岭分校孙一飞教授与我交流对海内外区域规划研究的认识，并对该书的初稿进行评论，对书中的英文翻译加以校正；南京大学顾朝林教授关心我的成长，并对本书著述的设想予以鼓励和肯定。对两位学兄的关怀，我深表感谢。

六年来，清华大学选课同学的兴趣与问题给我提供了许多思想的火花，教学相长，希望该书也能成为他们学习中的有益参考。

五

今夏北京的雨水出奇得多，天气也特别闷，本书的大部分内容是在滴滴答答的雨声中酝酿而成的。书声雨声之中，吾妻卜华经历着非同凡响的孕育，她一如既往地维持家庭运转，成就也日新月异。她无声而有形的变化催促着我，不敢有丝毫的懈怠，雨可歇而笔不止，终于，在她的杰作诞生之前，我完成了书稿的著述。我想，淡淡的书香将唤醒我们对这段美妙时光的永久回忆，也是我送给她俩最难得的礼物。

六

清华大学出版社邹永华先生负责该书的出版，他积极而稳健的工作是本书得以顺利出版的重要保证，特此感谢；终审段传极教授以严谨、求真的风格著称，他为本书把关，我深感荣幸，也深致谢意；李嫚女士为书稿编辑耐心工作，黄祯茂同学帮助处理部分插图，也在此感谢。

本书的出版欣逢清华大学建筑学院 60 周年院庆，60 年来清华师生亲身参与国家建设，书写了可歌可泣的篇章，许多人也是本书所说的区域规划的见证人，对书中的许多内容耳熟能详。自 1995 年进入清华，我一直为建筑学院那种执着、创新、为国家贡献的文化精神所感染，本书承载着我对学院 60 年辉煌历史的崇敬和感动，也寄托着我对学院更美好未来的祝福与期盼。

总之，希望该书无愧诸位的关心与帮助（当然文责自负），希望该书能为区域规划研习提供一些参考，也希望读者对书中纰漏之处不吝指出，交流、批评、论争、碰撞都是促进观念进步的良方。

武廷海
二〇〇六年十月
清华大学青年公寓